建筑诗学与设计理论

U0209346

国外建筑理论译丛

建筑诗学与设计理论

[希腊] 安东尼·C·安东尼亚德斯 著

周玉鹏 张 鹏 刘耀辉 译

中国建筑工业出版社

著作权合同登记图字：01—2003—3662 号

图书在版编目（CIP）数据

建筑诗学与设计理论／（希腊）安东尼亚德斯著；周玉鹏，
张鹏，刘耀辉译．—北京：中国建筑工业出版社，2011
（国外建筑理论译丛）
ISBN 978—7—112—13185—3

Ⅰ．①建…　Ⅱ．①安…②周…③张…④刘…　Ⅲ．①建筑设
计－理论　Ⅳ．①TU201

中国版本图书馆CIP数据核字(2011)第091500号

本书由美国 John Wiley & Sons, Inc. 出版公司正式授权翻译、出版

译丛策划：王伯扬　张惠珍　黄居正　董苏华
责任编辑：董苏华
责任设计：郑秋菊

国外建筑理论译丛
建筑诗学与设计理论
[希腊] 安东尼·C·安东尼亚德斯　著

周玉鹏　张　鹏　刘耀辉　译

中国建筑工业出版社出版、发行（北京海淀三里河路9号）
各地新华书店、建筑书店经销
北京嘉泰利德公司制版
北京建筑工业印刷厂印刷

开本：787×1092 毫米　1/16　印张：$22\frac{1}{4}$　字数：535 千字
2011 年 5 月第一版　2019 年 12 月第二次印刷
定价：80.00 元
ISBN 978—7—112—13185—3
　　　（31424）

目　录

第一部分　通向建筑创造力的不可捉摸的途径

第二部分　通向建筑创造力的切实途径

前　言

　　这是一本关于建筑学理论的书。书中讲述了创造力和想象力的各个方面，介绍了各种可以帮助人们在建筑设计中获得创造力的方法。它是作者（一位扎根、成长并受教于现代主义运动中的教师兼建筑师）多年来孜孜以求的结晶，书中凝聚了作者对近15年来有关现代主义运动的争论之正反各个方面所作的取舍，以及对后现代主义利与弊的思考。毕竟，现代主义运动是多数建筑出版社推崇的流行态度；它影响了很多近代建筑师的创作，造成了教师之间的分化，也使得学生们忧心忡忡。

　　作为一名创造活动爱好者和诚挚的建筑评论家，对于我所见到的一些后现代同事的设计室所取得的优异成果，我再也无法保持沉默；而另一方面，我又发现，他们的学生要么是在不假思索地抄袭书刊杂志，要么普遍陷入一片迷茫之中，找不到自己的研究目标与归属，常常不能适应其他现实情况和更加切实、更加专业的前景。

　　近十年来，专业领域的风气与学术界的氛围很接近，至少主流媒体是这样宣传的。瞬息万变的现实世界中有很多享有盛誉的作品，但它们往往显得不合时宜。以下这些设计：迈克尔·格雷夫斯设计的波特兰大厦、香港汇丰银行总部以及伦敦的劳埃德大厦（由诺曼·福斯特及其助手和理查德·罗杰斯及其同行所设计的高科技杰作），或是由ＡＲＱ建筑设计事务所和其他"现代主义"建筑师创作的大量毋庸置疑的作品，都是我们创造的"新现实"中声名显赫的例子。我们正是生活在这种新现实当中，同时我们也必须学会去挑战它、理解它。新现实理论家的任务不是把现代主义与后现代主义对立起来，而是将两者中的精华筛选出来。我们这个时代中的一些优秀建筑师堪称这方面的楷模；他们成功地综合了其中的长处，也尽力使自己"广开思路"，而且我们相信，如果勒·柯布西耶和阿尔瓦·阿尔托仍然健在的话，也会接受并支持他们创作的作品。我想，如果勒·柯布西耶能奇迹般地复活，并重新运作他的工作室，他一定会为最近涌现出来的许多作品感到兴奋和羡慕，他也一定会追问这些年轻人以及这些作品的创造过程。他也一定会急于使我们相信：他本人———一个现代主义者，在很早以前就倡导了一些"新的渠道"。

但是，这种奇迹是不可能发生的，我们也不需要勒·柯布西耶、阿尔瓦·阿尔托或贡纳·阿斯普隆德再次把我们召集在一起。我们必须自己去做综合。在这一点上，下面这些建筑师淋漓尽致地表现了他们的才华：冈纳·伯克兹 (Gunnar Birkerts)、安托万·普雷多克 (Antoine Predock)、里卡多·莱戈雷塔 (Ricardo Legorreta)、拉尔夫·厄斯金 (Ralph Erskine)、尤哈尼·帕拉斯马 (Juhani Pallasmaa)、克里斯蒂安·古里申 (Kristian Gullichsen)、约翰·伍重 (Jörn Utzon) 及海宁·拉尔森 (Henning Larsen)，尽管他们都相对平静，有时甚至还很冷淡，并且彼此也都各不相同、自有独到之处，但他们都创造出了被我们称作综合的和具有包容性的作品。

这本书正是在以建设性的方式促成这种讨论的努力中诞生的。它不是一般琐碎的争论，也不是带有破坏性的两极分化。而且，它是我个人信念的产物：建筑业迫切需要一种富有建设性的、经过更新的理论文献，以满足我们这个时代"新现实"的需要。毕竟，在这个星球上存在着足够多的现代、后现代及包容主义的作品，允许我们对其斟酌总结，并为我们自己提供某种批判的标准。的确，无论是建筑师，还是作品的源头即建筑设计室，都需要对产生于我们任何创造过程中的任何优点或长处加以重新认识并定位，并在此基础上协力合作，以继续发扬这些长处。

为其如此，本书以给读者在"创造力的各种渠道"中导航为着眼点，通过它借以达到激发读者的想象力，从而进行创造设计这一目的。这些渠道中既有实实在在的（很多都是现代主义的核心），也有不可捉摸的（很多都是后现代主义的产物）。在这个意义上讲，本书是一部综合的理论文献，它的问世，旨在协调现代主义馈赠给我们的所有优点，以及我们所能保留的、来自最近之后现代主义的长处。这种协调，将为未来具有包容性的建筑师们的设计训练和长足进步，提供一个更为广阔的框架。

我们坚信无论是本科生、研究生还是毕业生，都会把本书当作一本方便的指南。它将会使学生更加轻松地规划他们的前景，并且为在设计室中尝试各种通向建筑创造力的途径，从而实现自己的梦想做好准备；同时，它还可以确保他／她能做出一份有关设计方向的计划，这个计划（不管是在学校里，还是事业刚刚起步的阶段）会使他的目光转向包容性；这是一个最为广泛的可能性和挑战，迎接这个挑战，将使他／她最终成长为一个具有包容性的建筑师，一个其作品会与时代紧密相连的、出色的设计师。当然，人们还认为（和希望），学生能从建筑课程中有所收获。在这种情况下，人们应该下决心去探究目前很多学院尚未真正去研究的具有创造潜力的渠道，或者在本来应该加以注意的创造力渠道的基础上，为设计课添加一些新的课程。

对本书中的很多具有挑战性的房屋建筑，都在位于阿灵顿的得克萨斯大学我自己的建筑工作室进行的，在几个设计层面上作了反复推敲。这些建设性的理论论述，是在给大学高年级学生和研究生讲授建筑理论课的过程中形成的。本书的材料，在本书出版之前，均在学生中间（特别是在来自不同设计室的学生中间）广泛传阅。他们读过这些文本之后，当即决定坚持他们设计室的方向，并加倍努力，以期能够在与这种新颖的设计展望思想的碰撞中获益，即使这些展望偶尔听起来有点儿古怪，或者在初期让他们一时摸不着头脑。

然而我深信，一旦我们对生活和活动于其中的空间作出决定，建筑设计就会影响每一个人，无论这种决定是建筑师们作出的，还是我们每个人单独作出的。因此，我衷心地希望不仅我的同事、建筑学的学生以及建筑从业者能够从这本书中获益，而且其他创造性艺术家也能从中获益。我们大家都居住并且也不得不居住在同一个空间内，如果我们创造力的冲动能在美学欣赏和美学决策的最广泛标准内徜徉，那么，我们大家的生活质量就都会有大幅度的提高。

我写作本书的初衷是，试图用简洁明了的语言来表述我们这个时代的设计哲学和理论，并且力图将所有这些理论有机地联系起来，形成一个一致的框架；与此同时，我也试图发展有关建筑创造力的综合框架和一套学习过程的理论。我希望我的愿望已经实现，但是否真正成功，还是让尊敬的读者自己来作判断。

致　谢

　　我诚挚地感谢以下这些人，正是他们为我搭建了舞台、给予我支持并帮助我阐述我的观点、传递我需要的信息，最终才使这本书得以面世。他们都致力于建筑事业，都不遗余力地给予我支持和帮助，他们是：

　　《A+U 建筑》的中村俊夫（Toshio Nakamura）

　　《L'architettura》的布鲁诺·赛维（Bruno Zevi）

　　《建筑学》的唐纳德·坎迪（Donald Canty）和安德里娅·O·狄恩（Andrea O. Dean）

　　《新墨西哥建筑学》的约翰·科洛（John Conron）

　　《Anthropos + Choros（人与空间）》的考斯塔斯·卡拉古尼斯（Costas Karagounis）

　　里卡多·莱戈雷塔这位出类拔萃的建筑师，我最广泛意义上的朋友兼同事，他一直是我最坚定的鼓励者。我也特别感谢希腊高级建筑师亚里士多米尼斯·普罗文勒古伊斯（Aristomenis Provelenghios，他是勒·柯布西耶最诚挚的同事），他慷慨地向我敞开了他的图书馆及本书中引用的马蒂拉·吉卡（Matila Ghyka）学术研究成果的法文原件，他也将我的注意力引向了《3ºMατι》这个希腊1930年代昙花一现的杂志，这份在希腊之外几乎无人知晓的杂志，无疑是有关美学讨论的瑰宝。我也特别感谢国立雅典理工大学的尼古拉斯·科勒瓦斯（Nicholas Cholevas）及建筑师萨瓦斯·希勒尼斯（Savas Tsilenis），他们阅读了本书的初稿并提出了善意的批评。

　　我的设计和理论班的学生们，他们用批判性的眼光阅读了原稿，并在本书写作的几个阶段提出了特别的建议，我特别要对以下这些学生表示感谢：戴维·布尼丁（David Breeding）、卡伦·卡纳米拉（Karen Caramela）、爱德华·达贝尔（Edward Dapper）、马克·富恩提斯（Mark Fuentes）、埃德温·哈里斯（Edwin Harris）、特丽莎·赫尔南德斯(Teresa Hernandez)、克里斯托·林顿（Crystal Linton）、菲尼斯·奥斯坎（Filiz Oskan）及乔·瑞莱（Joe Riley）。最后，十分感谢俄勒冈州立大学建筑学院的格伦达·费尔维·伍舍（Glenda Farvel Utsey）教授，在整个初稿的写作过程中，她都一如既往地给予我真诚、坦率、富有建设性的反馈。她热情而不懈的大力支持，成为我完成本书最强大的动力。

鉴于这是一个很广泛的题目，在授课的时候，需要借助幻灯片和黑板绘图才能轻松地演示其内容，这使我不得不再一次采用我在早期出版的《建筑学及相关学科》（第二版，肯德尔－亨特出版社，1986年出版）*这本基础性入门书籍中所运用的总结性"图片"域的方法。所有这些演示"域"的图片都是我个人完成的，偶尔模仿了其他同事的演示、照片或图片。每当我从其他已出版书籍上简化精选的原始图片用作本书内的评论时，我都在这些图片上标上了"图片引用"的字样，并向作者致谢。对我引用的有版权限制的材料，在此深表感谢，并对允许我使用下列出版物内相关材料的编辑们表示感谢：《建筑教育杂志》、《建筑学》、《A+U建筑》、《Arkkitehti》、《活的建筑》及《L'architettura》，并对以下这些为我提供了图片和照片的建筑师们表示感谢：伊尔默·瓦加卡（Ilmo Valjakka）、安托万·普雷多克、鲁道夫·马恰多（Rodolfo Machado），及罗纳尔多·帕特里尼·迪·孟福德（Rinaldo Petrini di Monforte）。在本书的参考书目部分，列出了音译的希腊书目和杂志名录。

另外，我要向在阿灵顿得克萨斯大学建筑学院的秘书辛迪·史密斯（Cindy Smith）及所有在凡·诺斯特兰德·雷尔德（Van Nostrand Reinhold）工作的人员致以诚挚的谢意，是他们为本书的出版不辞辛苦地做了大量的工作。如果本书存在任何不足之处，只应由我本人负责，与他们无关。

---

* 《建筑学及相关学科》（原著第三版）的中文版已于2009年1月由中国建筑工业出版社出版。——编者注

第一部分

通向建筑创造力的不可捉摸的途径

导　言

　　"诗学"（poetics）这个术语向来带有神秘色彩。从遥远的柏拉图和亚里士多德时代，到如今的加斯东·巴什拉（Gaston Bachelard）和伊戈尔·斯特拉文斯基（Igor Stravinsky），人们一直用这个词语来描述起源的美学、空间在质的成分及音乐的形成。诗学这个词源于一个希腊语动词，其意义仅为"形成"（to make）。空间的形成、音乐的形成、建筑物的形成……诗歌的形成……因为很多人总是把它与诗歌联系起来，所以造成了词语运用上的混淆；其实，诗歌的创作仅仅只是创作的诸多形式中的一种而已——通过语言进行创作。然而，诗学远远超出了其语义学的意义。所有讨论诗学的鸿篇巨著和我们手上的这本书，都通过美学的透镜来讨论艺术作品的"形成"；也就是说，到目前为止，诗学一直被作为"创造"的艺术通过深思熟虑，反复推敲的所谓"好"的途径，亦即就"好"而言的各种可能的创作方法的前景或它们之间的微妙差别来进行的。

诗学的种类

　　完全没有经过思考的诗学，很可能是随意的诗集，也许只有批评家才会对其进行分类，甚至还会鉴别其中的优点。从某一特定传统中形成的诗学（即"按我们祖先的老方法去做事情"），就是把我们祖先的思考过程看作是理所当然的"创作"过程。这种方法只能处理别人思考过并解决了的事情，我们或许只是略加思索就欣然接受；而这些方法对于处理我们目前所面临的各种问题，如拯救历史遗址、保护优秀建筑遗产等，可能是也可能不是最好的解决方法。在这种情况下，我们就为这种诗学（创作）找出了两种可能性：简单模仿和动态改进。一般而言，第一种可能性次于第二种可能性，而第二种可能性因为有赖于我们对自身智力的使用，并在使用中建立了选择和批判机制探索适应时代经济和利益的方法与技术，因而被认为具有更高的价值。

另外，诗学（创作）还有第三种情况，这种诗学是深思的，严谨的，在心灵上精神上和科学上都是要求很高的；它着眼于创造那种既能在实践上，又能在精神上满足人类多种需要和期望的作品。建筑的创作正是这种复杂诗学（创作）的最好的例子。每个时代的建筑学，肯定都经历了诗学的这三种可能的形式：随意的、传统的以及深思熟虑的。我们的讨论将集中在第三种形式，因为这种形式一直以来都是系统而明智地解决问题的方法，尤其是在复杂而又富有多样性的社会结构的要求下，更是如此。在我们今天如此复杂而多样的社会里，它尤其具有重要意义。希望安详平静地生活、需要地区识别性并成为文明社区的合格成员，以及渴望拨动所有人审美情趣的心弦（不仅在视觉上，而且在精神上），如此种种，都要求我们对将要集中讨论的第三种诗学给予特殊的关注。当代建筑的诗学属于最为苛刻的形式，它的目标是达到最高的审美境界，并满足人类更为广泛的期待。

建筑学中好的诗学态度

显然，什么是建筑中的"好"，这是最难评判的一件事情。当然它应该是任何一个富有创造力的建筑师追求的最终目标。长期以来，"好"这个概念一直都是美学关注的焦点。它被明显地赋予了很高的相对性：是对建筑师而言的"好"呢？还是让单个用户觉得"好"呢？或是对社会有"好处"呢？建筑师们，尤其是那些富有天赋和创造力的建筑师，大多是极有抱负的人。抱负是一种原动力。创造者想出人头地的愿望是很自然的。对很多人来说，作品能受到赞赏并公诸于众，就是对他们最高的回报。这种雄心壮志使得很多建筑师不惜冒着牺牲建筑主旨的风险去沽名钓誉。

这种"好"和"德行"，就是能够生成作品的态度，这些作品的存在，取决于对影响它的各种参数的处理——不管这些参数是内在的、外在的、概念性的、技术性的和具有精细的还是一般的性质。建筑的功能与结构，内空与外观，机械方面与社会方面，以及其他能起作用的诸多因素，都是任何建筑创作的主要参数。华而不实的建筑师只会试图解决其中的几个问题。最糟糕的情况，就是那些只注重外表和"只讲究风格"的建筑师。从包容主义建筑诗学的观点来看，这些都是不好的例子。因为包容性态度不会偏爱任何一个方面；它应该支持"整体的目标就像一部交响乐"，即建筑物、街道和市镇在共同创造出一个"和谐

（好的）"整体的同时，它们自身及其组成部分也同样"完美（好）"，同时，它们这个整体又与其周围的环境水乳交融，浑然一体。

不用说，这样的"好"对用户和一般大众而言也同样是好的。这些建筑之所以对他们来说很好，乃是因为这些作品考虑到了他们的需求。因此，包容主义建筑师面临这样一种困境：对那些只注重建筑的某一方面，而不具有交响乐般包容性态度的享有盛誉的建筑师们的作品，是加以研究呢，还是根本就置之不理。我们的回答毫不含糊：的确应该对这些建筑师的作品加以关注。因为，就如我们在后面的章节将要讨论的那样，思想开明和"有益的怀疑"是形成包容主义判断的重要元素。要研究某一部分或某一立面，最好是研究擅长创作这些部分或立面的作者，而偏爱激情的作曲家，会最适合教别人有关激情的基本原理。就包容性而言对"专一"关注的优秀建筑师；应该像对专业顾问一样去看待他们；包容主义建筑师应该研究、考虑并最终综合他们的意见。因此，不管人们如何强烈反对这些作品的非包容性态度，包容主义诗学都应该依赖这些不具有包容性的有价值的作品。因此，包容主义诗学应该着眼于提高建筑师的批判才能，以及提高他们的选择及鉴别能力。

在我以前出版的《建筑学与协同设计》（肯德尔／亨特出版社，1980年第一版，1986年第二版）这本书中，我详细说明了与协同设计原则相关的建筑学以及建筑赏析的广义范围。这当然是对包容主义的初步探讨。有一点必须明确，我并不提倡"多元化"的自由主义建筑，或者"面面俱到"的建筑。相反，我倡导的是一种服从并尊重他人权利及喜好的建筑。而在现在这本书内，我所阐述的是一个深思熟虑的建筑师和从事建筑教学的老师多年来着重关注的问题，即对建筑创造力和设计目标而言，究竟"什么是好"。本导言的以下部分将从理论上概述关于这一主题的各种态度和观点。首先，我们就来对早已被认为理所当然的包容性这一术语的概念和种类进行深入探讨。

包容性

在本书中，我们将讨论多种可能性，这些可能性会大大提高我们获得审美情趣的几率，以至于超过我们早期讨论过的（参见"安东尼亚德斯"，1980，1986）、只关注设计实体及视觉诸方面的层面。秉承这一目标的诗学，将会更具创造力，因为它会孕育出超乎人们想象的作品，并且这些作品具有更多我们在这里提到的包容性。"包容性"是不断求索的态度，以及从更多的角度（不仅局限于功能的、形式的、精神上的，也不仅仅只是作为历史／传统或当代环境的一部分）进行思考后"创作"出某一作品，而非重复过去那种有限的或片面的考虑。从这个意义上讲，建筑包容性的诗学，即通过一个生成（创造性）的过程来创作建筑，在这种过程中，美学争论涵盖了更广泛的潜在美学常量，同时在完全非教条的基础上进行操作，而用怀疑的眼光来审视和探索各种创作可能性及审美体系的优点和不足之处。

因此，包容性是一个界定美学和美学规则的术语，只是从满足人们持续的需要和唤起最高境界的审美感——也就是说，创造建筑的"交响乐章"——这个角度，它使人们可能就什么是"好"作出合理的判断。在我们这个时代，"交响乐章"这个观念尤为重要，因为现在，我们需要在各种乐器之间达成一种协调（各个建筑师和理论家要各司其职），而不是任由艺术大师们进行互不关心、风马牛不相及的个人表演，这样才能再一次领略到和谐的美，这种需要可能比以往任何时候都更为迫切。

因此显然，一个社会越是复杂、越是成熟、越是丰富，则包容性建筑师面临的任务就越是复杂而艰巨。而且，建筑学越是向前迈进，其方法和技术也就越精深，探索工作可能从一开始也就变得更加复杂。但正如我们将要看到的，这个任务在未来不会非常的沉重，因为我们对计算机的潜力充满信心，它能协助我们完成各项工作。

当代包容主义者关注的内容

我们可以通过多种方法来探讨"包容性"。

1. 尽可能多地包容那些有可能参与某一特定建筑作品的创作，或对这一作品感兴趣的人。通过思考和研究，并力图满足社会与用户的需求，可以实现这种包容性——显然，在处理这些问题时，文化人类学、人种学、社会学和环境心理学可以给建筑师提供最好的帮助。

2. 尽可能多地包容对公认的"优秀"建筑作品的各种看法，以及为作出最佳选择而对最佳所作的评估。这种包容性，尽管对建筑师来说并不陌生，但只有那些研究各种设计方法（通过这些方法，人们可以对设计过程加以优化，并由此获得更有意义的设计）的人才会完全理解并加以关注。

3. 尽可能多地包容各种概念——即在艺术作品的概念形成阶段就

对包容性进行处理，苏格拉底把这一早期阶段称作"创造力的孕育阶段"，正是在这一阶段埋下了成功（或失败）的种子。由于对人类学和用户的研究或针对设计的研究已对前面二种包容性作过论述，我们的研究将集中在这第三种包容性上。我们的讨论将聚焦于各种渠道的探索，通过这些渠道，人们可以感知建筑的创作过程，从而尽可能多地激发和丰富我们的想象力。

但就创造力而言，在最初介绍性的入门阶段，我们应该理解其整个过程：思想状态与"焦虑"，或许还有不安和混乱，整体构思的浮现和具体细节的培养和展开等等，这些都是创造者在思维和设计概念的阶段不得不经历的。

幻想和想象也是创造过程的重要组成部分。本书的主体部分，对建筑创造性的各种可能有的渠道逐一作了"论述"，对这一主题的理论概述是本书的主要贡献。

通向建筑创造力的绝大多数"渠道"当然早已存在，因为它们不是别的，只不过是在过去被其他人当作解决问题的万灵药所讨论的各种途径（根据对先例所作的研究而进行的创新，对历史的研究，或仅仅只是基于能耗、气候等等因素的考虑而作的创新），这些途径和其他许多种可能性一道，过去可能都是在偶然随意或者盲目的状态下被使用。

现代与后现代的困境

本书代表了一名教师／建筑师／作者为了建筑业的"和平"和"进步"所作的努力。本书的首要前提是，建筑思想、设计摸索的方法，以及我们今天最终建成的建筑，都比20世纪早期（现代主义运动时期）的内容更丰富。而且，尽管有人反对后现代主义的某些做法，比如过分强调历史主义，但我们还是坚持认为，后现代主义时期通过辩论，极大地促进了理论的发展，并提出了一种挑战，如果以善意、平和、批判的心态来看，这些辩论在包容主义者的设计过程中，确实丰富了设计的过程。后现代主义为建筑创造力打开了更多的可能渠道，所以，我们现在需要做的，便是对这些渠道加以反思和综合，以期实现更有建设性的目的。

因此，本书试图批判性地回顾建筑创造力的各种业已存在的渠道，并以补充和包容的方式，对现代主义运动和后现代主义运动的巅峰作一综述。

本书的结构

作为现代主义运动的成果而发展起来的创造力的许多渠道（设计的惯例和方法、强调结构、注重材料、偏爱几何形体、特别强调体量、建筑作为客体），均表达了我们最近对很多人的怀念；这些渠道为人们熟知并更易于理解。另外，我们相信，尽管年轻的建筑师，特别是学生，（通过各种杂志和流行设计）每日都埋头于后现代主义及其文献当中，但他们只是在不假思索地模仿，对于模仿对象的认识却非常局限。正是由于这个原因，我认为，这样的叙述方式显得更加重要，即我们的探索应当从最近出现的那些建筑创造力的渠道开始——首先是不可捉摸渠道，然后再是现代主义运动所发展起来的切实可行渠道。我希望这样不但可以使我们更清楚地了解我们已开始着手的行为的利与弊，而且能为我们作好准备，以便重新心平气和地评价前一个时代的价值和关心的问题，这些价值和问题在现在的环境下还没有得到充分的探索。

尽管本书各部分的前后顺序并不真正重要，因为最终，不管我们希望与否，有关建筑思考的所有方面均应"包括"在建筑的创作当中，但是我们坚信，以上提到的区分确有好处，因此，我们就采用了这种编排顺序。但是，本书的各个章节，除了按照作者的意图组成一篇能够激发读者幻想及想象力的激励性叙述之外，并没有受制于其他组织原则。这样做是为了让读者们相信，只有通过时间、训练以及接触尽可能多的渠道，才能最终从他们中间诞生包容主义建筑师、包容主义鉴赏家、善于接受的使用者或满怀激情而深思谨慎的评论家。

那种认为人们可以在瞬间养成"包容性"习惯的想法当然是天真的，这是一个穷尽一生的追求过程，需要具备多种情操，并且接受苛刻的教育才能实现。建筑师会逐渐成长为"包容主义"建筑师，建筑项目或设计指导教师也可能按同样的方向发展。因此，我深信，任何建筑学院都应以包容性为目标。至少，所有的学院均应有计划地扩大他们设计课程的内容，并为他们的学生提供尽可能多的获得建筑创造力的渠道。

我也相信，通过首先提供明确的、基础的设计课程（对尺度、比例、节奏的研究），而将"难以确定的内容"留到毕业时学习，这样，人们就可以不必以一种学究的方式来提供包容主义设计教学的全面观点。而且，从以往的经验来看，大多数学院均是让学生们先接触明确的途径（几何学、材料、比例系统、节奏训练）。这种传统作法当然有好处。事实证明这种方法也很有用，但我认为，如果让学生们尽早对设计有一个整体理论上的认识，而不是在等待多年之后再从理论上认识设计，那么就将会进一步提高这种方法的效率。这就是如此安排本书各章节的先后顺序，优先论述不可感知渠道的主要原因。而且，本书在材料安排上尽可能做到各章节均独立成章，使读者可以各取所需，而不必全面地或者按顺序地去读整本书。尽管本书的主要对象是学建筑的学生、青年建筑师及讲授设计的教师，但最终受益最多的，还是广大的民众；因为他们将有机会透过建筑创作的基本要素这个棱镜来"观察"建筑，从而使他们更加富于同情心，更好地理解建筑师付出的努力，并且有可能的话，为创造更先进、更优秀的建筑而添砖加瓦。

第一章　创造的过程

不了解"真实"与"虚幻"，"想象"与"幻想"这两对概念之间的关系，就不可能清楚了解创造过程的前提，更不可能着手对该前提加以培养和发展。我认为：想象力和幻想力是建筑创造力的两个先决条件，这两者都可以通过建筑师后天的热忱友善、实践操作、训练和自律而加以培养和提高，这往往比他／她内在的天赋更为重要。无论是在理论还是在实践的舞台上，只有把这两个方面的潜能真正培养和发挥出来，建筑师才能有上乘甚至出类拔萃的表现。

有的人一味强调开发"幻想作品"，这样的人很难有机会看到他们的"幻想作品"变成建筑实体。如果没有幻想，他或她可能创造出独具特色的作品，但该作品必定缺乏真正具有创造力的人才能迸发出的生命的火花。只有在两个世界（幻想的世界和想象的世界）都挥洒自如的建筑师，才有可能创造出真正优秀的作品。

幻想、想象、现实

图1-1将原本复杂而且对背景知识要求很高的一组概念之间的相互关系，非常简明扼要地呈现在了我们的面前。请仔细看这幅图：如果我们说某位小孩或成年人具有良好的幻想力，我们是指他具有在大脑中构想以前还没存在过的事物或情景的一种思维能力。梦见云层中出现城堡，观看天使在天国的圆形剧场内弹奏莫扎特的奏鸣曲或看见自己在水面上行走，这些都是幻想的例子。于是我们将幻想解释为：人类所具有的，在大脑中生成某种图像的能力，而这些生成的图像在任何情况下均不可能成为现实。幻想仅存在于人们的大脑之中。梦境与幻影均是幻想，都是幻想这种思维活动的组成部分。我们无论是在熟睡时或是清醒时，还是在休息时或工作时，都能够进行有意识或无意识的幻想。而另一方面，想象则是指思维所具备的，能看见某物存在于某处的一种能力。它具有实实在在的内涵："沿着街道往北走，在教堂处向右拐，一直走到磨房，再向左拐，绕过磨房，

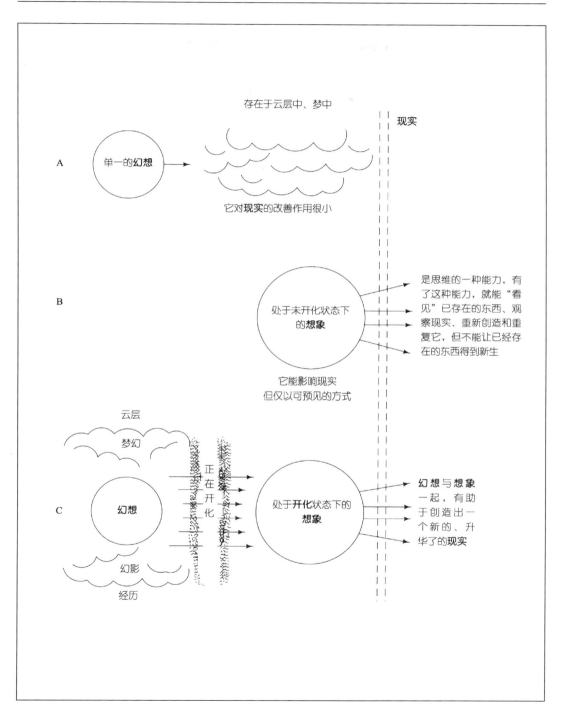

图1-1 幻想和想象与现实的关系

在墙的后面种上树苗。"具有想象力的仆人在接受这些指令时，能在其大脑里立即"看见"这些图像；他会在大脑里勾勒出教堂、磨房，甚至"看见"他即将栽下的树苗已经枝繁叶茂、荫蔽着白色的墙壁。

这个仆人头脑中绿树成荫的图像，已经有点超出了基本的想象层面，因为那儿根本就没有树木。只是因为幻想这种能力，使他想象到自己已将树苗栽到雪白的墙边，并赋予了它以生命。当我们思考一下"真实"与"非真实"这组概念，则"幻想"与"想象"之间的主要区别就清晰可辨了：想象与真实紧密相连；幻想则属于虚幻的王国，但当它属于一个富有想象力的人，并且为这个人的想象力插上了翅膀，它就能够看见自己对现实所能产生的效果。只有当幻想作为一种催化剂作用于想象时，人们才能创造出前所未有的、构思新颖的现实作品；幻想是想象的催化剂，而想象则是过滤器，幻想必须通过想象这个过滤器过滤之后，才能成为现实的组成部分。因此，具有幻想的想象即是：思维所具有的，能看见某物以一种被修饰过的方式存在于某处的能力。正是这种能力，使得人们的思维活动最终被升华到了神的世界，而同时，这种状态又是可以实现的。

应该明白，"现实"在澄清"想象"这一术语的局限时是固有的。对于戏剧导演来说，作者的想象力，是剧本创作的先决条件。而阅读剧本的演员的想象力，又是其进入角色，并将剧本演绎为现实的先决条件。所以，整个表演即是三者——作者、演员、导演的想象力相结合的产物。斯坦尼斯拉夫斯基（Stanislavski）曾写道："正如剧作家的工作应该充满想象一样，戏剧艺术应当是想象力的产物。演员的目的，即是用其自身的演技，将剧本演绎为一种舞台上的现实。"建筑师则可以说，建筑创作的成果，是建筑师想象力的产物。承建者（和施工人员）则用其自身的建筑技术，将建筑设计变为了现实。让我们再回到斯坦尼斯拉夫斯基的那段话，如果我让你自己用建筑来作类比，你就会认为他的这段话具有普遍含义：

> 想象产生出可能存在或可能发生的事物，而幻想则臆想出不存在（不管是曾经存在或是将会存在）的事物。然而，谁知道它们会不会存在呢？当幻想臆想出会飞的地毯时，有谁曾想到，人们有朝一日会飞翔于太空之中呢？对于一个画家来说，幻想和想象都是不可或缺的。

指数的微妙

路易斯·沙利文（Louis Sullivan，1856—1924年）这位给美国

的摩天大楼定型的人，曾竭力避免给"想象"下一个直接的定义。但像"真实"与"虚幻"，"幻想"与"想象"这类概念，却在他的整个脑海中相互交织。他曾写道："……想象，你可以说任何符合你想象的事物；……只有个人的想象才能把握想象。"他通过诗意地周游真实与虚幻，物质与形而上学；生与死的境界，或者通过处理"只有听过小鸟歌唱的人才能懂得鸟儿的歌声"这样的具体情况，蜻蜓点水式地讨论了这些话题。路易斯·沙利文的形而上学理论，把我们带入了更复杂的理解范畴。他的"能够把握想象的想象"这一说法，就暗示了想象这个概念包含有某种动态元素，也即一种指数类型的想象概念。

如果人们必须首先去想象某种事物的限制因素（而无法从具体的现实中理解、观察或认知该事物），然后再想象他们正在为这个虚构的世界创造什么，那么，他们就是在想象的指数层面上进行操作。对于接受"一个想象的世界"这一概念的古代可知论者来说，这正是他们所理解的想象。近来，这一概念受到了西方各派作家、审美学家、画家以及一些建筑师及老师们的关注。马西默·斯科拉里（Massimo Scolari）这位探究"想象出的想象"世界的主要支持者，和其他持有相似观点的人一样，"都曾提出通过非物质化形式，以及可感知的想象形式，设想出某种存在和现实的'可见性'，这种存在和现实的可见性，超出了感知和概念性抽象的范畴。"

尽管我们将在后面的研究中讨论以上这些观点的可能性、前提及可行性，但是在这里，我必须阐明我的观点：我所指的想象，是非指数类型的想象，如果你愿意接受的话，也可以称作"传统"的想象，即在现实的框架内理解，并且对幻想加以适当怀疑的想象——我将把这点视为理解"想象"这一术语的关键。毕竟，我们都相信建筑的最终目标是为了建造，因此，毫无疑问，建筑的这一目标必须与"现实"紧密相连。

现实与建造活动

正如演员必须扮演角色一样，建筑师也必须从事建造活动；上面叙述了沙利文式的观点，这种观点显然没有定论，也许这是他有意为之，这种观点可能会使有些人认为想象力和创造力不能通过后天习得，而是与生俱来的素质，尽管如此，我仍然坚信，想象力和创造力实际上是可以通过后天习得的。很多从事创造的其他专业人员也都相信，激发、培养和提高人的想象力是可能的。他们中的许多人甚至已研究出可以取得神奇效果的方法和技巧。比如，斯坦尼斯拉夫斯基就认识到，想象力是惰性的，通过适当的方法或指导即可使想象力活跃起来。斯坦尼斯拉夫斯基的主要做法，是采用简单的探索性提问，通过这一方法，他从学生那里获得了回应：

> 如果学生们不假思索就说出答案，我是不会接受的。那么，为了得出更令我满意的答案，学生们必须以逻辑推理的方式，要么唤起他的想象力，要么动脑筋思考该问题。想象力的培养和训练常常采用这种有意识的、智力开发式的方法来准备并引导。由此，学生们便在他们的记忆里或在他们的想象内"看见"了某些东西：某些确定的视觉图像浮现在了他们的眼前。在须史之间，学生们仿佛生活在梦中一样。然后，再向他们提出另一个问题，如此周而复始。

这种不断探索，并集中于想象建构的过程，是最终实现这一建构的关键。很多人都有这样的体验，当然，这也是在从事建筑教学的工作者中广为流传的方法。然而，问题在于，如何让学生自己学会探索这些问题。

在这方面，学生与其他任何一个寻求指导方法以促进自我提高的人没有什么差别。夏克蒂·加文（Shakti Gawain）在她那关于创造力视觉化的启发性论述中，再次肯定了将心智的建构付诸具体实施的必要。另一方面，她也再次肯定了通过连续的、有规律的探索，想象将逐渐演变为客观现实。

幻想与想象的目标

建筑师连续不断的探索和聚焦，可以采取多种途径；所有这些途径，如果探索方法适当，最终都会让建筑师的思维充满创造力。从这个意义上说，创造力可以被理解为"是想象过程的最终目的……是把呈现于内心的一个想法、一幅思维图像或者一个建筑付诸现实的状态。"作曲家伊戈尔·斯特拉文斯基的阐述最为恰当："我们在此所关注的并不是想象本身，而是具有创造力的想象：即把我们从概念层面提升到现实层面的一种能力。"

因此，想象应该属于思维的范畴，而创造力则应划为创作这一范畴（希腊语的"创作"或诗学：某人为创造所做的一切事情）。亚里士多德对这一点的阐述最为明晰。在《形而上学》（Metaphysics）一书

中，他曾写道："生产过程中有一个阶段……叫作构思，而另一个阶段
则是制造：从起始点和外形着手进行的即是构思；而从构思的终点着
手进行的即是制造。"

　　亚里士多德学派的创造力概念及其与想象力的相互关系，以及现实
与形而上学辩证法运用之间的微妙关系，所有这些与人类（创造者本身）
的发展进程密不可分的理论，在今天保存下来的这些文献中，都被当作关
于这一主题的杰出文献而被逐一剖析。哲学史、美学史，以及哲学家们
（比如柏拉图、亚里士多德、康德、维科、笛卡儿，或近代的保罗·瓦莱
利、阿尔弗雷德·诺斯·怀特海、贾奎斯·马里坦、简－保罗·萨特及恩
斯特·卡西尔）的主要作品，都成为这一主题的重要资料来源。此处，没
有必要再画蛇添足地去试着概述上述各家的理论。但对我们的讨论来说，
我们必须指出，当将创造力应用于建筑业时，我们将遵循恩斯特·卡西尔
（Ernst Cassirer）在他的著作中所阐述的理论。我们认为他对创造力的理
解，是曾经有过的最具"包容性"的理解，而且，他对创造力作了必要的
详细论述，以支持我们对建筑中的包容性或综合性所持的信念。在此，有
必要提一下伊格拉西奥·L·葛茨（Ignacio L. Götz）的著述，他的著作
《创造力：理论和社会宇宙反思》（Creativity：Theoretical and Socio-
Cosmic Reflections）一书并不出名，但他的这本书对上述各家的立场
作了最为全面的概述。他还对各种理论的性质以及它们之间的微妙差别
作了珍贵的评述。葛茨并没有论述与建筑相关的想象力和创造力。这一
主题在英国建筑理论家布罗德本特（Broadbent）的《建筑中的设计》
（Design in Architecture）一书和设计教师科贝格（Koberg）及巴格纳
尔（Bagnall）合著的《世界旅行者》（Universal Traveller）一书中有所
尝试。这两书都讨论了在设计室和建筑创作中的创造力。

定义创造力

　　广义的创造力将成为有关建筑的深层次讨论的基础，它应该是一
个纲要性的概述，这个概述包括了伊格拉西奥·葛茨、阿尔弗雷德·诺
斯·怀特海（Alfred North Whitehead）及我本人的论述，同时，这
个概述也与卡西尔的包容性概念一致。因此，我们提出以下定义：

　　　　创造力是想象力借以存在于世界的一种过程。作为过程，创造力实际
　　上是其终极目的；它是刻画终极物质和事实之特征的全部命题的共相。从

某种意义上讲，创造力与亚里士多德的原生质同义，只不过它既不是被动的，也不具有接受能力。但创造力可以被视为所有将要出现的事物的无拘无束的活动场所，这个场所本身是难以言传的。创造力……最基本的含义是在现实性的基础上进行的最高层次的概括。创造力无所不在，以至于融入人类的所有活动（无论是科学、艺术活动还是文学活动）之中。文化的所有要素——语言、神话、艺术、科学、历史、宗教——都有助于创造力的最为纯洁和健康的发展［这是在葛茨（1978），怀特海（1978）及我的著述基础上的一个综述］。

过去有人曾认为，人们不可能完整地定义创造力，因为事实上，创造力的每个方面都比创造力自身更为特殊。怀特海也曾提出过这一观点，并且这一观点也可能是过去建筑师认为创造力不能被传授的原因之一。这当然不是盛行于大多数建筑师中的观点。真正的原因在于，绝大多数有创造力的建筑师，原本就不想谈论他们自己的创造过程，或者不愿透露有关他们创造力的秘密。尽管我们必须对沉默表示怀疑，因为它常常是缺乏创新和无知者的遮羞布，是平庸之辈在处理公共关系时受益颇丰的伎俩，但我们也必须尊重真正的创造者的沉默。伟大的创造者不是不说，而是要在充分准备好了以后才会说。而且通常，当他们发表意见时，他们总是言简意赅却又意蕴丰厚。

路易斯·沙利文却是沉默盛行时代的一个例外。他是所有伟大的具有创造力的建筑师中唯一的在其探究创造力的个人道路上留下清晰书面记载的人；他的《幼稚园对话》（Kindergarten Chats）一书充满激情，既富有启发性，又充满教益：在这部由散文和诗歌写就的书中，这位深受建筑大师F·L·赖特爱戴的伟大建筑师，论述了敏感、激情、人情味和富于情感的个性，这些可能都是创造强健、成熟并富于建设性的完美建筑的先决条件。涉及建筑创造力这一主题的文献作品本来就很少，引用过路易斯·沙利文这部富有启发性作品的人更是微乎其微。任何试图阐明该主题的努力，都应该首先从对沙利文先生表示敬意开始。

建筑中的创造力

广义的框架

20世纪中叶，创造力的研究成为社会科学家、心理学家、心理分析学家、人类学家、艺术批评家、商人、行为学家、教育家及医生等重点关注的对象。二战后，人们试图重建这个世界，其目的是为了提高生产力。社会科学家、人类工程学家因关注效率和生产力而重视"创造力"。由此，关于创造力就形成了两种文献。第一种出自1950年代一些"专家"和从事研究的科学家之手，其内容包罗万象，篇幅冗长，华美至极。它只是透过技术专家量性效率这个棱镜来观察创造力。其研究的焦点集中在视觉和心理上的认知和感觉过程等问题上，因此给后人留下了研究的遗产及几个有用的发现（必要时，我们将在后面相应的章节中提及）。第二种研究，尽管在某些方面较人性化、富于情感并且能启发人的思维，但其研究却相对胆怯、含糊或者可以说是不确定甚至不科学。这第二种对创造力所做的理论上的探讨，近年来几乎被人遗忘，即便是那些以从教为生的老师也很少提及它；这些探讨是由教育家们——一般意义上的教育家，特别是建筑领域的教育家——提出来的。

对上述两种主要文献的研究不难看出，在二战后，西方世界各门学科之中存在着一个明显的分歧：有的职业把创造力看作是一门科学，认为它能使人类在地球上的发展加快；而有的职业则以形而上学的方式看待其工作，以至于不能容忍从科学的角度来探讨创造的过程。建筑师们没有参加1950年代由诗人、作家、画家、雕塑家、艺术历史学家、科学家、社会科学家、心理学家等组织的有关创造力的会议和研讨会。因此，关于创造力的很多研究都忽略了建筑这一板块，并且有关该主题的研究也少得可怜，这也就没有什么好奇怪的了。即便有一点关于建筑的讨论，也不过要么是附带的，要么认为建筑的创造力是理所当然的。我们对这个巨大的疏忽感到怀疑并吃惊；而且，我们对研究的结果及现存的所有文献的理论基础，更是深表怀疑。它们由于忽视了建筑这一板块，所以显示出其基础的局限性和其在处理这些基本问题时所表现出的浅见和片面性。

当然，建筑是一门多维的、综合性的科学。正如阿尔瓦·阿尔托所说："建筑是一个复合现象，它实际上涉及了人类活动的所有领域。"它既是一门艺术和一种职业，又是一种精神的状态。所以，如果要成为一个既富有想象力又充满创造力的建筑师，你必须具有很多个层面上的想象力和创造力，有些层面纯粹是艺术或心智方面的，而另一些层面则是科学（技术、结构、材料、设备）和专业（规定程序、伦理学、商业）方面的。建筑这门艺术的本质，是为人类服务；即便它以最为意象化的形式表现出来，它也是一门实用艺术。唯其如此，它不能排除实用主义，而成为片面的、教条的、纯粹的艺术（即单一的、没有内容的形式）。然而，大多数有关想象力和创造力的理论不是一味强调科学性，就是过分注重艺术性；这些理论趋向于强调某一方面，关心某一层面，以及支持"瞬间性"、"一个特殊的火花"、"美妙的灵感"和"个性"这些观念，而反对具有"包容性"和"广泛性"的协同工作，以及工作室精神和广泛的参与。

卡西尔的综合性

恩斯特·卡西尔在这一点上却是个例外；他的理论认为：思维在文化的所有领域——语言、神话、艺术、科学、历史及宗教——内都是有创造力的。但建筑师们却不知该从哪里去找到一个合理的理论上的解释，来理解恩斯特·卡西尔所说的带有人性和文化性质的各种经历和情怀。卡西尔本人的知名度很小——因为他的东西很难理解，又处于主流文化之外。要是早期的建筑师能找到一种已经包含了他们自己所关心的人性和文化，而又与建筑创作有关的模型，则他们早就加入了该研究的行列，或已为有关该主题的思想进化作出了贡献。但这种情况并没有发生，而在正规院校研究想象力和创造力的学生，更是错过了整个研究工作，不仅是对艺术创造力的研究工作，还有近期具有广泛性、多层次和高度大众化（就发起者的身份和作用而言）的各种研究活动。这种情况，不单单是出现在建筑这一行业上；其他综合艺术，即多种艺术和职业的复合体，如戏剧、电影制作、太空工程和设计等，也都被遗忘在哲学家以及社会和心理分析学家的探索范围之外。这大概是因为这样一个事实：即使是建筑师自己，当被问及有关创造力的问题时，他们也都宁愿保持沉默，或者宁愿对那些从事"创造力"理论及研究的工作人员所作的努力表现出漠不关心的态度；对他们来说，创造活动是神圣的，不应该轻率地加以谈论。

早期的态度：崇尚创造力

弗兰克·劳埃德·赖特曾把富有创造力的想象称之为"照亮人类的亮光"，并曾把富有创造力的人与神等同起来。"一个富有创造力的人就是一个神。'神'的数量从来都不会太多。"1950年代，加利福尼亚大学伯克利分校的心理学家，对包括建筑师在内的那些富有创造力的人进行了一项数量极为有限的跟踪调查（Barron，1969），赖特收到了这项研究的邀请，但他并没有反馈信息。阿尔瓦·阿尔托对类似的情况采取了相似的立场："在他们的问题当中，有这样一个问题：人是怎样创造艺术的。我回答说：'我不知道。'"还有一次，阿尔托给麻省理工学院院长发电报说，他不能提出"足够多的建筑哲学"去解释贝克大楼，但这个院长却毫不顾忌地将他的电报予以发表，在这份电报中，他引用了西贝柳斯（Sibelius）的话：西贝柳斯说："如果你对音乐的解释说了三个词，那么至少有两个是错误的"。阿尔托进一步说，这种情况也可能适用于建筑。从某种意义上说，阿尔托是在附和路易斯·沙利文的信条，路易斯·沙利文曾经这样写道："在工作的时候，由于思维自身运用了创造力，所以它是活跃的和充满生机的，这时它没有时间去形成文字：文字太笨拙了，你简直都没有时间去选择并把它们组织在一起。"

勒·柯布西耶有一首名为"杂技演员"的诗，或许以最清晰的方式表现了他对"创造者"（他非常熟悉的一类人）的看法。如果我们用"创造者"一词来替换诗中的"杂技演员"，我们就能得到一个全面而清晰的定义：

> 杂技演员不是木偶
>
> 他把他的生命奉献给了表演
>
> 在表演当中，在永恒的死亡危险当中
>
> 他完成着困难重重
>
> 却精彩绝伦的动作……
>
> 没有人要他这样做
>
> 没有人对他心存感激。
>
> ……他所做的事
>
> 别人都做不了
>
> ……他为什么要这么做呢？
>
> 有人不禁要问。他是在炫耀；
>
> 他是个怪人；他在恐吓我们；我们同情他；
>
> 他是个令人讨厌的人。

虽然社会上可能有对他们悲观与泄气的看法，但那些"杂技演员"，那些"创造者"还会继续他们的表演。还有一次，在飞越尼罗河三角洲上空时，勒·柯布西耶在自己的写生簿上写道："绘画是一种痛苦的挣扎，令人恐惧、无情而又看不见；是一场艺术家同自身展开的决斗。挣扎在内心中进行，而未显露于外表。如果艺术家企图说出来，那么他就是在背叛自己！"因此，在赖特、阿尔托及勒·柯布西耶看来，创造、创造力及想象力不但"神圣"，笼罩着宗教的光环，而且也是创造者与社会之间不断冲突和交锋的前提条件（社会可能认为杂技演员是一个令人讨厌的人）。

　　现在我们可以理解，为什么这些人不愿意回应那些试图用科学的公式去量化和解释想象力和创造力的心理分析调查。像赖特、阿尔托及勒·柯布西耶这些高水平的创造者，永远都不会因为让他们的工作说话而感到背叛了自我。他们无数的展示，他们的建筑、著作以及演讲，都全面地阐释了创造和创造力这一问题，但使用的却是只有创造者们自己才能理解的"语言"。因此我们认为，建筑师之所以拒绝参加心理分析调查，部分是因为建筑师和社会科学家之间存在语言障碍，但同时，也是建筑师们对他们从事的艺术所采取的态度使然。

　　只有从建筑师们自己写的著作当中，还有那些对他们设计的建筑以及他们为开发这些作品所作的努力进行研究的出版物当中，才能汲取和领悟到建筑的创造力。最后，勒·柯布西耶近乎给出了建议，甚至在指导创造过程这一点上也是如此。他去世以后，在勒·柯布西耶基金会的勒·柯布西耶档案室中工作的学者们，对他的著作——他写了很多书——他的速写、笔记和文档进行了研究。他们发现，这些著述不仅是他创造性工作的结晶，为这个世界指明了新的方向，而且还透露了他个人创造力的秘密。根据达尼埃莱·保利（Daniele Pauly）的研究，勒·柯布西耶记录了他的创造过程和创造的结晶。而且，正像达尼埃莱·保利所说的那样，这些结晶不是偶然的、突然迸发的或者自发的，而是在他提笔描绘之前长期努力的成果。他习惯于将信息储存在记忆里，正如他所说，他把自己的"大脑"当作一个盒子，让"一个问题的所有因素在盒子里慢慢地煨熟"。建筑的多维性及协作性，要求讨论创造性的书籍，其第二部分应当由接受过多维和协作性训练的人来完成。而讨论创造性的文献当中那些未被从事心理分析的作家尝试过的部分，则必须由以文化为导向的建筑师、电影制片人及航空科学家来著述。这种讨论使我们清楚地认识到，建筑的创造力是一个棘手的问题。鉴于从事创造力研究的专业学者，如社会学家和心理分析学家，与曾经有过创造性成果并受到称赞的职业建筑师之间长期存在纷争，因此，向他们学习的可能性就显得非常渺茫。

　　另一个阻碍建筑创造力这门知识传播的奇怪现象，是建筑业与建筑教学之间的分离。一种说不清楚的傲慢和无知的态度，与一种知识分子的精英论交织在一起（弗兰克·劳埃德·赖特可能是这方面最为突出的例子），偶尔会让建筑业和建筑教学之间的关系变得紧张。于是，就有了"那些建筑师们又在讲道了，"或者"哼！那些什么也没建成过的老师！"这样的老生常谈。鉴于这样的态度，有些建筑教学工作者最好的（特别是在20世纪50年代早期取得的）研究和发现，至今仍未引起重视，仍被职业明星的成功所掩盖。与此同时，学生们，也许还有建筑师们，却忙于引用技术管理和心理分析专家关于创造力的研究，而很少有人去注意ACSA（建筑学院联合会）一直以来（特别是在1960年代的前几年）在对建筑创造力进行持续研究的基础之上所作的意义非凡的努力。

广义与狭义的建筑创造力

对建筑创造力的态度，在20世纪经历了一个演化的过程，对这一过程的研究揭示了一个模型，我们把这个模型称为"广义"与"狭义"的形而上学辩证法。通过一系列著名的事件和最后成为布扎（巴黎美术学院）艺术思想（Beaux-Arts attitude）之答案的多种宣言，欧洲种下了现代主义建筑运动的种子。但现代主义建筑运动表演的舞台还是在美国，美国迎接了这一挑战，并且使建筑突飞猛进，演变成为具有教益和创造力的事物。从这个意义上说，建筑创造力这种思想（从那时起就变得特殊）在美国深深的扎根，可能应当归因于简·拉巴图特（Jean Labatut）。正是他于1956年发表在《建筑教育杂志》上的一篇名为《建筑构成的方法》的文章，完成了这一任务。我认为，简·拉巴图特的贡献，是为我们提供了一个核心要点，正是围绕这一核心要点，我们建构了解释建筑创造力的"广义"与"狭义"的理论（参见图1-2）。他的观点被认为是最主要的"广义"理论，而其他人的观点则形成该形而上学辩证法曲线的左翼和右翼。简·拉巴图特是20世纪内倡导"包容主义"建筑的第一人；然而，在建筑教育这一行业之外，却很少有人知道他，只有他的学生和少数建筑师了解并尊重他。

简·拉巴图特的主要观点是，"事物的存在不在于它们自身，而在于我们。"他那篇精彩绝伦的文章，也许是所有公开发表的、讨论建筑创造力诸因素，以及建筑师以复合方式进行创造活动的文章中最好的论述。在这篇文章中，他阐述了判断的相对性这个问题。他还进一步将人体机能的意义作了限制，使它包括身体、思想及感情等诸方面的要素。简·拉巴图特大声疾呼人性的建筑，并深入研究历史以寻求论据。他首先选择了德尔斐的马车夫（Charioteer of Delphi）这件受到普遍赞美的艺术作品作为切入点，来验证全体一致性是否可能真的存在。"有一个听众根本不同意大家的观点，称它是一件糟糕的雕塑作品，甚至根本就不是一件雕刻作

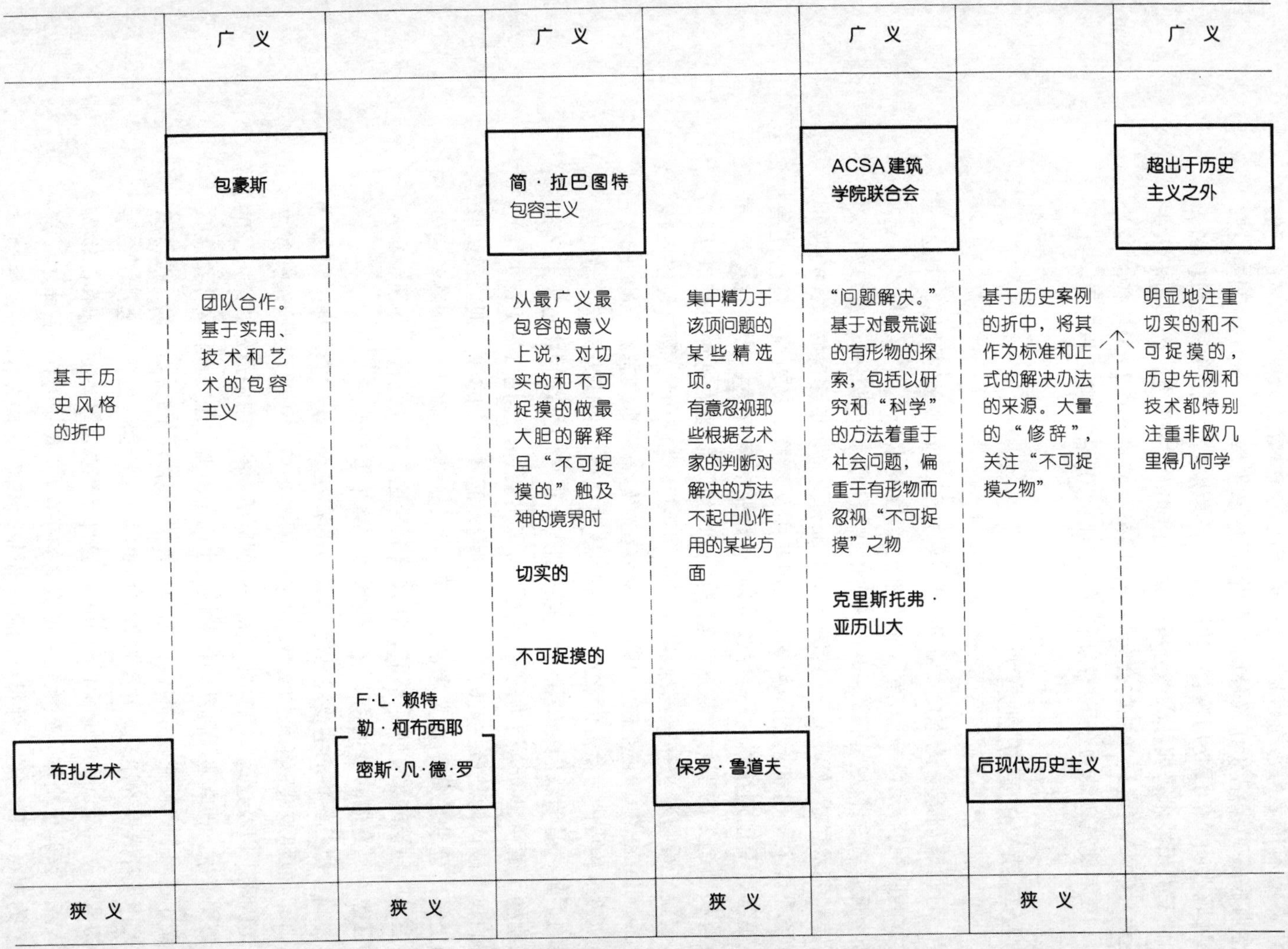

	广　义	狭　义	广　义	狭　义	广　义	狭　义	广　义	狭　义

布扎艺术（狭义）
基于历史风格的折中

包豪斯（广义）
团队合作。基于实用、技术和艺术的包容主义

密斯·凡·德·罗
勒·柯布西耶
F·L·赖特

简·拉巴图特 包容主义（广义）
从最广义的意义上说，对切实的和不可捉摸的做最大胆的解释目"不可捉摸的"触及神的境界时

切实的

不可捉摸的

保罗·鲁道夫（狭义）
集中精力于该项问题的某些精选项。有意忽视那些根据艺术家的判断对解决的方法不起中心作用的某些方面

ACSA建筑学院联合会（广义）
"问题解决。"基于对最荒诞的有形物的探索，包括以研究和"科学"的方法着重于社会问题，偏重于有形物而忽视"不可捉摸"之物

克里斯托弗·亚历山大

后现代历史主义（狭义）
基于历史案例的折中，将其作为标准和正式的解决办法的来源。大量的"修辞"的，关注"不可捉摸之物"

超出于历史主义之外（广义）
明显地注重切实的和不可捉摸的，历史先例和技术都特别注重非欧几里得几何学

图1-2　建筑设计态度的演化，在广义与狭义之间徘徊，包括简·拉巴图特的包容主义

品！"这便是简·拉巴图特最后得出的结论。因此，他赋予了我们不同意的自由！建筑"明星"的判断至高无上的时代终于结束了！在20世纪的美国，客户终于第一次走进了画面；而且，他们是通过学术这个媒介走进来的。"事物的存在不在于它们自身，而在于我们，"简·拉巴图特又一次重复道，"是这样一个事实将客户引向最高判断的，当他说出'我喜欢它，'或'我不喜欢它'这些决定性的话语时。他的判断往往来自需要和希望。"最后，他严厉批评了老师以震动学生及其弟子们："一个善意而挑剔的客户，会造就更好的建筑师，而一个过于宽容而不严格的客户，则会使一个建筑师变得意想不到的懈怠。"（简·拉巴图特，1956）

简·拉巴图特赞成设计和建造的不可分割性，以及必须对问题有一个清楚认识的必要性，并支持老子所持的事件发生的顺序性：经历、同化、遗忘及复合，并把这作为创造性设计的步骤。这种由他在建筑合成方面的导师维克多·拉卢（Victor Laloux）先生传给他的方法，也可以在老子的理论中发现。简·拉巴图特还向我们透露了他的秘密："学习的方法是同化吸收，了解的方法就是遗忘。"

其他一些研究创造力的学者也支持这种有前途的、练达的，但同时也是非常困难的、终其一生都在进行的汲取创造力的过程。加斯东·巴什拉在他的《空间诗学》（Poetics of Space）一文中，在论述"有创造力的遗忘"时，就引证了简·莱斯柯尔（Jean Lescure）来支持同样的观点：事物的状态——由于有一个终生从教育、读书和经验中吸收的过程——在用你的心智和大脑学习、消化和转化之后，就达到了知识（智慧）的境界，而你没有必要记住你是在何时何地听到它的。你个人的创作就像谱写一首新的歌曲，好像在很久以前，在某个地方，在某个遥远的场合听到过。这首歌来自你的过去，是一首你自己的歌。

但为了使这种情况发生，人们必须采用适当的方法，遵循相应的条件限制，同时积极运用可感知的要素与不可感知的要素。要创造一个建筑综合体及其内在的建筑形式，所有这些都必不可少。因此，简·拉巴图特引进了"可感知因素"与"不可感知因素"，即：已知和可限制的因素，与那些如果要形成一个整体的、独特的和完整的设计，就不能进行理性说明的、不可知和无法描述的全部事物构成的因素。正如路易斯·康所说，他们将把这个建筑"建成想要建成的样子"；他们将把它建成针对特定客户的建筑——成为满足人们身体、心智及感情需要的庇护所。可感知事物是能够被学习认识的，因而应该给予考虑；不可感知事物则是看不见的；因而对它们必须进行搜寻。建筑师必须从客户的天性中去寻找。他必须寻找所有人性的、精神的、形而上学的因素，寻找客户们的符号、各个术语的意义和语言，寻找客户的信念乃至迷信。不，简·拉巴图特不会同意他的有些学生进行的"狭义聚焦"。他当然也不会赞成1970年代和1980年代中期流行的后现代历史主义和风格主义舞台艺术。

巴黎美术学院的观点（布扎艺术思想）是第一个"狭义"的概念。而建筑设计的总方案（Parti）或"主要思想"（总是依赖于形式）的观点，则是以后出现的每一个观点的基础。建筑设计的总方案作为一条规则，源于古典或新古典主义的一个正式陈述。它是各种限制条件的框架。为了不伤害建筑设计的总方案这个预见的"优雅性"，所有努力都应该恪守它的限制并能容忍各种问题。布扎艺术思想在不同层面受到反复批判，并不是指责它扼杀了富有创造力的成就。

第一个把建筑当作一个创造活动的广义阐述，是由包豪斯在一战后正式提出来的。这个创造性产品应当实用，能满足身体、社会、技术、艺术等多方面的需要。这是一种可感知的和科学的包容主义。但是，与包豪斯的理论同时并存的，还有几个建筑师所实践（并相信的），也是其后拉巴图特所倡导的理论：一种同时基于可感知因素和不可感知因素考虑的全包容的建筑。贡纳·阿斯普隆德即是这几个建筑师中最主要的代表。另有一些不太显眼的人物如鲁道夫·斯坦纳（Rudolph Steiner）和几个同时代的德国建筑师［如胡戈·黑林（Hugo Häring）］，则主要致力于不可感知因素的探索。勒·柯布西耶、弗兰克·劳埃德·赖特及密斯·凡·德·罗占据了对创造力的狭义释义的一系列高峰。尽管前两者著述颇丰，但他们对创造力的态度却很大程度上依赖于一种"式样"。当然，他们的式样虽然富有创意，也在不断变化、发展（勒·柯布西耶有3个主要式样，弗兰克·劳埃德·赖特有6个式样），但这些式样在他们作品的开发过程中，却成为毫无疑问的先入之见。

简·拉巴图特的创造力模型占据了对建筑创造力进行广义释义的第二个高峰。在简·拉巴图特这个枢纽式的"广义"高峰的右侧，我们又发现了另一个狭义的解释；它的狭义在于它容忍对设计的各个部分有所侧重，认为对设计的某个部分可以着重考虑，而对其他部分则不予以重视。保罗·鲁道夫（Paul Rudolph）正是这种态度的代表。他在1960年代早期担任耶鲁大学院长时，在1963年于迈阿密沙滩上举行的美国建筑师学会大会上就曾这样说道："艺术家们在忙于解释少数几个精选出来的问题时，总是要忽视某些问题。他在解决这几个为数不多的问题时，长篇大论滔滔不绝，以至于每个人都能理解其陈述及其真正体面的解决方法……众所周知，如果要创造一件伟大的艺术作品，就得忽视某些问题，在艺术家手上，这样做是正当的，实际上也是必要的。"我们可以将这种情况称为艺术特许的创造力；保罗·鲁道夫的态度为其定了调，但是，他在进一步分析创造力这个概念时，提到了对质量问题的关注。

劳伦斯·加文（Lawrence Garwin），作为建筑教育家和以解决问题为导向的建筑设计过程的支持者，明确阐述了他对该问题的观点。有"创造性"的设计必定是一个好的设计吗？他向鲁道夫及其支持者提出这个问题，他们认为，如果一座建筑要展示出某种创造性，则它必须在设计的某些方面展示出与其同时代的作品（建筑）有过人的不同之处。要让一个作品在设计的所有方面都过人一等，这种想法是不严肃的。加文发现，在这些人的圈子内，只要有"创造性"，即在某些方面较为突出的建筑，即被他们认为是一个"伟大"的建筑。解决了多个问题的建筑只被简单地认为是"好"的建筑。随后的争论将建筑师们分化成两个明显对立的阵营："艺术家阵营"和"职业工作者阵营"。我们对这种情况持怀疑态度。回顾一下，并就我个人的理解而言，建筑既是一门艺术又是一种职业，我们将这种差别看作是体现当时混乱的种种不幸迹象。对建筑来说，不管它是在一个或多个方面"超群"，还是虽然在各个方面表现平平，但其整体构成却"出类拔萃"，这样的建筑都可以被认为是"有创造性的"。总体中存在有"创造性"，部分和细节中亦有"创造性"。就概念来说有创造性，就建筑的所有组件而论它也存在着创造性。要想创造一个出类拔萃，而同时在所有各方面都有"创造性"的建筑，确实是一项非常艰巨，但也并非不可能的任务。很多人都这样试过，其中也不乏成功的例子。

建筑创造力的"广义"释义占据了辩证曲线的下一个高峰。这个释义是由几个独立的教育工作者、建筑教育工作者群体（ACSA）及几个建筑学院共同关注的结果。经过一系列事件、委员会任命和对该主题的定量分析，他们最终就后来众所周知的"以解决问题为导向的"设计过程达成共识，并通过修改教学课程加以实施。这种态度，由于深受社会强势舆论及教育中的统一性影响，号召避免"设计过度"和"把更多的设计标准整合到一个合理的体系当中，并在它的帮助之下，创造一个优化的设计解决方案。"大家都期望，"大多数有创造力的建筑师会觉得他们寻求表达的想法得到了加强，而不是受到阻止。"

尽管牵扯的范围很广，但这种以解决问题为基础的努力，却大大偏向于可感知的事实。随后，这种态度逐渐与墨守成规的官僚程序、"专业主义"、统计分析以及规划技术和成本效益评估等内容等同。因此，这种态度注定要走向灭亡，只留下唯一幸存者：克里斯托弗·亚历山大（Christopher Alexander）。亚历山大是一个在近代建筑史上没有先例的人物，他也是一个数学家（因此他对建筑师们总想以业余的方式来掌握的定量分析感知极深），他始终如一地坚持自己的立场，不断学习并拓宽他对创造力的认识。很早以前，亚历山大就看出有必要包容并考虑不可感知因素，这是人性化建筑的先决条件。他的"星光"至今都还光彩照人。

在迄今论及的所有事件当中，后现代主义（尤其是后现代历史主义）谈不上是一个重要的事件，至少从建筑的创造性这个角度来说是这样。因为所有后现代历史主义所做的事情，只不过是去复兴建筑设计总方案式的布扎艺术思想，以使其作为创造力的催化剂而已。后现代历史主义是关于建筑创造力的主要观点这条辩证曲线上的最后一个高峰。

简·拉巴图特被他在普林斯顿大学指导的大多数毕业生完全误解了，这些学生在1970年代中期摇身变成了后现代历史主义者。我们并不怀疑，从前面的观点走到现在这个立场，我们的确经历了漫长的道路。每一块"石头"、每一次挑战、看某一事物的每一个可能的角度，都会使建筑更加丰富。后现代主义，这个经过全面考虑并与后现代历史主义严格区分开来的理论，其起点也是包容主义者的观点。它倾向于对以前未曾接触过的可能性加以再现并进行制度化的探索。1970年代后期和1980年代早期的教师们开阔了自己的视野，尽管对历史存有明显的偏爱和侧重，但许多教师仍然就含糊难懂的形而上学辩证法问题作了探索。这方面的探索现在已被一系列独特的渠道所完善，通过严格的训练，这些渠道以前曾经并且还将继续有助于提高建筑的想象力和创造力。

今天我们也许正处在从不可感知和可感知的角度来广义理解建筑创造力这个概念的最丰富之时代的开端。实际上，在我们拓宽我们的视野去探索新的可感知途径的同时，我们也相信"不可感知"的神圣。我们正在寻找新的平台，以探索新的可感知方法。我们正在寻找新的关联、新的刺激点，研究我们过去未曾研究过的其他艺术和艺术家们，或者以我们以前还未曾采用过的方式来进一步探索他们。不仅如此，我们还以一种非常平衡的方式进行的创造性活动来获得建筑。我们所做的工作不会否认我们的专业归宿，同时，我们的专业目的也不会超出我们的理性目的。因此，我们提倡（并认为这一点非常重要），努力追求我们的人生目标，并且采取这样一种态度：即创造力将在很大程度上取决于原始的创造力的先决条件之间的平衡——也可以说是那种"无忧无虑"和"游戏"的成分，与那种"严肃"的成分之间的平衡。这个广阔的大背景，也是本书所采纳的背景。

建筑创造力的先决条件

一些广为流传的错误概念

在很多人（不管是外行还是受过教育的人）中有一种趋向，就是对所谓不一般的、特殊的、奢侈豪华的、惊人的或者奇形怪状的建筑，都印象深刻并视为有创造力的建筑作品。而相反，那些不具有上述特性，既平静而和谐地融入周围环境，又能满足最初设计目的的作品，却反倒不被很多人看作是真正有价值的作品。我们可以毫无疑问地这样说，如果某个建筑具有"奇怪"和"前所未见"的视觉上的特征，则其不但被大众，而且也被同行看作具有"创造表现力"的可能性会更大。而某件作品，如果乍看起来好像是以前曾看到过的某个作品的再现，不管该作品是多么的严肃认真，都会被认为不值得进一步关注和严格审视，而被人们忽略。

任何曾以参赛者或裁判员身份参加过建筑竞赛的人，都很容易证实这种情况。通常是那种"形象奇特"和"新颖"，当然其设计也是精致呈现出来的作品，才会吸引裁判员们的注意。要不被这种魔笛般的表现手法所发出的炫耀和光亮所迷惑，你就必须具有绝对的主见。一种情形是具有诡秘的计谋，深谙沟通技巧、演技及其他各式各样描述法的"看起来有创造力"，另一种情形则是考虑周全、深邃，同时又真正富有创新的"严肃认真"，介于这两者之间的，是当今建筑教学工作者和很多建筑创造者（包括具有创造力的专业人员）的许多困惑，至少在美国是这样。

另一种广为流行的观念是，那些"有创造力"的艺术家，都是些无忧无虑的、贪玩又好耍的人，却能够在"这种影响下"，或其他任何因素的"影响"下，进行创作，他们的生活方式就是进行创作活动的先决条件。还有一种与其相对的普遍看法则是，那些"专业人员"，他们常是严肃的人、某个特定机构的工作人员，但通常也是一个庸人。要具有创造力，当然你就应该成为一个艺术家。因此，我们所谈论的是在很多学生及教师中盛行的、根深蒂固的态度，两种陈词滥调而又广为流行的极端。

无忧无虑者

"无忧无虑"当然与"粗心大意"大不相同。要想无忧无虑，就应该做到没有顾虑、焦虑和苦恼。它是一种心境，有了这种心境，才会使你全神贯注于你的工作，做到慎重，保护并帮助你，使你能有效地利用你的时间，支配你的创造性活动。对那些乐于拥有这种心境，从而能够全身心投入其创造性工作的人来说，拥有无忧无虑的心境，充满创作的激情，因而能够专注于去做对社会有用的贡献，这是非常幸运的事情；不能做到无忧无虑，对创造力的确是一种极大的损害，尽管也有富有创造力的个人和发明家，在困苦和逆境中创造出奇迹的传奇式的例子。安藤忠雄在批评他的同胞"所创造的建筑缺少独立性"后，很快就为他们进行了辩护，指出造成这种情况的原因是加在他们头上的负担，"……认为建筑只不过是一个与经济相连的活动……这种观点席卷了整个社会机体，不过是要求生产出无缺点的建筑而已。"

毕加索整个一生都很自由，他的大半生都无忧无虑，他用不着每天工作8个小时，因为他所有的时间都在工作；他的生活即是游戏，他的游戏即是工作，他的工作就是创造，他的创造就是他的生活；这种情况在永无休止的过程中，一直持续了90年。有些建筑师也有这种情况，虽然这样的建筑师还不是很多；实际上，随着他们生活中无忧无虑的阶段——随着时间的流逝而获得经历的状态——的到来，他们变得更加具有创造力了。这种无忧无虑的心境，连同他们对游戏和适量作乐的态度，使得他们有了自由空间，可以从以前从未敢尝试过的角度去探索建筑。比如，菲利普·约翰逊（Philip Johnson）就变得高度折中，而冈纳·伯克兹则在他认为恰当的时候，许可历史主义在他的包容性中驻留。然而，又有谁能说密斯·凡·德·罗这位不怎么无忧无虑（他的大半生都是这样）当然也不怎么贪玩、极其严肃而又认真的"专业"建筑师，不是本世纪最有创造力的建筑师之一呢？

今天的设计教师在就他们那些极富魅力的前辈们的个性特征、创造力状况及创造力的先决条件等问题向自己提问的时候，常常感到无所适从，不知该选择哪一方面。美国的建筑学术界允许建筑设计老师在其相对年轻的时候，享有一定程度上无忧无虑的心境。有一种普遍的趋向是，当某人正年轻，特别是当他刚刚步入生活时，最好做到粗心大意式的无忧无虑，不论是在生活方式还是在教学过程中，都将游戏看成是最为重要的事情。我们所经常看到的、富有创意的广告，如"合伙乐队"、"特殊委员会"、"自由主义"、"瞬间城市"或"让其发生吧"等等，常常是出自我们的年轻人之手。随着经历的丰富、专业参与性的增多、个人对现实建筑的各种限制因素的认识提高，或者对过去在工作室中设计的作品进行评价和评判性的仔细审阅之后，这种态度将会发生戏剧性的改变。当然，对设计室内的创造力而言，也有从来不进一步寻求任何其他态度的教师。有的人从未探索过获得创造力所应解决的难题，但对建筑的任务及归宿却又严肃至极。

这样的观念将使我们直面这里所发现的、现在阻碍设计室中有意义的建筑创造力的主要因素之一，即粗心大意的害处、追求玩乐的性情与以严肃为特征的性情之间的对立。

游戏的成分与严肃的成分

荷兰历史学家约翰·赫伊津哈（Johan Huizinga）在他的两本著名的书《游戏的人》（Homo Ludens）和《中世纪的衰落》（The Waning of the Middle Ages）中，反复论述了"生活中游戏成分"的重要性。透过游戏这面棱镜，他向我们提供了一个有关西欧从古到今的文化和文明的令人信服的阐述：各种仪式、城市作为剧院、政治作为贵族的游戏之一、战争中游戏的成分等等。而另一方面，反复从事美的艺术和创造力研究的柏拉图，则通过一系列对话，向我们提供了各种美的艺术形式之间最清晰的区别。他认为，像音乐、戏剧、绘画和雕刻等艺术，很大程度上依赖于"游戏"，而建筑这门艺术则全部以严肃的成分为基础。赫伊津哈和柏拉图帮助我们建立了一个健康完整的框架，来清晰地构思建筑中游戏的成分和严肃的成分。

根据赫伊津哈的分析，在文明史中，有的时期显得与众不同，因为这些时期按照"贵族"的"游戏"规则来举行典礼、宗教仪式和庆典活动的接待和定期表演，这样的时期（比如古希腊、12世纪的欧洲中世纪、18世纪的英格兰）在很多方面（特别是在艺术方面），更富有创造力，与之形成鲜明对比的是，在另外一些时期，"游戏"的成分消逝，或只在战争游戏或更做作浮华的仪式（如模拟审判）等形式中存在。当"游戏"的成分萎缩或消逝时（比如罗马时代），我们所看到的文明就以严肃质朴、贫瘠和压迫为特征。他们的艺术作品和他们的建筑，或许更因其多而大才显得特别，而决非因其质量和精神上的因素而著名。

赫伊津哈在很大程度上重述了柏拉图的许多关于"游戏"和"创造力"的观念和信条，但采取了更精确、简洁，但也更有创意的方式。从这两位作家身上，我们获得了这样一种认识，即"游戏"（或是以根深蒂固的游戏的成分为特征的生活方式）的优点是双重性的：个人可以同时通过取得的成绩以及社会赋予他们的赞美这两个方面，来获得身体上和精神上的满足。他们以一种"高尚"和"特殊"的方式遵守"游戏规则"，而那些最受赞美和尊敬的人，不管是艺术家还是政治家，都是那些能将游戏玩得最为淋漓尽致的人。那些承认某个特殊游戏也适用相同规则的人，则被称为"君子"。参赛者必须注意游戏规则，并对参与其中严肃对待。同时，参赛者应该非常熟悉规则，以便正确地和以对手意想不到的方式来遵守这些规则。这对取胜来说是很必要的。没有规则（或者忽视其存在），则显然会产生这样的结果：信息不能传达，无法玩下去，依赖于裁判，以至最终被击败（对双方来说都是如此，因为一个糟糕的比赛没有赢家），产生混乱，不被观众（社会）所认可，甚至最终导致战火。

对建筑这个"游戏"来说，类比非常明显：可以把这项艺术中的创造力因素，看作是对待和处理每种局面和每个建筑的独特方式，就像有着难以理解和常常难以操作的多套规则和情况的复杂"比赛"一样。当我们从这个角度来审视建筑，并掂量社会因建筑师干净利落地赢得了这场游戏而赋予他们的回报时，我们才能开始来鉴赏严肃因素在整个努力过程中所起的重要作用。好的和富有创造性的建筑，通常是无忧无虑的"游戏"和"作乐"与"严肃"这两个方面相互平衡的结果。正是由于中标或者最大限度地获取金钱回报被看作判断胜负的唯一标准，才导致上述微妙的平衡从很多"建筑的游戏"中消失无踪。只有在这一点上，认为建筑是"严肃"的行为这种柏拉图式的观点本身，才为严肃这个因素的真义注入了一些亮光。正如著名的希腊人类学家马诺利斯·安德尼克斯（Manolis Andronicos）所说，柏拉图认为建筑的特征中不包括游戏的成分。据他所说，"柏拉图认为建筑作品是人类严肃的需要和非常严肃的性情的产物，当然，它们是通过人类所拥有的最有价值的方式来实现的。"安德尼克斯还发现，柏拉图将建筑实践看作是建筑师的建造活动中唯一的当务之急，他还认为，所有的非物质性决定——那些表现人类精神，并将建筑提到某种更高精神境界的因素——不是建筑师们的任务。

因为缺少这种区别，安德尼克斯发现在柏拉图的理念中，各种建筑之间没有实质性的区别，不管这些建筑是一个简单的草棚还是一座复杂的神庙。只存在数量上而不是性质上的区别，而正是从这个角度，柏拉图审视了人类的所有创造物，把投入到现实的活动称作是"人类修建房屋，或更普遍一点，定居的艺术"。之后，柏拉图将建造这门艺术的重要性与其他实用艺术（如农场经营）的重要性作了对比，把建造人员的工作看作是一种高尚而与众不同的职业，从而置于更高的位置。在此，我们指出如下要点是非常有意义的，即柏拉图特别强调了建筑这门艺术很大程度上取决于公众意见和社会，指出了建造和建筑与政治意图之间不可分割的联系。

柏拉图的建筑理念是革命性的，并且最终具有全包容性，然而，部分地展示他的思想，只会给学生留下一个不完整的图像。如果柏拉图止步于他早期的观念，则他留给我们的是一个严格朴素的建筑概念，把它当作一种职业，一项建造活动，它总体上受制于施工技术和实际需要，是一个只以严肃因素为基础的建筑。但他也试图拓展他对建筑的理解和他的建筑观念，并且在他的理论中最终引入了一种对并非严格实用主义的建筑结构的关注。他引入这种关注的方法是梦想、幻想、空幻的想法，一个并非真实的世界，在那里，"甚至建筑活动也可以成为一种精彩的游戏，其目的只是为了愉悦我们的眼睛。"柏拉图在他想象中的名叫阿特兰提斯（Atlantis）的城市里，布置了如此精彩的建筑，"在平常而简单的建筑物旁边，是其他一些建筑，其精心挑选的石头呈白色、黑色和红色，使你想起漂亮的编织品，从这个游戏中能得到扎根于该游戏自身性质中的特殊的乐趣。"从某种意义上说，柏拉图试图使这个阿特兰提斯城内的建筑物表现并反映出某些神圣的品质。他让自己的思想在想象的世界和包容性之中纵横驰骋，以至于超出"严肃"和"狭义"的实用主义之外。但他只是在自己的思想中才这样做，而就所有实际意图说，他却从未改变他对现实的严肃态度。但总结一下柏拉图思想的所有方面，我们就有了一个作为常人的建筑师完全成熟的观念，他没有所有问题的答案，他是工人们的崇高指导者，他构想了整个工程，他监督工程的实现。对于现实的建筑，除了其严肃性外，柏拉图从未接受过其他任何理论，没有接受过其他艺术家提出的游戏的成分，这确实是真的。他严肃透顶，但却是严肃透顶地去争取一个全包容性的解决方案：实用的，视觉上美观的，表现精神的。

全包容合成理论

现在，让我们试着把柏拉图和赫伊津哈的理论中最好的部分综合起来，以便获得一个关于建筑创造力的更加平衡协调的观点。首先，请做这样一个练习，将下面这段引自赫伊津哈的短文中的"文明"一词替换为"建筑"：

> "真正的文明"［建筑］，如果没有一定量的游戏的成分，是不可能存在的，因为文明［建筑］的先决条件是其自身的限制和优势，以及不会把自己的喜好与终极和最为崇高的目标混淆起来，而是把它包含在一定程度的自由接受的范围之内来理解的能力。在某种意义上说，文明［建筑］始终都要遵循某种规则才能玩，而真正的文明［建筑］始终都要求公正地来玩。公正不是别的什么东西，而是以游戏的方式表现出来的良好的信任。因此，欺骗行为或捣蛋的行动都将对文明［建筑］本身造成破坏。要成为一股创造文化的健全力量，则这种游戏的成分必须是纯洁无瑕的。它绝不存在于对通过理智、信念或人性而建立起来的标准的弱化或贬低，它也不能是一种虚假的外表，一种在真正游戏形式的错觉后面的政治目的掩饰物。真正的游戏用不着宣传；它的目标存在于它的自身，与它相近的精神是令人喜悦的灵感。（赫伊津哈，1950）

你还可以用"建造"这个词来替换"游戏"这个词，你甚至还可以采取不同的替换法来做其他的练习。但至少到现在为止，我们的观点一定是显然的：能把建筑看作是游戏，这种心态是有好处的；这样做可以获得个人乐趣；永远不要粗心大意，对其技术、科学和社会等方面要始终保持一种严肃的态度，永远不要屈服于狭义的片面性或者一味地聚焦于任何一个部分。我们的最终目标，是要使一个具有实用性的作品成为一种美的呈现、一种获得精神满足的动因。

说来容易做来难。但为了达到所有这些目标，人们就应该时刻准备好，去拓宽自己的视野，挑战自我，承认必须进行有创造性的探索，摒弃自己的"创造惰性"，并认真研究影响建筑实践的可感知和不可感知因素所提出的挑战。

现在，我们已经画了一个完整的圆。现在该是让学生（也即未来的建筑师）们进行自我陈述的时候了。有一次，我在做一个关于创造力的演讲之前，要求学生们写出他们自己对与建筑有关的"创造力"的理解，这些理解不受任何限制，他们得出了以下一些定义：

- 它是一个人想富于创造性——成为一个实干家所具有的驱动力。
- 它是对标新立异不懈的追求。

- 它是对可预知的、浅薄无味的以及平庸的事物的不满。
- 它是对某一工作（这一工作是人们尚未见过或未曾做过的，尽管它有可能曾以某种形式存在过）的最佳表现形式作构思、观察和研究的一种思考（行动）过程。
- 它是为了获得新事物而对原有事物进行的改进。
- 它是对普遍接受的现状产生的一种焦虑和不满。
- 它是某人不断地研究，以获得做某一事情的新方法和新思路的那种夜以继日的精神上和身体上的专注。
- 它是某人对"改良"作出不懈努力的一种存在状态。
- 它是身体力行者存在的理由。
- 它是创造者快乐的源泉。

  尽管这些概念是有创见的和令人振奋的，但没有一个直接提到设计室中的创造力，尽管作出回答的大多数学生那时都在各自的设计室内，通过几种创造力渠道，深深地沉浸在设计室内的创造力当中。有的学生对此颇感满足，其他学生仍在继续努力，也有的学生已经饱受挫折之苦。

  在接下来的章节内，我们将尽最大的努力来阐述一些最重要的渠道，我们的阐述将从不可感知渠道开始。

参考书目

Aalto, Alvar. *Sketches*, ed. Göran Schildt. Cambridge, MA: MIT Press, 1979, pp. 76, 160.

ACSA. "Creativity in Architectural Design: The ACSA Committee Reports." *Journal of Architectural Education*, 19, 2 (September 1964).

ACSA West Central Regional Meeting. *Fostering Creativity in Architectural Education*, ed. James P. Warfield. Champaign: University of Illinois Press, 1986.

Anderson, Harold. "Creativity in Perspective." In *Creativity and Its Cultivation*, ed. Harold Anderson. New York: Harper & Row, 1959.

Ando Tadao. "Wombless Insemination—or the Age of Mediocrity and Good Sense." *Japan Architect*, no. 347 (March 1986).

Andronicos Manolis. *O Platon ke e Techni* (Plato and Art). Thessaloniki, 1952, pp. 113, 114, 119, 122.

Antoniades, Anthony C. "The 'Care-free' and 'Play' Elements vs. the Element of 'Serious' in Architectural Creativity." In *Fostering Creativity in Architectural Education*, ed. James P. Warfield.

Aristotle. *Metaphysics*, VII.7(1032 B 15). Trans. Richard Hope, with an analytical index of technical terms. Ann Arbor: University of Michigan Press, 1963.

Bachelard, Gaston. *Poetics of Space*. Boston: Beacon Press, 1969.

Barron, Frank. *Creative Person and Creative Process*. New York: Holt Rinehart & Winston, Inc. 1969.

Baruch, Givoni. "Creativity and Testing in Research." *Journal of Architectural Education*, 32, 4 (May 1979).

Blundell, Peter Jones. *Hans Scharoun*. London: Gordon Fraser, 1978.

Broadbent, G. H. *The Design Method*, ed. S. Gregory. London: Butterworth, 1966.

————. *Design Method in Architecture*. New York: Wiley, 1973.

Butcher, S. H. *Aristotle's Theory of Poetry and Fine Art*. New York: Dover Publications, 1951.

Cassirer, Ernst. *The Problem of Knowledge*. New Haven, CT: Yale University Press, 1950, p. 49.

Chang, Amos Ih Tiao. *The Tao of Architecture*. Princeton, NJ: Princeton University Press, 1956, p. 59.

Dow, Alden B. "An Architect's View on Creativity." In *Creativity and Its Cultivation*, ed. Harold Anderson.

Garvin, Lawrence W. "Creativity and Design Process." *Journal of Architectural Education*, 19, 1 (June 1964), pp. 3,4.

Ghiselin, B. *The Creative Process*. New York: New American Library, 1952.

Ghyka, Matila C. *The Geometry of Art and Life*. New York: Sheed and Ward, 1946.

Götz, Ignacio L. *Creativity: Theoretical and Socio-Cosmic Reflections*. Washington, DC: University Press of America, 1978, p. 25.

Huizinga, Johan. *Homo Ludens: A Study of the Play Element of Culture*. Boston: Beacon Press, 1950, p. 211.

————. *The Waning of the Middle Ages*. Garden City, NY: Doubleday, Anchor Books, 1954.

Kepes, Gyorgy. *Language of Vision*. Chicago: Paul Theobald and Company, 1969, p. 23.

Koberg, Don, and Bagnall, Jim. *The Universal Traveller.* Los Altos, CA: William Kaufman, Inc., 1972.

Labatut, Jean. "An Approach to Architectural Composition." *Journal of Architectural Education,* 11, 2 (Summer 1956), pp. 33, 34.

Le Corbusier. *Creation Is a Patient Search.* New York: Praeger, 1950.

————. *Towards a New Architecture.* New York: Praeger, 1960, pp. 197,

Lyndon, Donlyn. "Design: Inquiry and Implication." *Journal of Architectural Education, 35, 3 (Spring 1982).*

Maritain, Jacques. *Creative Intuition in Art and Poetry.* New York: Meridian Books, 1958.

Moore, T. Gary. "Creativity and Success in Architecture." *Journal of Architectural Education,* 24, 2/3 (April 1970).

Pauly, Daniele. "The Chapel of Ronchamp as an Example of Le Corbusier's Creative Process." In *Le Corbusier: Ronchamp, Maisons Jaoul and Other Building Projects, 1951–1952.* Trans. Stephen Sartarellik, ed. Alexander Tzonis. New York and London: Garland, 1983, p. xviii.

Plato. Politia, Gorgias, Protagoras, Kritias.

Robinson, Julia Williams, and Weeks, Stephen J. "Programming as Design." *Journal of Architectural Education,* 37, 2 (Winter 1983), pp. 5–11.

Scolari, Massimo. *Hypnos.* New York: Rizzoli, 1986, p. 16.

Smith, Paul, ed. *Creativity: An Examination of the Creative Process.* New York: Hastings House, 1959.

Sontag, Susan. *Styles of Radical Will.* New York: Dell, 1966, pp. 3–34.

Stanislavski, Constantin. *An Actor Prepares.* New York: Theatre Arts Books, 1984, pp. 51, 52, 62.

Stravinsky, Igor. *Poetics of Music.* Cambridge, MA: Harvard University Press, 1970.

Sullivan, Louis H. *Kindergarten Chats and Other Writings.* New York: Wittinborn, 1947; Dover Publications, 1979.

Taylor, Irving A., and Getzels, J. W., eds. *Perspectives in Creativity.* Chicago: Aldine, 1975.

Tigerman, Stanley. "JAE Interview: Stanley Tigerman." Interview by JAE editor Peter Papademetriou. *Journal of Architectural Education,* Fall 1982.

Valèry, Paul. "Four Fragments from Eupalinos, or the Architect." *Selected Writings.* New York: New Directions, 1950, pp. 162–183.

Van Eyck, Aldo. "R.P.P. (Rats, Posts and Other Pests)." *The 1981 RIBA*

Annual Discourse. Royal Institute of British Architects, London.

Venturi, Robert. *Complexity and Contradiction in Architecture*. New York: Museum of Modern Art, 1966, pp. 46, 89.

Wolin, Judith. "In the Canyon." *Journal of Architectural Education*, 36, 1 (Fall 1982), pp. 8, 10–13.

Wrede, Stuart. *The Architecture of Erik Gunnar Asplund*. Cambridge, MA: MIT Press, 1979.

Wright, Frank Lloyd. *In the Cause of Architecture*, ed. Frederick Gutheim. New York: Architectural Record Publishers, 1975, p. 145.

Wurman, Saul Richard. *The Words of Louis L. Kahn*. New York: Access Press and Rizzoli, 1986.

第二章　比喻

> "……在哲学家眼中，一座城市
> 只不过是一座大房子，
> 而另一方面，房子
> 也就是一座小城市……"
>
> ——莱昂·巴蒂斯塔·阿尔伯蒂

阿尔伯蒂非常清楚地意识到，有必要建议他的读者们把城市想象成"……只不过是一座房子……"，他同时也建议读者们把房子想象为"一座小城市"。他要求读者把一事物想象成另一事物。他让他们转移自己的注意力，将房子看作城市，或者反其道而行之，将城市想象为房子。换句话说，他要求读者们采取一种比喻的思维方式，以便更好地理解正在讨论的问题（在这个具体例子中，他正在讨论的是建筑的起源）。

只要有下面任何一种情况发生，那么，我们都是在以比喻的方式进行思考：

- 试图将参考物从一个主题（概念或物体）转移到另一个主题。
- 试图将一个主题（概念或物体）"看成"其他的事物。
- 将我们关注的焦点从一个聚焦区域或问题，转换到另一个聚焦区域或问题（希望通过对比或者通过引申的方式，从一个新的角度来阐明我们所考虑的问题）。

图2-1以图表的形式展示了这些概念。

将比喻用作一种通向建筑创造力的渠道，这在20世纪的建筑师中非常流行。人们已经发现它是一种强大的渠道，它对创造者的帮助比对用户或评论家的帮助更大。实际上，最好的比喻及其最好的用法，就是

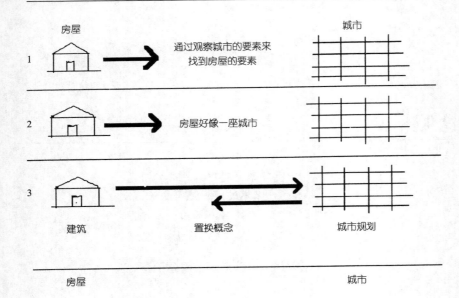

图2-1　比喻：转移，"好像"，置换

那些用户和批评家们无法发现的比喻和用法。在这些情况下，比喻成为创造者们的"小秘密"。它对建筑教师也很有用处。很多建筑教师都曾使用过这种方法，特别是在近些年更是如此。以比喻为着眼点来做设计练习，能测试并开发学生们的幻想力和想象力。那些已经富有想象力的人，在运用"比喻"时，将不会感到有任何困难，同时，"比喻"又将成为拓宽和加深他们想象力和幻想力的额外因素（参见图1-1）。

　　比喻的魅力，备受那些德高望重的建筑教育家们推崇，他们甚至将其看成是想象力的基石。从广义上说，比喻值得任何一个创造者借鉴，并且会让他从中受益。它会给我们提供好多机遇，从另一个角度去观察一项思考好了的工作；它会督促创造者探索新的问题体系，并得出新的解决思路；它还会把思维引入一个前所未知的新境地。因此，比喻的用途广泛，尽管这并不意味着每一个人都能自由运用这种特殊的方法，并因此从中受益。有的人在开始时会遇到很多困难。许多人，特别是那些对现实已有一些实在经历的学生，甚至可能不想听到把建筑看作"其他事物"的可能性。这些人往往是最需要比喻的人；教师为了在这一点上激发学生，就必须循循善诱，并且获得他们的信任。最终，有些学生会成为这种特殊渠道的虔诚爱好者，并由此深深感激该渠道为他们开辟了新视野。在建造和设计／构思过程的很多层面上，比喻都有助于人们实现"创新"。建筑物的外形可以从一个新的角度来审视，整个结构也可能变得更能表达其内涵，建筑师对特定建筑类型的情感交流也会变得清晰明了。最后，比喻会对围绕建筑真实性产生的大量新概念给予极大的帮助（真实性是某种特定建筑类型的一般特征，它是每个建筑师在设计建筑时都应了解并遵循的原则）。

通过比喻，特别是采用置换概念（舍恩，1963，1967）这个方法来处理比喻时，人们即可以在自己的工作中将已理解的知识和方法，运用于所列出的可置换的项目中去（这些项目可以是某一主题、一个物体、一种情形甚至是另一种艺术——例如，将"建筑看作舞蹈"，并且试着以古典芭蕾与现代舞蹈之间的关系，来诠释对称与非对称之间的关系）。

比喻的种类

我们可以分出三类广义的比喻：不可感知类，可感知类，二者相结合类。

1. 不可感知类：以一个概念、想法、人为的状况或者某种特质（个性、自然状态、社团、传统、文化）等作为为创造进行比喻的着眼点。

2. 可感知类：比喻的着眼点严格来源于某些视觉的或物质的特性（一座房子被看作一座城堡，寺庙的房顶被看作是天空）。

3. 二者相结合类：概念的和视觉的因素相互重叠，成为比喻着眼点的组成部分，通过视觉因素来发现某种特定视觉载体的优点、特性及基本原理（计算机、蜂房两者都有点像"盒子"，而且明显具有纪律性、组织性和合作的性质）。

多数建筑师都存在着避免将不可感知的比喻当作起点的倾向，而很多建筑师极易受可感知比喻的启发，也获得了不同程度的成功。

可感知比喻的任何特定用法的有效性，都将取决于视觉特点可以被察觉的程度。这种可以被察觉的例子叫作比喻的直译。人们并未将直译看作一件好事，因为它不但降低了比喻的起点，而且损坏了最终的创造——这两种情况都不是每个人"希望看到的情况"。新的创造总是必须超出它的比喻着眼点的视觉相似物。因此显然，最困难、最需要认真研究而又最富有潜力的比喻种类，还是两者相结合的比喻。当新创造的作品一方面淘汰了对着眼点的视觉和客观的记忆，而另一方面又保留甚至提升了原型所具有的本质特性时，上述结论就显得尤其真实。

上述三类比喻还可以根据它们在实现批判性评价或设定设计目标等意图方面的效力，进行进一步区分。图2-2非常清楚地说明了这些区别。

明显的 直译	有	无	能被他 人发现	不能被他 人发现
潜在的 直译	平面或截面 中有直译		≫ ≫	≫ ≫
两者相结合 的比喻的抽 象状态	有直译			
	有实在的优点			
	无直译			
	有实在的优点		≫ ≫	≫ ≫

最好

最好 →

图 2-2 对批评和设计意图而言，比喻效力的等级状况

历史回顾

三种比喻都曾被建筑师们使用过，也曾给他们带来不同程度的成功。在以下的历史回顾当中，我们对比喻在近期的一些应用实例进行了研究和分类，同时，我们还将详细阐述和明析其理论框架。

起源于尼采

建筑师们在 20 世纪时已经很熟悉比喻了。实际上，20 世纪建筑领域内的一些重大运动，就是以他们所运用的比喻作为标签的。机器是现代主义运动的比喻；废墟是后现代主义运动的比喻。这些运动的其他分支或修正，也将比喻当作激发他们灵感的基础。新社会的技术或活力，是俄国结构主义者所使用的比喻之一。类人的和脊椎构造（有一个核心和心脏的房子）是后现代历史主义者的比喻，而无脊椎构造（没有核心，没有心脏，空空荡荡）则是同一运动其他分支（比如彼得·埃森曼和弗兰克·盖里所追求）的比喻。20世纪的一些最重要的建筑类型，最初都是以比喻的形式来倡议的。比如玻璃摩天大楼，就被认为是陆上风景中绚丽多彩、自由耸立的水晶柱。

20世纪比喻运用的开端，可以追溯到德国早期的表现主义建筑师，以及起源于尼采的因素。建筑师们如布鲁诺·陶特（Bruno Taut）和约瑟夫·伊曼纽尔·马戈尔德(Josef Emanuel Margold)在读弗雷德里希·尼采的《查拉图斯特拉如是说》这部充满建筑比喻的哲学著作时，常常在他们的素描簿上做读书笔记。尽管这部著作带有某些反社会的思想，德国早期的印象派建筑师仍将该书作为他们创造力的来源。尼采将有创造力的行动描述为使人心醉神迷的展现。这当然引起了当时的表现主义者及很多德国和中欧建筑师们的兴趣；其结果是产生了一系列使人联想起大山景象的工程，因为，据彭特所述："查拉图斯特拉生活在大山上危险的荒僻之处。"

图2-3 受尼采的查拉图斯特拉这一概念影响的建筑物。玉泉宫凉亭（Schonbrunn Hofpavilion），皇帝御用的火车站候车室，维也纳，1896；建筑师，奥托·瓦格纳（由杰伊·亨利教授提供）

很多著名的中欧建筑师，比如约瑟夫·玛丽亚·奥布里希（Jeseph. Maria Olbrich）和奥托·瓦格纳（Otto Wagner）就曾用大山这个比喻来创造建筑。他们也都是将超人的幻想强加于世界的先驱，并提醒观察者，与人类的"渺小"相比，宇宙是多么的伟大。或许正是这种超人的态度和查拉图斯特拉的反社会的本性，使得其他文化的建筑师们总是带着怀疑的眼光来审视比喻；或许也正是尼采和他对德国知识分子们的呼吁，使得比喻在德国建筑师当中被普遍接受。

一系列看法

波菲利奥斯（Porphyrios）这位研究比喻在20世纪建筑中的应用与滥用的学者，集中研究了20世纪芬兰最有名的建筑师阿尔瓦·阿尔托对比喻的运用，阿尔托曾运用不可感知比喻设计了多个建筑。阿尔托的建筑常常是通过建立在个性、自然状态、社区等概念基础之上的比喻活动发展而来的。对阿尔托的评论赞扬，只不过是接受了这样一种理念：我们可以根据不可捉摸的"人性"比喻（也许是所有比喻中最好的）来进行建筑。

由汉斯·夏隆（Hans Scharoun）设计的柏林爱乐音乐厅（1956－1963），就是根据他对被葡萄园覆盖的小山这个可感知情景的比喻图像来构思的。建筑的内部构建让人联想起这种风景的幻像。人群就是葡萄，表演台就是小山的缓坡，而顶棚就是一个帐篷（参见图2-4）。这个风景就像一幅"天空景色图"一样。夏隆这位理想主义者和信奉社会主义的人，就以比喻的方式把公共建筑称为"城市的花冠"（stadtkrone）或"人民的大厅"（Volkshaus）：

> 公共建筑是一个城市的主要标志。它是人民及其理想的物质表现形式，更是艺术与人类完美结合的活化石。它将成为城市的花冠。（布兰德尔·琼斯，1978，第76页）

与自然对立、像人一样伟大的建筑，这一传统在德国延续着，并通过奥斯瓦尔多·马赛厄斯·翁格尔斯（Oswald Mathias Ungers）的传播来到美国。作为表现主义的崇拜者，翁格尔斯成为把比喻作为通向建筑创造力的一种有力方式的最早和最主要的倡导者之一。他是很多理论文章和展览的创作者，同时也是很多建立在比喻起点基础之上的理论项目的设计师。他把城市视为一种比喻，而他设计的房屋正是他这种思想

为阿尔卑斯建筑设计的草图，建筑师：
布鲁诺·陶特。
取材于"阿尔卑斯建筑"，哈根，1919

建筑幻想，
在读查拉图斯特拉时激发的景象；
(AFTER ETCHING IN THE SERIES SCHAFFENDE
KRÄFTE, 1909 AND AFTER WOLFGANG PEHNT).

赫尔曼·比林的"建筑幻想"
(FRON "STADBAUNKUNST ALTER VND NEVER ZEIT" I,
No.II,1920, AND AFTER WOLFGANG PEHNT)

贡纳·阿斯普隆德根据人类头骨的比喻，
对斯德哥尔摩图书馆所作的第一个研究

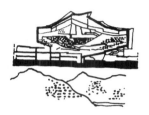

根据覆盖葡萄园的山坡这个比喻设
计的柏林爱乐音乐厅的室内，
建筑师：汉斯·夏隆

一个四季皆宜的住宅，
建筑师：奥斯瓦尔多·马赛厄斯·翁
格尔斯（取材于艾米利奥·安巴斯
的《出售的住宅》）

弗兰克·劳埃德·赖特，"USONIAN"风格，
取材于"USONIA，第1号"的透视图

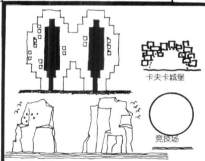

卡夫卡城堡

竞技场

"小教堂"

瓦尔登·塞文（上）
地中海岩石（下）
托勒·德·阿奎特图拉采用的比喻（取材于文本和里卡多·博菲尔的素描）

位于不来梅港的航海博物馆，1969-1975，
建筑师，汉斯·夏隆

"为世界主义者设计的住宅"，模仿地球
的形状
AUTOINS-LAURENT-THOUAS YAUDOYER (1756-1846).AFTER
VAUDOYER CUORUAND 1785 AND AFTER "VISIONACY
ARCHITECTS" LEMAGNY, J.C.1968.

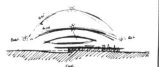

塔吉斯·泽尼托托斯的素描：
"建筑太阳镜"（上）
和"雨伞式建筑"（下），
比喻并不意味着直观的视觉模仿

图2-4 总结：20世纪的比喻

的特有表现：一座房屋不仅是一个比喻概念的结果，而且随着比喻发生改变，它也能及时变化，特别是通过对环境美化因素的控制来实现。一年内的季节就成为比喻，它给房屋披上合适的"衣服"（这又是一种比喻），并为房屋提供相应的建筑表面形式。

翁格尔斯对他的一些美国同事产生了巨大影响。约翰·肖（John Shaw）作为康奈尔大学的一位建筑学教师，他开设了关于比喻的理论课程。他号召他的学生对各种类型的建筑寻找比喻性的解释，进行比喻性的描述。比如，比喻地把一个建筑学校想象成一个蜂房，或者把一座房子想象成"某个人的城堡"，而把一个大型城市公寓想象成一棵"布满鸟巢的大树"。

通过比喻的方式来获得建筑创造力，这确实带有某种浪漫主义色彩。实际上，托马斯·毕比（Thomas Beeby）认为弗兰克·劳埃德·赖特的所有建筑都深深扎根于比喻之中。根据毕比的观点，赖特的建筑物是他按照虚构的塔里埃森（Taliesin）为起点重新构筑图像的产物，而美国人住宅则是他为理想国（这是赖特对理性化和形象化的美国概念）的人们设计的理想住宅。

在运用比喻的过程中，我们不时会碰到某种程度的宏大甚至夸大。一个明显的例子就是博菲尔在法国巴黎和圣康坦－昂伊夫林设计的低成本住宅工程，它们运用了帝王般堂皇的形态，凡尔赛宫般浩大的规模。以比喻方式构思的许多工程，常常存在规模问题。这大概是因为比喻易于产生某种格言式的、乌托邦的、泛泛的结果，尽管艺术家们的初衷是美好的。比如，为一个建筑学院建造的一幢可以比喻为蜂房的建筑，就没有给有个性或有天赋然而胆小的、不愿像蜜蜂一样工作的学生留有余地，在里边，人们只能按照既定的程序协力合作、共同研究，并按其他蜜蜂希望的那样辛苦地工作。

最偏爱比喻的，是那些个性专横跋扈的建筑师，那些可能从成为超人的梦想和常常"超出规模"的比喻中寻找灵感并为之辩护的建筑师；在得知这一点时，我们并不感到惊奇。然而，随着建筑师的成长，他／她也渐渐"毕业"，从而在运用比喻的过程中，变得更加成熟起来。

里卡多·博菲尔（Ricardo Bofill）就是一个很好的例子。他在建造了穆拉加·罗加（Muraja Roja）这个位于西班牙卡尔佩省某个山顶上、红色、"像墙一样"的住宅工程（这个工程以直译的方式呈现，在美学上简单而没有表现力）之后，他"毕业了"，进入了更高层次的比喻阶段，并获得了不同程度的成功。他此后完成的工程都以激发该工程的比喻来命名。巴塞罗那的瓦尔登·塞文（Walden Seven）即是以梭罗的瓦尔登湖这个理想化比喻为基础，但在视觉上看来，它很像两块巨大的地中海岩石，岩石的边上布满了鸽巢。岩石－鸽巢的比喻表现手法应当归功于批评家布罗德本特，而不应是建筑师本人。这个设计为我们指明了一种可能性：即任何给定的工程，都可能存在一个多重的比喻表现手法，这种可能性当然不是一件坏事。

博菲尔在其早期的创造性成就中所使用的两种主要的比喻，是竞技场和教堂。他的每一个公共场所都被看作是公众交往的竞技场。瓦尔登·塞文和卡夫卡城堡（Kafka's Castle）即是他早期试图阐明这种公共场所的表现。瓦尔登·塞文看起来并不像梭罗所想象的那样，被原始森林覆盖，环境优美恬静。而卡夫卡城堡则的确能使人想起那种在读过卡夫卡作品之后可能产生的梦境。

这使我们的注意力又回到了比喻的出发点与最终的视觉结果之间的关系这个重点上来了。在某种情况下，当创造者从某个比喻着手，分析其内容和精髓，而后基于所分析的内容和精髓，创造出某一设计项目，我们就会获得一种创造的可能性。其结果看上去或许根本不像被比喻的对象，但它却具备比喻对象的特性和优点。瓦尔登·塞文就是这样一个例子。所谓瓦尔登，就是指各种浓缩的、恬静的自然环境，其间妆点了绿荫和碧水。瓦尔登·塞文显然具备了这些特征中的绝大多数，尽管它看上去完全不像绿荫环抱的小池塘。倘若是从理论上对比喻进行权衡，在此基础上从批判的角度去看（正如图2-2所示），则该工程在上述意义上还是很有特色的。这种现象在近代希腊建筑师塔吉斯·泽尼托斯（Takis Zenetos）的许多建筑物中也很明显。他根据建筑"太阳镜"和"雨伞式建筑"这样的比喻设计出的建筑，对阳光和周围的气候条件非常敏感，而不需要像博菲尔的卡夫卡城堡那样做视觉上的模仿。

位于德国不来梅港的德国航海博物馆（1969—1975年）是由汉斯·夏隆设计，其外形酷似一艘船。它就是对战舰的视觉特征进行直译的例子。因此，它只是使用这一特定比喻的一个不太高明的例子；如果建筑师能多关注战舰这种比喻的概念要素（力量、完美），而不是只满足于对其视觉特征的浪漫追求，那么这座建筑一定会更加出色。正如我们已经指出的那样，教师、评论家甚至创造者都一致认为：进行直译的比喻不会像注重精髓的比喻性诠释那样取得富有创造力的成就。但是，因为这种方法比较容易操作，所以很多人（特别是学生）经常尝试这种方法。

过去，在众多以直译方式使用比喻的建筑师当中，有一派是18世纪的理想主义建筑师（visionary architects），他们中以布雷（Boulleé）和勒杜（Ledoux）最为突出。早期的后现代主义教师在探索通过比喻的渠道设计项目时，很偏爱他们中的几位（特别是后两位），并常常把他们作为比喻的源泉。但这些富有原创性的直译和后现代主义对"历史主义者"的偏爱，都没能最完美地实现人们对比喻的期望。

重要范例：来自日本的实例

日本建筑师是最近一批信奉比喻渠道的群体之一。事实上，日本建筑师们在很早以前就已经对比喻情有独钟。当代一些最优秀的日本建筑师，如矶崎新、石井和纮、山崎实、筱原一男及黑川纪章等，均不断地从比喻中寻找灵感。

当然，我们应该指出美国东海岸的教学机构对这些建筑师的影响。他们中的很多人都曾作过这些大学里的研究生或建筑教师，并有机会接触到康奈尔这样的名校。而这类大学正是翁格尔斯及其他来自欧洲的名人（如克里尔兄弟）等过去常讲学和访问的大学。

矶崎新，这位极富诗意而又成果丰硕的建筑师和理论散文作家认为，比喻应该是建筑创造力的首要因素；尽管他所设计的很多建筑都带有直译的痕迹（其乡村俱乐部大楼看起来就像是一个问号），但其创造行为的出发点常常是比喻式的。他在运用比喻来检阅其同伴的建筑作品时，其评论意识往往也能发挥得淋漓尽致。他写的论文，论述了柯布西耶，以性爱关系的概念来比喻柯布与大海，特别与地中海的关系，这篇论文也许是最伟大的比喻评论表述的赞美诗之一。

石井和纮在他的每项工程开始时，都要做大量的研究工作。为了兼收并蓄东西方文明，他旅行到了美国。收音机城（Radio City，即纽约市洛克菲勒中心娱乐区——译者注）音乐厅上的小火箭，激发了他直岛体育馆内"跳舞的柱廊"这一灵感；而对门窗类型学的研究，又成就了他在耶鲁大学的毕业设计，随后，他以蒙德里安的"布基伍基"（Boogie Woogie）绘画的比喻为基础，创作了东京的布基伍基。山崎实的作品也运用了比喻，但他却很少思考比喻的实质，因此，他的作品常常是肤浅的直译。

另外，筱原一男可能是日本所有近代建筑师中最有建树的一位，是一个堪称远东的路易斯·巴拉甘（Luis Barragán）的人。他能用三维中的连接，来表现对日本式的静谧、木质结构和质朴（而不是珠光灿

图2-5 地中海对勒·柯布西耶的影响，正如矶崎新所述：从里面看，就像是海的世界、岩石、岩洞及穿越水面的阳光等事物之间的风流韵事。A. 拉土雷特圣玛丽亚修道院（The Monastery of Ste.Marie de la Tourette）；B. 内部空间，朗香教堂

烂）的文学性欣赏，这与谷崎的著作中关于"静谧的美学"的论述很相似。筱原的建筑是按俳句（Haiku）的诗学传统努力创造的成果。从这个意义上讲，他的建筑是运用俳句这个最广义的比喻进行创作的一种尝试。我们甚至可以说，他试图通过这种比喻去创造一种民族建筑，因为俳句是日本的一种原汁原味的独特发明和国之瑰宝。而且，正如谷崎在他的《美哉阴影》（In Praise of Shadows）一文中所指出的那样，静谧、质地和光明对于日本人来说，具有同样重要的意义。围绕"静谧"这一主题设计建筑，是对比喻异常艰难的尝试，它或许比阿尔托用个性、反极权主义（芬兰的赛于奈察洛市政厅"家的感觉"）及改善自然的比喻［"芬兰新景"就是这样一个例子，其创意来自位于罗瓦涅米的拉皮亚住宅（Lapia house）的屋顶曲线，以及通过无数人造天窗获得的"永恒白昼"］来创造建筑还要艰难。

　　超越常规，运用静谧的比喻及俳句的比喻进行建筑设计，这再一次证明了日本人独特的方法。筱原的建筑与巴拉甘和阿尔托的一样，也属于精神层面，在这个层面里，区域的与民族的特征相互融合，最终形成一种普遍的表现方式。最初的比喻要么无影无踪，要么全然不被发觉，反而产生出一种新的空间和精神氛围，一种全新的合成。

其他例子

　　很多著名的建筑师都曾通过比喻寻找灵感。约翰·伍重所设计的位于哥本哈根附近的鲍斯韦教堂（Bagsvaerd Church），被认为是天堂下面一片凡人空间，它详述了我们凡人同上苍（或无限）之间的精神局限性。该教堂最初的草图明确表明了它与比喻概念之间的关系，而竣工后的教堂，则显示它已经远远超越了最初的概念。无独有偶，芬兰建筑师雷马·皮耶蒂莱（Reima Pietilä）也曾从比喻中寻找过灵感。他设计的位于渥太耶市的第玻里学生会大楼（Dipoli Student Union Building），就被构思成"生活在山洞中的原始人的聚会场所"，而位于坦佩雷城（Tampere）的卡勒瓦教堂（Kaleva Church，来自《卡勒瓦拉》，芬兰民族的史诗）及其他几栋建筑，则被看作是按鱼的原型建成的建筑物（鱼是早期基督教徒的标志，按希腊语的拼写，其意思是耶稣基督——神的儿子，救世主）。在史诗《卡勒瓦拉》中，鱼也扮演了重要的角色，是它拯救和供养了芬兰人，使他们得以繁衍至今。教堂的平面本身就是一种直译，它被隐藏在观察者的感知范围之外，是建筑师与上帝之间的秘密。雷马·皮耶蒂莱的这种不易被察觉的直译，与贡纳·阿斯普隆德

问号状的Fujimiui俱乐部

建筑师,
矶崎新

牙刷状的图书馆
建筑群
(取材于AD1/77)

高耸在东京的银座"舱体大楼"。隐喻
鸽子的结构。
建筑师,黑川纪章

"54扇窗"或"东京布基伍基",
建筑师,石井和纮

"高压住宅"
建筑师,筱原一男

纽约收音机械的"小火箭",激发了石井和纮的直
岛体育馆内"跳舞的柱廊"这一灵感

云朵的速写,哥本哈根附近的鲍斯
韦教堂的剖面和外观,建筑师,约
翰·伍重

居住在洞穴中的原始人,是筑坡里出口的比
喻,建筑师雷马·皮耶蒂莱,渥太耶市

卡勒瓦,雷马·皮耶蒂莱,坦佩雷

圣索菲亚教堂:室内空间是关于宇宙
的比喻

多重天:伊斯兰建筑比喻的基础,源自
古兰经

哥特式建筑的
内部空间,灵
感来自北欧森
林中空间的品
质和滤过的阳
光森林

森林

"花瓣屋"
建筑师,埃里克·欧文·莫斯,洛杉矶

图2-6 总结:实践中应用的比喻

在他的斯德哥尔摩公共图书馆中所采用的直译相近（该馆中央大厅的横截面，最初就被构思成容纳大脑的颅骨的横截面，即"图书馆是该社区的大脑"）。其魅力显然比过去或者是当代所采用的那种明显的直译（为地理学家建造的房屋看起来就像一个地球仪，或者为一位考古学家建的住宅看起来就似一根古代的圆柱）的确要高明得多。

但是在有些情况下，人们也希望以外观上的相似作为比喻的出发点。这样不仅满足了比喻对实质内容这一主要因素的追求，而且满足了直译在形式上的相似性，就会创作出富有震撼力的个性化的设计，既包含了新奇的理念，又散发出独特的魅力。出自埃里克·欧文·莫斯（Eric Owen Moss）之手的、位于洛杉矶的花瓣屋（Petal House），就是这样一件作品。它是一件超凡脱俗而又让人魂牵梦绕的作品，与周围的景观和所处的社区浑然一体。它的花瓣向着天空展开，好似一朵即将盛放的鲜花，更像是身心成熟，就要成家立业，并向社会奉献新生儿的年轻的侣伴。这件作品清楚地表明：并非只有大体量的作品才需要运用比喻。个人的意愿是平等的，它可以在小的或中等规模的作品中，通过比喻表现出来。

事实证明，安托万·普雷多克（Antoine Predock）就是在中等规模的作品中运用比喻的大师，他在这方面取得了骄人的成就。在他众多运用了比喻的作品当中，有两件作品对我们的讨论很有意义：新墨西哥心脏病诊所（Heart Clinic）和阿尔伯克基血库（Albuquergue Blood Bank）。前者的独到之处在于用石头和泥灰直接描绘了"搏动的心脏"；

图2-7　哥本哈根附近著名的鲍斯韦教堂：从其内部空间才能看出天堂这一比喻。建筑师，约翰·伍重（由马丁·普赖斯提供）

A

B

图2-8 雷马·皮耶蒂莱设计的卡勒瓦教堂：为芬兰史诗《卡勒瓦拉》中的人们设计的宗教会所，其平面的形式根据鱼这一象征早期基督教徒的标志所设计

图2-9   斯德哥尔摩公共图书馆，它是按颅骨这一比喻来构思的，在其内部，人们可以看见大脑——图书馆这一社区的智力所在。建筑师：贡纳·阿斯普隆德

图2-10   新墨西哥心脏病诊所，建筑师，安托万·普雷多克。博动的心脏出现在建筑物的高处（此处看不见）（罗伯特·雷克摄影，由建筑师提供）

图2-11   血库，新墨西哥州：一栋血红色的建筑

后者则是多层次运用比喻的实例，也许是迄今为止我们所见过的运用这一技法最鲜明的例子。这座醒目的血红色建筑，与西边格兰德河谷同样激动人心的血色落日交相辉映，不仅突出了鲜血这一生命的重要组成部分，而且以落日为背景的"红上加红"，更加突出了生命的真谛——即将落下的太阳（正如失去鲜血的人一样）还将升起。这种日出日落的循环，比喻了人类生命的生生不息。

也许建筑师们的头脑中不曾出现过这类比喻；只有在我们对比喻进行了阐述，并将这些比喻运用到我们未来的创造性设计当中以后，他们才有了这样的概念。图2-12对我们这个时代使用了比喻的重要建筑作了总结。要理解表中使用了比喻的案例，并从中得出属于自己的结论，就有必要作进一步的学习、研究和思考。同时，对于那些已被大众接受的，以历史、传统或神话的形式出现于我们面前的比喻诠释，我们也应该慨然接纳，毕竟，只有通过了解某一特定社区或民族所接受的文化，我们才能在他们的思想范围内为其进行设计。每个民族都从它自身的文明遗迹中获得慰藉，并以之为荣。他们在欣赏这些文明的同时，又将围绕这些文明所产生的神话，以故事的形式传述给他们的下一代。这些神话或故事中，有很多都包含着这样或那样的比喻。若干个世纪以来，比喻的应用就一直服务于我们的社会精神。大多数基督教堂都被看作是"上帝在人间的居所"；位于伊斯坦布尔的圣索菲亚教堂（Hagia Sophia）上的穹顶，就被看成是天空；而穆斯林清真寺多层的星状穹顶，在过去又被看作是七重天上璀璨的群星，古兰经对其做了详尽的描写。对哥特式建筑师来说也是如此，他们通过升华"阳光从苍翠林中参天大树的叶子间透过"这一比喻，创造了他们的奇迹[在谈到神圣和精神比喻时，没有比米希尔·伊利亚德（Mircea Eliade）所著的《神圣与亵渎》（The Sacred and the Profane）一书更好的参考例子了]。任何企图采用怪异的故事或神话，将比喻与精神、异国情调和多元文化融合在一起，注入学生或建筑师所不熟悉的地理和文化背景的尝试，也都有可能产生一种特别富有创造力的情境，以及对学生来说极有价值的作品或经验。我的学生所设计和开发的很多最赏心悦目的项目，其问题陈述中均包含这些内容。

应用和教学的维度

在文明的进程中，人们在语言、文学以及哲学和创造力等领域中不断地运用和讨论比喻。在创造性建筑设计的教学中也曾运用到它，当今

		直译	可察觉	不可察觉	建筑师的秘密	大量的直译	可察觉	不可察觉	建筑师的秘密	真正大量完美地运用比喻法
博菲尔	红墙	●	●							
	卡夫卡城堡	●	●							
	瓦尔登·塞文									●
普雷多克	血库	●	●							●
	新墨西哥心脏病诊所	●	●							
黑川纪章	舱体大楼					●	●			
矶崎新	俱乐部	●	●							
	图书馆	●	●							
石井和纮	54扇窗或东京布基伍基	●	●							
	直岛体育馆					●		●		
筱原一男	高压电线下的剧院	●	●							●
	位于 Itoshima 的住宅									●
泽尼托斯	Amalias					●		●		
	Glyfada					●	●			
夏隆	柏林爱乐音乐厅					●		●		
皮耶蒂莱	第玻里（Dipoli）					●		●		
	卡勒瓦教堂	●				●		●	●	
阿斯普隆德	斯德哥尔摩大众图书馆	●				●			●	
伍重	鲍斯韦教堂					●		●		
阿尔托	赛于奈察洛市政厅					●	●			●
	拉皮亚住宅					●				
	天窗									●
莫斯	花瓣屋					●		●		●

图2-12 以比喻方式构建的建筑：分类与评估

世界上一些最优秀的比喻构想，就是由当代的哲学家构思并写成的。比如，艾伦·布鲁姆（Allan Bloom）有关大学的比喻论，就是每个从事设计的学生都应该研习的。他将大学的真谛与精髓，与其容器般的有形载体和各种建筑物（仿造的哥特式建筑）联系在了一起，尽管这种联系存在着非真实性，却给人们留下了统一的形象和物理环境，使得人们联想起求知过程中方法的统一性。因为亚里士多德，哲学让我们第一次全面关注比喻；而现在，通过艾伦·布鲁姆，哲学又使我们为了当前的目标，将探索推向了一个新的层次。而另一个现代哲学家，麻省理工学院的唐纳德·舍恩（Donald Schon），则从设计和工作室教学的实际需要出发，对比喻做了理论上的探讨。在认可了亚里士多德（他是该主题的第一位老师，在其他许多问题上也都是如此）的理论之后，唐纳德·舍恩对卡西尔根本和激进的比喻概念做了精心的研究，并在此基础上推出了"置换概念"这一理论。他认为，在众多新概念的出现过程当中，比喻的作用是最根本性的。在诸多其他问题中，舍恩特别指出，将注意力从一事物的研究转移到另一事物的探究上来，并将"新现象作为旧事物"来处理，这种做法具有强大的效力。

　　不论何时，当我们说到"建筑就是……"时，都运用了概念置换。下列每种情况都运用了比喻："建筑是音乐"，"建筑是戏剧"，甚至说"建筑是舞蹈"。就应用而言，尽管这些比喻具有光明的前景，但应用起来却很难，除非是以一种肤浅的方式进行。尝试运用这些比喻的设计师们，必须遵守潜心于另一领域（音乐，文学）这样一条特别的自律

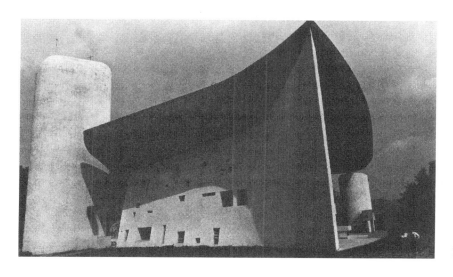

图2-13　勒·柯布西耶设计的朗香教堂

图2-14　第玻里，位于渥太耶市的学生会大楼；建筑师，雷马·皮耶蒂莱

原则。要想成功地运用这种比喻，设计师常常需要付出一生中很大一部分创造生命作为代价，并且往往在创造者一生中至关重要的转折时期发生 [比如，某建筑师为了更上一层楼，转而从事对音乐的研究，或正好相反，由音乐家转而从事对建筑的研究。扬尼斯·克塞纳基斯 (Iannis Xenakis) 正是这样一个例子，他在成为音乐家之前，曾是勒·柯布西耶的合作者]。鉴于这类"大范围和大尺度"的比喻具有重要的意义，因此，我们将另辟章节对它们加以研究。同时，研究文学和诗歌中所使用的比喻，对决心探索比喻这一渠道的建筑师也同样具有重要意义。鉴于上述相同的原因，我们也将在其他章节中对比喻在文学和诗歌当中的运用进行论述。

走近比喻

比喻这一方法既有优点，也有缺点。一切都取决于我们研究它的方法。我坚信，极端的"深奥"（一种不同凡响、高深莫测的方法），试图把比喻过分知识化，进而为其创造一种新的语言和新的术语，这种倾向对于富有创造力的人并无益处。这样做只会为有创造性倾向的人（不论他是老师、学生还是建筑师或普通人）在交流时设置鸿沟。这种态度只

图2-15 户外阅读区，"混凝土之花"，图书馆主楼，斯德哥尔摩大学，建筑师：拉尔夫·厄斯金

会使人彼此疏远。这种情况在符号学、语言学及最近在建筑师对历史主义的运用上都发生过。正是这种"深奥性"和各种团体的支持者所持有的这种普遍态度，对创造者之间的交流产生了不良的影响，而没有使人们看到它们本应具有的美好前景。

在向学生们介绍学术成就时，并不一定要对他们进行复杂的智力训练；相反，应该尽可能地从浅显易懂的地方入手，并且希望有朝一日，他们会通过个人的努力和经验的积累，逐渐成长为一个真正练达而又深刻的思想家——就是希腊人所谓的"随机思想家"，一个注重本质的人。路易斯·康正是这些人当中的一位，比如：他的"这座建筑物究竟希望被修成什么样子？"这一提问，就比"应该以什么样的方式，来编制这座建筑物的密码？"简单明了、直截了当得多。

比喻可能富有诗意，但通过比喻生成的概念，则应该是富有意义而又实实在在的；这应该是通过简单的探索和理解就能得到，而不需要绞尽脑汁。非常简单的比喻，比如将房屋看作一台计算机，或者以航空旅行及其配套饮食这样的比喻，来构思单亲家庭的生活居所，能产生比德国布莱希特戏剧中的比喻更直接、更富想象力的成果。为描述人类所创造的事物而使用的简单比喻，比如：大都市、教堂、大村庄，或者是民族的、区域性的乃至文化上的比喻，比如："太阳升起的地方"、"红海"

图2-16　建筑师巴特·普林斯位于阿尔伯克基的住所与设计室，新墨西哥州；建筑师本人设计

或者"黑海"、"丝绸之路"等，都未从建筑的角度对其创造性逐一进行详细的审查，尽管这些比喻有些在音乐界、化妆业、时装业和汽车设计业内曾经创造出伟大的艺术作品（如克洛伊，"冒烟"的晚礼服，福特生产的野马牌汽车）。

因为后现代主义（尤其是后现代历史主义）在它的理论和批评性阐述中大量求助于比喻和语言学，所以，它在把比喻作为通向建筑创造力的渠道这一甚受欢迎的思潮中鲜有作为。相反，它还搪塞、吓跑并且疏远了很多建筑师、教师和学生。助长了这种消极影响的一个因素，就是理论家使用了让人难以理解的语言及晦涩的"术语"。

我们周围到处都有比喻；而且因为伟大的智者也是简明的智者。因此，我们应该学习建筑大师们的态度，并以他们为榜样，他们（如阿尔托、康、夏隆、伍重、皮耶蒂莱及筱原等）也是随机思想家。只有这条道路才能把我们引向一个良好的开端，而不要试图一头扎进后现代历史主义标榜的典型，或以难以理解的语言学来钻研"这种比喻"。

小结

　　本章以初步入门和系统的方式，阐述了建筑创造力的比喻渠道。该渠道将建筑物和概念看作好像是别的什么东西似的，对这些东西设计师却有着更加具体的理解。它是近年来最流行的渠道之一，在这里得到了它应得的理论探讨。本章明确了比喻的定义，对各种以设计为目的的比喻进行了分类和辨析，从比喻的起源出发，对20世纪各个建筑师所运用的比喻进行了论述和探讨。此外，对以比喻方式构思建筑物作了进一步的阐述。对直译与比喻的本质这一重要问题也给予了极大的关注，我认为这对于在任何创造环境中合理运用比喻都至关重要。最后，本章就在教学过程中如何正确运用比喻提出了相关建议。

参考书目

ACSA West Central Regional Meeting. *Fostering Creativity in Architectural Education*, ed. James P. Warfield. Champaign: University of Illinois Press, 1986.

Alberti, Leone Battista. *Ten Books on Architecture*. London: Alec Tiranti Publishers, 1965. Book L, Chap. IX, p. 13.

Ambasz, Emilio. *Houses for Sale*. New York: Rizzoli, 1980, pp. 4–16, 102–114.

Antoniades, Anthony C. "Evolution of the Red." *A + U Architecture and Urbanism*, September 1983, p. 393.

———. "Antoine Predock: un caso d' 'inclusivita syntetica' " with English translation, "Antoine Predock: A Case of Synthetic Inclusivity." *L'architettura*, no. 401 (March 1989), pp. 178–198.

Beeby, Thomas. Lecture series. University of Texas at Arlington, 1983.

Blundell, Peter Jones. *Hans Scharoun*. London: Gordon Fraser, 1978, p. 36.

Bloom, Allan. *The Closing of the American Mind*. New York: Simon and Schuster, 1987.

Bognar, Botond. *Contemporary Japanese Architecture*. New York: Van Nostrand Reinhold, 1985.

Broadbent, G. H. "Bofill." *Progressive Architecture*, September 1975.

Cassirer, Ernst. *The Problem of Knowledge*. New Haven, CT: Yale University Press, 1950.

Conrads, Ulrich, and Hans G. Sperlich. *The Architecture of Fantasy*. New York: Praeger, 1962.

Eliade, Mircea. *The Sacred and the Profane*. New York: Harcourt, Brace and World, 1959.

Greene, Herb. *Mind and Image*. Lexington, KY: The University of Kentucky Press, 1976, p. 109.

Isozaki, Arata. "Eros or the Sea." In *GA11, Couvent Sainte-Marie de la Tourette*, ed. Yukio Fukagawa. Tokyo, 1971.

Lemagny, J. C. *Visionary Architects: Boullee, Ledoux, Lequeu*. Houston: Gulf Print Company, 1968.

Machado, Rodolfo. "Images." *VIA 8*, 1986.

Pehnt, Wolfgang. *Expressionist Architecture*. London: Thames & Hudson, 1973, pp. 41–42.

Porphyrios, Demetri. *Sources of Modern Eclecticism*. London: St. Martin's Press, 1981, pp. 113–115.

Sanderson, Warren. "Kazuo Shinohara's 'Savage Machine' and the Place of Tradition in Modern Japanese Architecture." *Journal of the Society of Architectural Historians*, 43, 2 (May 1984), pp. 109–118.

Schon, Donald A. *Displacement of Concepts*. London: Tavistock Publications, 1963, pp. 42, 37, 34, xii.

———. *Technology and Change*. New York: Delacorte Press, 1967.

———. "The Architecture Studio as an Exemplar of Education for Reflection in Action." *Journal of Architectural Education*, 38, 1 (Fall 1984), pp. 2, 5, 9.

Sontag, Susan. *Illness as a Metaphor*. New York: Farrar, Strauss, 1977, pp. 32, 33.

Tanizaki, Jun'ichiro. *In Praise of Shadows*. Leete's Island Books, 1977, pp. 7, 9, 15.

Wolin, Judith. "The Rhetorical Question." *VIA 8, Journal of the Graduate School of Fine Arts, University of Pennsylvania*, 1986, pp. 24, 30.

Wurman, Saul Richard. *The Words of Louis L. Kahn*. New York: Access Press and Rizzoli, 1986.

第三章　矛盾与形而上学
——通向创造力的渠道

愿上帝夺去你的平静，
却赐予你荣耀。

——唐·米格尔·德·乌纳穆诺

最广义的矛盾

大家都接受的前提是，建筑师的任务就是从事建造活动，期望建筑师们为那些不可能建造的建筑劳心费神，这听上去不合情理，不论他们的设计是多么的富有想象力。合情合理的结论是：建筑师们根本就不该考虑那些"无法建造的"建筑。毕竟，他们应当专注的，是建造实实在在的结构。然而，建筑这门学科的很多演化，却是这样一个矛盾的结果："可建造的"建筑，实际上取决于对"不可建造的"建筑所进行的探索。为了能在将来建造出更好的建筑，你不必现在就开始建造。用一句更抽象、更直接的话来说就是："为了建造，你必须放弃建造。"各个时代的建筑师们都理解并接受这样一种进退两难的境地。其他人（包括建筑师）曾将这些人界定为幻想家或者学者，而不称其为建筑师。按照惯例，舆论总是回报那些去建造的人，即使他们可能造得很糟糕。但建筑质量的好坏及其发展，却取决于建筑师们的执着，即对这种矛盾及如下这些选择的思考：今天与明天，糟糕与潜在的优秀，地球上的此时此地与天堂中的彼时彼地。

约翰·海杜克（John Hejduk）这位很有影响力的设计教师兼纽约库珀协会的主席，在丹尼尔·里伯斯金（Daniel Libeskind）凭借柏林的犹太博物馆获得国际大奖的很多年以前，就曾写信赞扬了他所做的努力。他这样写道："他（里伯斯金）将手伸向天空，抓住了一些星星，当他接触到这些星星时，它们变成了金属并且获得了重量，我们的宇宙因而变成了布满合金的密度体，折射出一种从未见过的光芒。"（海杜克，里伯斯金，1981）。即使里伯斯金从未打算去建造（虽然他因扩建位于柏林的犹太博物馆而获奖，这足以证明他一直想去建造)，他在"抓住星星"时所付出的努力，仅就它给海杜克带来了灵感这一点而言，也是很有价值的；并且即便他和海杜克，或是埃森曼和阿尔多·罗西（Aldo Rossi），不曾尝试将他们的幻想变为现实，我们这些人也一定能从他们的幻想中获益。一定有人最终会把他们的梦想实现。如果没有这些人和他们的幻想，以及他们的尝试，那么这个世界将会更加贫乏，其中的建筑也会更加拙劣。

只要我们真正认识到"今天"与"明天"的概念并不相互排斥，相反它们是互补的，那么，矛盾的因素与辩证的因素就可以成为获得建筑创造力的有效渠道。今天的建筑师要想在这个地球上有所作为，就应该着眼于星空，着眼于未来。当然，要做到这一点需要付出更多的努力，我们期望那些将自己的职业视为神圣使命的建筑师可以这样做。"矛盾"（paradox）一词源于古希腊语中的一个动词，它是指某人对某一特定的实体（想法或物体）的理解（或形成的概念）。合乎逻辑的东西被理解成为大多数人对于某一特定问题作出的结论，这种结论是基于大多数人普遍接受的假设。但是，如果结论所基于的假设有误，那么普遍被认为是"合乎逻辑的东西"，就不一定都是真的。矛盾也被称为自相矛盾（英语为"antimomy"，源于希腊语词"antinomia"），它是指当"法则"被理解为被人们普遍接受的真理时，而它却和法则背道而驰。在历史上，哲学家、社会批评家、科学家及政治家都曾经把矛盾作为批判和阐明某一批评观点时所采用的一种方法，同时建议采用另一种做事情的方式。它需要博学多才的受众，虽然它加入了一定程度的讽刺，但同时又不乏幽默的成分，虽然其主题是世俗的，但它又常常追求超凡脱俗。对于一个已经有设计方案被建成的建筑师而言，如果他这样说："建筑师不知道该如何去建造"，他这种言论是不会受人批评的。换句话说，矛盾为人们提供了深入内部进行批评的权利。

矛盾的陈述经常囊括了陈述者面对现存的"知识"和"真理"时的一整套概念。矛盾显然是对不被人们接受的结论的一种充分的证明。从表面看起来，它是一种相互矛盾的陈述，好像说的是截然不同的两件事情，听起来甚至有点荒谬，但是实际上，它无论如何都是真实的，而且常常还是崇高的。

该术语的另一种观点则与朦胧这一概念相关（它就在那儿，处于冬眠状态，还没有人找寻它）；但是，矛盾作为一条通向建筑创造力的渠道，在策略和方法上与"朦胧"（建筑创造力的另一条渠道）是不同的，因为它包含了与社会和普遍接受的做事方法在原则上的对立。注重朦胧就意味着对被人遗忘的角落进行研究，而这些角落往往是社会不愿意劳神费力去搜寻（或者投资）的地方。从这个意义上说，这条通向创造力的"矛盾"的途径，其自身就包含着对立的因素。它让舆论哗然，会招致反对，引起激烈的争论。所以，人们可以说：矛盾不仅适合民主的社会，而且对其中建筑的发展变化也是必要的。用矛盾的方法进行创造的人与社会之间最普通的紧张关系，即是对前者的谴责。那些使用朦胧这一渠道进行创作的人是不会遇到这种紧张局面，因为，人们总是这样认为，就让那些对偏僻角落进行研究的人自行其是吧，我们最好不要理会他们。

因此，把矛盾作为通向创造力的渠道，对创造者本人提出了很高的要求；个性和心理因素感受到的紧张和危险，均要求人们投入更多的自律，更清晰的表述，更渊博的知识，以便捍卫自己的立场。这些创造者是新世界的倡导者。因此，他们应该了解旧世界所有的惯例和偏见。无论是在杀死巨人歌利亚的大卫面前，还是在巨人歌利亚本人面前，他们都应该揭竿而起，对抗并且要战胜他。这样的建筑师手中的武器是教育，勤奋，天赋和毅力。这样的建筑师的生活，可以用圣经中的术语来形容，因为他必须持有这样一种生活态度：弱点就是强项（他的弱点就是他的强项），他们的所得就是他的所失，为了能够建造，你必须不去建造。

如果完全使用建筑术语，那么或许不得不按如下这些同样自相矛盾的陈述来形容他的工作：

> 不存在的存在
> 存在的不存在
> 去施工就是去破坏
> 去建造就是去解构
> 生命之城替代死亡之城

矛盾这一渠道的追随者所遭遇到的一个内在矛盾是，尽管它以校正事物为目的，但是，它对于需要进行改变的人们说来是完全难以理解的；因此，它不但无助于问题的解决，反而还引起更多的问题，加深了创造者与社会之间的隔阂。这就需要相应的简化和沟通。如果建筑师在此之外的真正目的，是要以相应的和更加完善的设计来帮助事物的改善，那么，他就必须加倍努力。因此，该建筑师就应该以不矛盾的术语来谈论这条矛盾的渠道。首要的是，他应该公开宣布自己尊重那些他正在为之设计的人；他应该尽力去理解他们，进入他们的思想，探讨他们的内心世界，并以他们看问题的方式来看问题。他首要的任务将是去探究他们思想的基础，研究他们形而上学的世界观和生活态度。毕竟，如果他是他们当中的一员，那么，他们的形而上学，就应当也是他的形而上学。

形而上学的探讨

形而上学讨论的是未知的世界。它所考虑的是任何超物质——任何超出科学的理解和逻辑范畴以外的事物。它所关注的总体内容是"无限性"和"神"这样的概念。

历史上有两类人对形而上学进行过探索：哲学家（为方便起见，我们把这类人称为"传统的智者群体"），及一批其他的人，如魔术师、炼丹术士、特殊部门的成员、神学家、准心理学家以及过去旧的（和神秘的）科学的代表。这两类人研究形而上学的方法全然不同，它们之间的不同之处，正是我们从建筑这个角度正确欣赏和运用形而上学的关键。

第二类人宣称他们知道"那儿"存在着什么，在人死后等待着他们的又是什么，等等这类问题；他们知道这些答案，但却将其视为"秘密"，只告诉其同行，如其他的魔术师、其他的炼丹术士、特殊部门的成员、神秘哲学家或同一门派的人。显然，他们和社会主体的关系紧张，因为后者全盘接受了盛行的哲学观点（不管它是什么）并将其作为指导。那些持有这种流行观点的人（通常情况下是那些当权派们），会诋毁形而上学和那些"神秘的科学"，认为它们大都难以理解、模糊、玄而又不适合时宜地神秘。正如我们所见，建筑学中同样也存在着这两类形而上学家。

形而上学的目的，不管是通过哲学或是通过其他什么途径，都是去掌握并阐述未知的世界；但哲学的主要立场（随之而来的，是它与其他类形而上学的主要区别）认为，从定义上来说，形而上学永远不能"解决"任何问题，因为它总是处于一个过程的开始阶段（Kanellopoulos，1956）。正如研究它的学者所言，形而上学总是处于起始阶段。对于所探讨的东西，它永远也不敢肯定，永远也不敢做出结论，因为它永远也发现不了它在追求什么。它只是作为哲学与神学之间的交叠部分而存在。形而上学主要关注的是"接触神"，理解并且解释神的本质。

从柏拉图、毕达哥拉斯及亚里士多德开始，大多数哲学家和神学家都曾关注过形而上学。亚里士多德就试图运用逻辑的方式来对任何事情，甚至包括那些"无法解释的事情"加以解释。柏拉图和毕达哥拉斯等人尽管曾运用过逻辑的方法，但是与那种他们所谓的"冷酷的逻辑"相反，他们首先考虑的是"直觉"。从某种意义上说,毕达哥拉斯等人挑起了感觉与逻辑之间的大辩论,这是在20世纪不断困扰建筑师们的一个重大问题。

对所有形而上学家来说,对空间和时间的思考,始终是形而上学探讨的中心问题。当然,空间也是建筑师们首要考虑的问题。实际上,有人曾经认为"当人类意识到空间的无限性和死亡不可避免时,建筑便在人类中间产生"(Kanellopoulos, 1959)。因此,建筑学里的形而上学,其中心问题就是考虑建筑的空间,以及其质量、无限状态下的有限,此外还要探讨绝对的或永恒的质量,以及与生命的核心前提(即死亡)之间的相互关系。因此我们可以这样认为:形而上学永远都处于起始阶段,在这个延续不断的过程当中,建筑美学精力充沛地找寻那儿可能存在着什么;建筑的空间最终是什么;迄今为止建筑精华的"未知"状态;以及建筑中的神圣。真正富有创造力的建筑师的斗争,他们的等待、牺牲与执着,大部分是对"未知"所进行的探索。

从更广泛的范围来说,就获得建筑创造力的"矛盾渠道"而言,形而上学的探讨起到了一种催化剂的作用。因为它与其他更深奥的未知世界(如生与死)相联系,从而详细审查了我们对空间与建筑的"未知"成分所做的推测是否正确。它把我们的建议与普遍接受的智慧相比较;它所探究的范围超出了物质世界,并最终形成了它自己关于"新世界"的一套理论—— 一种想象中的新现实。

· 人是如何看待事和物的?

· 流行的概念是什么呢?

· 对于真实与非真实,物质与非物质,生与死,我们的建议又会产生什么样的影响?

显然,这类问题需要哲学层面的探究和更高级别的辩论。从我们自己的观点来看,最终的探讨还是应该着眼于建议的可应用性,如果我们现有的资源能够将设计变成实物,那么在设计被建成以后,我们还必须进行最后的甄别实验。

因此,以形而上学作为催化剂,以此来对观念进行探讨,将可能产生两种结果,即现实的结论,或否定的可能。对已建成项目的批判性评价,应该与该项目关注生命的程度有关,而不是与矛盾的对立面(即死亡)的关注程度有关。从这个意义上说,通向建筑创造力的矛盾渠道,就是两极之间的小步舞曲,而且极为矛盾的是,它又不是一个矛盾。在幻想向想象的转化过程当中,矛盾这一渠道发挥了决定性的作用,并且,它可能还是寻找新发现的较为有效的途径之一。即使这些发现也许要等很久才能实现(参见图3-1)。

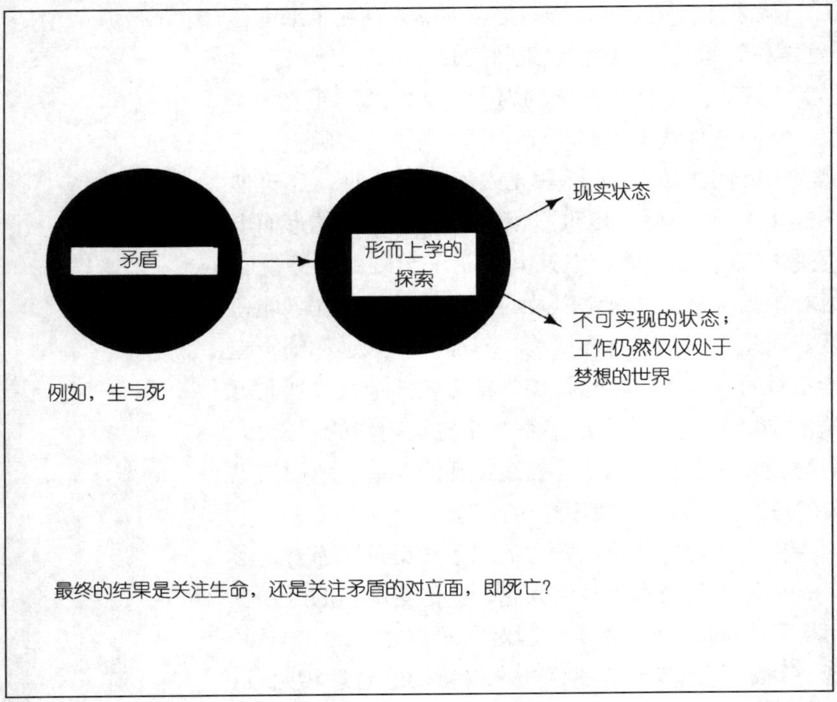

矛盾

例如，生与死

形而上学的探索

现实状态

不可实现的状态：
工作仍然仅仅处于
梦想的世界

最终的结果是关注生命，还是关注矛盾的对立面，即死亡？

图 3-1   矛盾与形而上学的渠道：可能性与观点

假定形而上学永远都不可能得出最终的结论，假定建筑上的形而上学与普通的形而上学之间存在某种关联，我们就完全可以说，"形而上学样式的建筑"永远都不可能建成。它的实体概念只会是一些近似值，只是对新方向的接近。因为如果它真的建成了，它就会成为科学、历史以及建筑实践的一部分；它就会家喻户晓，因此，也就不再是神秘和永不停步的形而上学了。

有些建筑师，如俄国的至上主义（Supremacist）建筑师莱尼多夫（Leonidov）、马勒维奇（Malevitch）及费德洛夫（Feodorov），他们或者是出于个人意愿，或者受到外界环境的左右，仍旧立足于哲学这个层面，他们足以称得上是形而上学和理想王国里的真正探索者。在我看来，1989 年夏天，在阿姆斯特丹的国家博物馆举行的马勒维奇个人作品展上，没有什么比马勒维奇的巨幅黑白照片更令人感动、更具有美感的了。照片中，马勒维奇的遗体被一张白布覆盖着，他静静地躺在那儿，神情永远安详，四周围绕的是他设计室内的艺术作品。这正是他在世时所想象的一个场面。更近时代的建筑师，如彼得·埃森曼和阿尔多·罗西，他们也曾在他们生命中的很长一段时间内，探索和研究过与他们的世界观相匹配的形式，这种形式包含着和生与死相关联的有限空间映衬下的无限，然后，他们迈出沉思的范畴，并开始着手建造。在他们开始建造的时候，从哲学所承认的意义上来说，他们就不再是形而上学家了。当约翰·海杜克、丹尼尔·里伯斯金、马西默·斯科拉里或扎哈·哈迪德（Zaha Hadid）等人开始建造的时候，他们同样也不再被当作形而上学家。真正的形而上学建筑师是那些潜心研究"未知世界"，探索并按其想象来提出设计，但不会照此设计来建造任何建筑的人。这里还有一个关于建筑学的主要矛盾，一个矛盾之中的矛盾：我们倡议需要一种关于"不可能实现的"渠道，然而我们也认为，建筑就意味着建造。如果真是这样，既然我们已经知道形而上学根本就不可能被把握，它既不会有结论，也没有终点，而且永远都处于一种开始的状态，那么，为什么我们还需要形而上学呢？

答案很简单，我们不需要建筑师成为形而上学家；我们只是希望他永远都是一个建筑师——即一个进行建造的建筑师。我们需要的是这样一个人：他会对形而上学进行研究，正如对其他任何事物进行研究一样，但是，他总是会不时地停下来，将他研究的结果与现实的限制加以比较，并将他在思索中的收获变为一个建筑物。我们希望建筑师成为一个调节者，即一个既能看到绝对世界的不可能性，但又作出一点点努力去接近它，而仅仅因为这种努力本身（而不是努力的结果），就已经让他十分满意和知足的人。同时，他又能够做出考虑周到的让步，以便最终使这个"绝对概念"得以实现。从这个意义上说，他的作品将总是另一次"妥协"（通过一个新的研究进入未知世界）的起点，是另一个新建筑经过改进后的呈现。

运用形而上学—矛盾渠道的建筑师是这样一种创造者，或许我们可以把他们与炼丹术士们作一个比较。炼丹术士宣称他们已经找到了真知，但他们实际上只找到很少一点点——或许根本就没有找到。然而关键的一点，就是他们敢于去尝试别人甚至连想都不敢想的事情。但是，正如我们所知，文明就是通过炼丹术士们的贡献向前推进的。传统的智慧有时也会出错（这正如我们多个世纪以来关于宇宙的错误论断），而术士们的观点却最终被证明是正确的（伽利略所作的探索就是这样的例子）。因此，我们可以这样认为，建筑学上的形而上学是建筑进步的试金石。随着这门艺术一步一步向前迈进，每一步都成为一个新的现实，一个新的起点。

正是在思辩方面所做的训练，对不可能建造的项目所绘制的草图和制作的模型，使得我们的大脑更加敏锐，从而得以理解那些实际上永远都不可能被阐明的事物。将思想家训练成建筑师的纪律和规范，正是传统的智慧，那些被证明为可建造的事物，以及已被证实的做事情行之有效的方法。康、埃森曼、罗西和盖里都是建筑师。他们有的起伏不定（罗西、埃森曼），用于沉思的时间比别人更多，因而所建项目甚少。而那些建树颇多的人，却很少有时间进行探索。

从某种意义上说，矛盾和形而上学实际上是对建筑师们在数量和质量方面的耐力和雄心所做的一种测试。建筑师们认真思考，苦苦等待他们的时机到来。雷马·皮耶蒂莱就等了足足20年，才迎来了他的辉煌。其他很多人也是这样。比如阿尔多·罗西、彼得·埃森曼及早些时候的费德洛夫和弗兰克·劳埃德·赖特。要做到超越于现有的框架之外，不停地与盛行的观点作斗争，这需要相当的韧性。要做到花更多的时间于思考，较少的时间于实践，就需要我们有特别的勇气，做到自我否定，甚至个人牺牲。思考同样也"耗费"创造者的时间和金钱。作为一个理应从事建造的建筑师，如果他能做到多思考少建造，那么，我们的世界将会变得更加美好；更多富有创造力的建筑师将会有更多的机会参与建造活动。毕竟，在任何既定的时间范围以内，这个世界都是我们进行创造活动最佳的场所。它是世俗与神圣之间的相互妥协。

现实中的矛盾和形而上学

矛盾的确是通向不朽的渠道。我们已经承认，"做到有抱负，要想成为不朽"这一想法确实对人大有好处。在这方面，再也没有比已故的西班牙哲学家唐·米格尔·德·乌纳穆诺（Don Miguel de Unamuno）所提供的例子更好的典范了。他一生都致力于探索和研究与日常生活及永恒相关联的事务之间的各种矛盾。他的大部分著作都是哲学研究著作，此外，他还写了一系列精雕细琢的故事集、有关矛盾的各种可能性的案例研究。这些故事中的英雄大多不被社会承认；相反，社会还忽略了这些英雄们作为人的潜在可能性。乌纳穆诺所创造的人物，比社会上其他大多数成员更鲜明，更富有人性，更优秀。乌纳穆诺所塑造的人物都是"人"，都是有血有肉、向死亡宣战、为抗拒死亡而死的实实在在的人。正如安东尼·凯利根（Anthony Kerrigan）所说（1956，第10页），"乌纳穆诺的同情心被繁忙而富有想象力的人们的疯狂所吸引……他总是认为堂吉诃德比塞万提斯更真实……更趋于不朽。"乌纳穆诺的努力以创造为中心；他的英雄们，即他的想象力和创造力的产物，突然停止活动，并向其作者提出挑战，急迫地想要知道，两者中究竟哪一种更"真实"！是人物还是创造？是作者还是创造者？"那么，作为一个虚构的人物，我就必须死吗？好，我伟大的主——唐·米格尔·德·乌纳穆诺，你将来也会死亡，并回到当初孕育你的虚无状态，上帝的梦境中也将不会再有你的身影！"（凯利根，1956，第16页）

乌纳穆诺与堂吉诃德式思想和性格

对于创造力和富有创造力的人来说，乌纳穆诺确实具有特殊的意义。对他来说，向死亡挑战就是要成为不朽，而只有通过人的行动，甚至通过荒谬的行动，人们才能实现不朽。这种荒谬不为大众所接受；它是隐藏的，尚未被人发现的，也是朦胧的；要从"荒谬"之中创造出英雄，这本身就是非常矛盾的事。

而堂吉诃德就从这种荒谬中获得了永生。堂吉诃德式的思想和性格，这种由乌纳穆诺在对塞万提斯的主要英雄进行研究之后发展起来的理论，从某种意义上说代表了任何一个具有创造力的人都可能进行的，通过不为大众和世俗的社会所接受的渠道，来研究各种可能性的最好的范例。乌纳穆诺应被视为我们这个世纪内最重要的人物之一，因为，是他指明了一条实实在在的道路，这条道路可以通向独创性和以前尚未探索过的未知领域。他在生活中寻找一种新的境界。哲学家关于遵守纪律的生活方式和生命的过程，抱有这样一种终极的信念——他为所有的人祈愿："愿上帝夺去你的宁静，却赐与你荣耀"。的确，对一个用世俗的耳朵来听这种信念的人来说，这确实是一种新的境界。

现代建筑中的堂吉诃德式思想

的确，当某人试图对超出常规的概念或思想进行探索时，他的心是不会平静的。现状受到了威胁，建筑行业及建筑法规也同样受到威胁。要创造，人们就必须要有勇气。尝试通过遵守纪律的操练来进行探索（可能其他人认为这样做很荒谬），当然会有所发现，这只是因为，尚没有其他的人敢于以这种方式来对问题进行探究。当然，这样的探究也可能发现原来早就存在于那儿的东西。矛盾和荒谬（荒谬通常是矛盾的副产品）可能是通向创造力最有希望的方式之一。历史（尤其是近代史）为我们提供了一大批这样的例子（参见图3-2）。

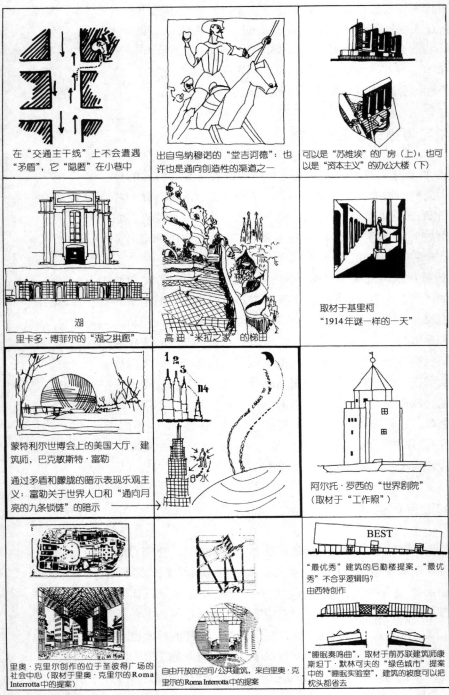

在"交通主干线"上不会遭遇"矛盾",它"隐匿"在小巷中

出自鸟纳穆诺的"堂吉诃德":也许也是通向创造性的渠道之一

可以是"苏维埃"的厂房(上);也可以是"资本主义"的办公大楼(下)

湖
里卡多·博菲尔的"湖之拱廊"

高迪"米拉之家"的梯田

取材于基里柯"1914年谜一样的一天"

蒙特利尔世博会上的美国大厅,建筑师,巴克敏斯特·富勒

通过矛盾和朦胧的暗示表现乐观主义:富勒关于世界人口和"通向月亮的九条锁链"的暗示→

阿尔托·罗西的"世界剧院"(取材于"工作照")

里奥·克里尔创作的位于圣彼得广场的社会中心(取材于里奥·克里尔的Roma Interrotta中的提案)

自由开放的空间/公共建筑,来自里奥·克里尔的Roma Interrotta中的提案

BEST
"最优秀"建筑的后勤楼提案。"最优秀"不合乎逻辑吗?
由西特创作
"睡眠奏鸣曲",取材于前苏联建筑师康斯坦丁·默林可夫的"绿色城市"提案中的"睡眠实验室",建筑的坡度可以把枕头都省去

图3-2　一些矛盾-形而上学的例子

　　结构主义者的各种想象（一群怀有共产主义信念，并且早在俄国十月革命之后不久就开始着手创作的年轻建筑师们所创造的各种想象和形式），在很多年以后，通过一些年轻的建筑师——ARQ建筑设计事务所（Arquitectonica）的成员——之手变为现实，而ARQ建筑设计事务所是一个在资本主义制度下成功运作的合伙企业，这难道不是一个矛盾吗？这个矛盾存在于这样一个假设的前提之中：资本主义豪华的办公大楼，可以通过参考另一时代和另一种社会制度下的形式和综合模型来实现，尽管这样的时代和这样的社会制度可能完全不被资本主义制度下的客户所普遍认可和欣赏。现在，这样做矛盾吗？或者仅是这样一种发现：在资本主义制度下，开发者的趋利目的，正好可以通过那些由结构主义者所发明的，在结构上井井有条，在技术上完善的模型来实现？不管是属于哪种情况，如果我们不对俄国结构主义者的作品进行矛盾性的参考，我们就不会有近来由ARQ建筑设计事务所所设计的体量宏大的建筑作品。如果里卡多·博菲尔不曾尝试为低收入寄住者修建一种在概念和"式样"上都和凡尔赛宫相似的集体宿舍，我们也不会有由他所建造的位于圣康坦－昂伊夫林的两座建筑（The Arcades of the Lake 和 Aqueduct）。为穷人修建的房屋像帝王的宫殿，这未免自相矛盾，但围绕创造一个宫殿般的聚居地这样一个想法，来磨练人们的思维及绘图能力，这对建筑师无疑大有好处。

　　一个出身低贱的人，能够做出高贵而伟大的事情，做出只有贵族和骑士才能够做出的丰功伟业，这确实有点矛盾重重。然而，堂吉诃德就证实了这种事情确实可能发生，至少正如塞万提斯所想象的那样发生了。如果塞万提斯不曾对矛盾充分发挥想象，那么，我们就不会有堂吉诃德。乌纳穆诺认为，所有的西班牙人都像堂吉诃德一样，会试图使他们自己不朽。但堂吉诃德却没有像基督教所希望的那样，通过结婚和生育十个子女，来使他的名字万世流传，而是通过与风磨战斗以及其他同样意想不到的"惊天壮举"，来使自己的名字流芳百世。

　　堂吉诃德式的思想和性格，即一种通过探讨与生和死相关的问题这样一个过程而变得不朽的理论，便是乌纳穆诺的形而上学。它当然是形而上学，因为它所探讨的问题已超出了物质世界。对死亡的探讨是形而上学所关注的一个重要问题。人们在探讨死亡的同时，又获得了关于生命的发现，并就其质量与特征坚定了自己的立场，这显然又是一个矛盾。

　　我们这个世纪的一些重要思想家（他们对艺术和科学都曾做出了突出的贡献），正是通过这样的探讨，通过与形而上学问题作斗争，从而形成了他们自己富有创意的观点。乔治奥·德·基里科（Giorgio De

Chirico）一直都在思考古代的遗迹，以及人们建造这些遗迹的出发点和当时的状况，还有永恒的回归，正是通过这样的研究与深思，使他构建出自己的理论。巴克敏斯特·富勒（Buckminster Fuller）在众多领域（如数学、建筑及诗歌等）内都作了这样的探索。作为一个应用性发明家和抽象的哲学家，富勒就曾频繁地运用形而上学和矛盾，有时甚至还采用与死亡有关的恐怖方法。他的很多贡献，都与他能与普通人就复杂而深奥的问题进行交流的能力分不开。他所采用的朦胧的范例，是其他人所未曾想到过的。比如，"上月球的九根链条"，就是一种体会月球与地球之间距离的新方法，它告诉人们，月球与地球之间的距离，等于九根链条的长度；这九根链条每一根的长度，都等于地球上全部人口（按每个人都坐在另一个人的肩膀上）所形成的长度。这样，如此遥远的长度，就可以通过使用朦胧（和直觉）的连接方式，用这种富有创造性的探索，轻易而又直观地表现出来。在某些情况下，富勒则采用了与死亡有关的恐怖方法来完成他的想象。不管别人怎么说，但无论如何，地球上的人口并不像他们所宣扬的那样多得惊人，为了使我们相信这一点，他说：人们可以把地球上所有的人都塞进114个帝国大厦内；但是，如果将人身上的水分都蒸发掉，然后再将剩下的东西加以压缩，那么，我们只需要一个帝国大厦就足够了。他在关注生命的同时，又以如此恐怖的例子来讨论问题，这样的做法不是同样也非常矛盾吗。这正是富勒先生创造天赋之所在，也是他在交流方面的特殊能力的表现。他的生命就是在创造的使命中不断探索的过程。很明显，这种长期专注于自己的各种想法和疑虑，并对他人不曾想到的角落进行思维方面的探索，同时不断与自己对话的方式，对做出有创造力的作品绝对是必要的。富勒有关协同论方面的草图早在1948年就已有之，然而直到1976年，他有关这个主题的具有划时代意义的书才得以出版。显然，在这些年里，巴克敏斯特·富勒的确沉住了气，而现在，他已经声名显赫。

许多建筑师都较为熟悉此道，如阿尔多·罗西、马西默·斯科拉里、丹尼尔·里伯斯金、约翰·海杜克、彼得·埃森曼、弗兰克·盖里及扎哈·哈迪德都曾以最具"建筑魅力"的方式来运用矛盾。他们所涉及的形而上学的角度各不相同：一些人（如海杜克、里伯斯金、罗西）更注重文字、文献及虚构；一些人（如斯科拉里）则专注于图纸的吸引力；盖里主要专注于材料和几何；而哈迪德则全神贯注于几何及斜线；埃森曼可能是他们之中最具代表性，同时也比其他人更讲求实际，他主要通过不可表述而又难于理解的矛盾方式来进行创造。

　　这些建筑师们的建筑作品及著作，为我们呈现了这条通向建筑创造力的完整途径。他们相互引用，形成了一个几乎不能被他人（包括他们的观众）渗透的核心圈子。近代文献中有关矛盾的最早论述，是由丹尼尔·里伯斯金在他关于阿尔多·罗西的"世界剧院"（Theater of the World）的评论性文章中提出来的。丹尼尔·里伯斯金认为："在这个没有先验主义的世界里，建筑这项活动，就像它所体现的文化一样，无可救药地要在夹缝中生存，这个夹缝的一边是无可推理的矛盾性选择，另一边是通过知识来进行拯救的热切愿望"（里伯斯金，1981，第3页）。然而，罗西涉及矛盾这一主题的最初尝试，出现于他用以参赛的摩迪纳墓地（Modena Cemetery）这一作品之中，在这个作品中，他用生命这个概念来诠释死亡。其整个设计都是以一个被人废弃的、破败不堪的房屋这样一个概念为基础。这种视生为死，视死为生的角色概念之间的颠倒，同时还有这种没有生命的生命，的确是相互矛盾的。

　　与罗西不同的是，斯科拉里所探索的整个矛盾的立足点，是他从许普诺斯（hypnos，睡眠之神——译者注）这个角度来探索生命。许普诺斯是一个关于遗忘和睡眠的概念，它与现有的认识论和整个社会的常识相反，认为创造是失眠时的精力、行动和工作的产物。而康斯坦丁·默林可夫（Constantine Melnikov）则为一个强调工作的社会（前苏联的共产主义者们）提出一个"睡眠实验室"，这难道不同样也是一种矛盾吗？的确，它是一个存在于矛盾之中的矛盾：默林可夫的作品也是他工作的产物，它被认为，正是俄国社会所需要的东西工作。

　　所有这些例子均把我们最终带到里伯斯金的"木棒和尖桩"，钉子和混沌，所有这些，如果没有其他的东西，将会扰乱空间布局的实用框架。里伯斯金的木棒和尖桩，比喻实用主义的敏感性，在海杜克的诠释中被称为"天国的群星"，彼得·埃森曼写道："被建成的概念很少，大多数建筑都是当代现有模型的复制品。"我们怎样才能避免复制现有模型这一困惑，避免里伯斯金或哈迪德的形态学，建造出既能表现矛盾的丰富性和独创性，同时又能实现"可建造性"这一实实在在目标的建筑物呢？我们已经对这些问题做了回答。现在，我们将进一步讨论，阐述具体这样操作时的两种可能途径。

超越炼丹术

　　要照搬里伯斯金、哈迪德或海杜克的式样很容易，但要坚持原则，并像这些创造者那样能真正富有创意，而不只是一个复制现有模型的人，一个十足的伪君子，甚至是一个随意的剽窃者，这就很难了。以直接的、直译的方式，模仿那些被人们所赞誉之作品的表面特征，将不会产生具有创意的作品。另一种直译的方式，可能就是通过形式来描述矛盾的内容（如"尖桩"）。尽管从象征意义上来说，这可能很好，因为尖桩或是钉子都具有很浓的象征意义，但它只不过是一种抽象的表现而已。即便是在里伯斯金的作品中，人们也禁不住感到纳闷：这种模糊不清、杂乱无章，只有在从柏林起飞的飞机上才能看到的花园景象，是何以成为"建筑物"的？

　　答案只有通过埃森曼、高迪、博菲尔及盖里所采取的以"矛盾——形而上学"的途径来构思的作品加以揭示，通过设计图纸和传统的建筑实践来解释。当然，在采纳这个建议的过程中，我们必须相当谨慎，而且这也并不代表我严肃的评介；我只是阐明一种态度而已。在这一方面，我认为，盖里的例子是迄今为止最令人信服的。因为，如果我们接受矛盾是某种总是存在于那儿的东西这一界定，那么，盖里的建筑就是这种概念的最佳应用。比如，以他自己在圣莫尼卡（Santa Monica）的私人住宅（或其他相关的房屋框架）为例。这样的房屋一直都"存在于那儿"，但是，人们并未花时间去"观看"它们。而盖里则是剥开其表皮，将房屋拆开来观察其内部结构。他把这些房屋当作小孩子们的玩具来

图3-3　主教阿提西斯（Atesis）安息的地方：通过功能上的矛盾和意义上的形而上学来设计的具有异域情调和多重文化背景的项目。由厄内司特·米尼卡（Ernest Millican）设计，作者的第二年设计工作室，1984

加以研究；他实际上是在"解构"它们。"解构主义"在这里，被建筑师以这种方式来理解和操作，而不是像1960年代后期的法国哲学家雅克·德里达（Jacques Derrida）最初所认为的那样，是一种组织化、系统化和结构调整的哲学体系。

显然，所有这些都是矛盾的，它们也正是传统的批评成像之处。因为，如果"创造性"是富有乐趣的，那么在盖里（还有在埃森曼）的例子中，解构也应该具有创造性。这儿只列举了所有这些特殊努力中的一个典型例子，而所有这些努力汇在一起，才构成了建筑中的解构主义。解构很容易导致砍头，窒息。在什么样的情况下，一把夺命的工具，比如"刀"，才能制造生命呢？盖里和克雷思·欧登伯格（Claes Oldenburg）提出的答案是他们为威尼斯双年展（Venice Biennale）设计的一幢看上去像"刀"一样的建筑，以及其他许多类似的作品。在什么样的情况下，人们才能通过运用矛盾来制造高贵的品质和舒适的感觉呢？在何种情况下，死亡、犯罪、血腥这样的概念，才对创造与这些概念的意义正好相反的作品有用呢？简·吉尼特（Jean Genet）证明了做到这一点是可能的。他从垃圾中找到了诗歌，从犯罪中觅到了神性。

正是由于对这些概念进行了思想上的解释，还有创造者的思想斗

图3-4 叫人沿着一个露天电影院的基线设计一座房屋，来调和"喧嚣"和"安静"这一对截然对立的概念，难道还有比这更矛盾和棘手的事吗。但是富有创造力的学生将会仔细考察这个古老废弃的露天剧场，从这些杰出建筑的形式和节奏中学习，并在学习的过程中创造出独特的功能性"填充物"来丰富这座房屋的生命力，要不然，房屋室外的露天剧场就会显得破败不堪。由戴维·卡夫斯制作的项目模型，来自乔治·金托利（George Gintole）的三年设计班，得克萨斯大学，阿灵顿，1987年

争，才最终形成了这些富有个性的答案。正是由于有了这些力量和基本的建筑原则，才能最终将所有这些心灵的探索，从矛盾和形而上学辩证法的海洋，引领到可应用的现实的港湾：结构、顺序、节奏、比例、规模及原则的其他所有要素。正是因为有了这种复杂性，才使得人们认为，随着我们在"设计上更加成熟"，富有经验，随着我们年龄的增长，我们才能最终从矛盾和形而上学这个渠道中"毕业"。如果一个人想成为一名建筑师，他就不能对建筑学置之不理。

对矛盾的探索和对形而上学的考虑，都是通向建筑创造力的渠道当中不可分割的组成部分，它使我们更加接近神圣。但是，它们两者操作起来都非常困难，特别危险；其水域内布满了危险的暗礁和吃人的妖魔。如果学生们能够找到一个真正"形而上学"的老师，他的确非常幸运。同样，一座城市，如果它的建筑师接受过有关该渠道方面的训练，那这座城市也是非常幸运的。

柏林，这座曾被分割了二十多年的城市*，其所隐含的意义（压迫、对逝者和受迫害者的怀念），在20世纪末期，成为解放建筑思想的实验室，成为朦胧建筑的试验场，这难道不也是一个矛盾吗？当然，我们再也不需要任何一个像柏林一样分裂的城市，但是，我们一定希望有更多这样的建筑实验室。

小结

本章就矛盾和形而上学这两个不可感知和具有不确定性的概念，在哲学和其他更为广阔的领域内，就其在建筑当中的应用进行了讨论。我们认为，它们二者都是通向建筑创造力的渠道之一，它们相辅相成，具有非常光明的前景，但也极其容易被人误用。西班牙哲学家米格尔·德·乌纳穆诺提出的像堂吉诃德的思想和性格一样的矛盾—形而上学理论，对建筑师们来说既是一种鼓励，更是一种挑战。本章对那些曾采用这种渠道创造出作品的建筑师们也进行了讨论。最后，笔者也提醒大家，在运用这一特殊渠道时，其先决条件是，建筑师在一定程度上已经相当成熟，并且坚守这样的信仰，即建筑师的角色就是一个建造者。

---

*原文如此，柏林实际被分割了四十多年——编者注。

参考书目

Arnold, John. "Creativity in Engineering," in *Creativity*, ed. Paul Smith, New York: Hastings House, 1959, p. 44.

Bofill, Ricardo. *L'Architecture d'un homme*. Interviews with François Hebert-Stevens. Paris: Arthaud, 1978.

De Chirico, Giorgio. *Amamneses apo ten Joe mou* (Memories of My Life). Milan: Rizzoli, 1962; Greek edition, Ypsilon, 1985, p. 89.

Fuller, Buckminster. *Nine Chains to the Moon*. Carbondale: Southern Illinois University Press, Arcturus Books Division, ca. 1963.

Eisenman, Peter. "Yellow Brick Road, It May Not Lead to Golders Green." *Oppositions*, no. 1 (September 1973), p. 28.

———. *House X*. New York: Rizzoli, 1982.

Esslin, Martin. *Antonin Artaud*. Middlesex, Eng.: Penguin Modern Masters, 1976, p. 131.

Flanagan, Owen J., Jr. *The Science of the Mind*. Cambridge, MA: MIT Press, 1984, pp. 77–81.

Hofstadter, Douglas R., and Dennett, Daniel C. *The Mind's I*. New York: Bantam Books, 1981.

Hejduk, John. Preface. In Libeskind, Daniel, *Between Zero and Infinity*. New York: Rizzoli, 1981.

———. "Vier Entwurfe: Theatre Masque, Berlin Masque, Lancaster/Lanover Masque, Devil's Bridge." Publication in Rahmen der Ausstellung an der eth. Zurich, 1983.

Ingraham, Catherine. "Slow Dancing: Architecture in the Embrace of Poststructuralism." *Inland Architect*, September–October 1987.

———. "Milking Deconstruction or Cow Was the Show?" *Inland Architect*, September–October 1988.

Juha, Ilonen. Avoimen taivaan Berlini: Daniel Libeskind Lavistaa ilmakehan. *Arkkitehti*, 1, 1988, pp. 24–33.

Kanellopoulos, Pan. *Metaphysikes Prolegomena: o Anthropos-o Kosmos-o Theos* (Introduction to Metaphysics: Man-Cosmos-God). Athens, 1956.

Kerrigan, Anthony. Introduction. In Unamuno, Miguel de, *Tragic Sense of Life*. New York: Dover Publications, 1954.

Libeskind, Daniel. "Deus ex Machina/Machina ex Deo: Aldo Rossi's Theater of the World." *Oppositions* No. 21, MIT Press, Summer, 1981, p. 3.

———. *Between Zero and Infinity*. New York: Rizzoli, 1981, p.7.

Lissitzky, El. *Russia: An Architecture for World Revolution*. Trans. Eric Dluhosch. London: Lund Humphries, 1970, p.67.

Mackie, J. L. *Truth, Probability and Paradox: Studies in Philosophical Logic*. Oxford: Clarendon Press, 1973, pp. 23, 25, 27, 296, 297.

Maddi, Salvatore R. "The Strenuousness of the Creative Life." In *Perspectives in Creativity*, ed. Taylor and Getzels. Chicago: Aldine, 1975, pp. 173–187.

Marvel, Bill. "The Architecture of Frank Gehry." *The Dallas Morning News*, February 16, 1987, p. 6C.

May, Rollo. *The Courage to Create*. New York: W. W. Norton, 1975, pp. 14, 30.

Rella, Franco. In Massimo Scolari, *Hypnos*. New York: Rizzoli, 1986.

Rossi, Aldo. "The Blue of the Sky: Modena Cemetery, 1971 and 1977." In *Free Style Classicism*, 1982.

Sassaki, Hiroshi. "The Best of the Constructivists: Tchernykhov and His Design." *Process Architecture*, No. 26, Tokyo, 1981, p. 14.

Scolari, Massimo. *Hypnos*. New York: Rizzoli, 1986.

Starr, Frederick. *Melnikov: Solo Architect in a Mass Society*. Princeton, NJ: Princeton University Press, 1978.

Tchernykhov, Jacob. "Architectural Fantasies." *Process Architecture*, No. 26, Tokyo, 1981.

Tigerman, Stanley. "California: A Pregnant Architecture." LaJolla Museum of Art, 1983, p. 28.

Unamuno, Miguel de. *Tragic Sense of Life*. New York: Dover Publications, 1954.

———. *Abel Sanchez and Other Stories*. Chicago: Gateway edition, 1956, p. xv.

Wright, Frank Lloyd. *A Testament*. New York: Bramhall House, 1957.

第四章　变形渠道

建筑中的现代主义运动，其主题之一，是"形式追随功能"，这一信条在1970年代中期受到了批评家们的直接攻击。他们否定了整个现代主义运动。1980年代的文献里充满了赞成或反对功能主义的参考资料。尽管我们相信，对功能最广义的解释（在这种情况下，任何事情都被认为是功能的一部分——包括建筑物的精神归宿）具有重要作用，尽管我们认为，仅因其功能性这一点就对一个建筑横加指责是不公平的，但在这里，我们暂且绕开这一讨论。我们只要认识到这样一个事实就足够了：后现代主义将建筑从功能主义者教条式的爱好（总体说来是实用主义的）中解放出来，转而偏向自文艺复兴时期以来就被忽视了的其他方面（比如：重新引进人文主义，注重历史及历史的记忆，以及总体上的"浪漫主义倾向"，鼓励各种风格主义的解决方法）。在不考虑功能要求的情况下来处理（修改）形式，这样的想法提供了某种动力，促使人们在新设计工艺的改进过程当中，对形式重新加以考虑。

后现代主义的一个积极而富有价值的副产品，就是它促进了变形这一渠道的进一步演化——从古典主义时代至今，变形都是处理形式的核心方法之一。1980年代的建筑从业者及从事设计教学的老师和学生们，都严肃认真地关注这条通向建筑创造力的渠道。今天，我们可以就其各种可能的方向画出一幅清晰的图画，并对每一种方向的优点及缺点进行评价。

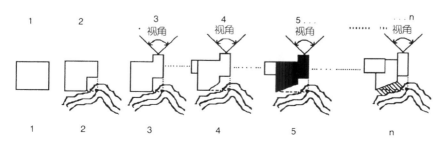

图 4-1　传统的变形过程

目前，我们对变形这一渠道行之有效的广义定义是：变形是形式的一个转变过程，在这个过程当中，形式通过对众多内部和外部因素做出反应，从而达到其最终的阶段。

主要策略

我们将分别讨论以下三种主要的变形策略。

1. 传统策略：这是形式的一种循序渐进的演化，它通过逐步进行调整，来适应各种"限制因素"，这些限制因素包括外因（施工场地、视野、方位、主导风向、环境要求），内因（功能、规划、结构要求），以及艺术方面的因素（建筑师处理形式的能力、意志及态度，还有他对预算和其他实践标准的态度）。

2. 借鉴策略：从绘画、雕刻、实物以及其他手工制品中借鉴形式的手法，在对这些作品形式的实用性和有效性进行不断探讨的同时，学习它们在二维或三维方面的品质。为了变形而借鉴形式，这是"形象上转变"的例子之一，并且也可以被看作是一种"形象上的比喻"。在修建一座房屋的过程当中，把一个花园作为变形的基础，这时，就可以把这座独特的房屋比喻成花园。

3. 解构或分解策略：它是这样一种过程，在这一过程当中，人们将某一特定的整体分解，以便找到一种新的组合方式，把拆开的各个部分重新组合起来，进而在不同的结构和组合方式下，演化出新的整体和新的秩序的可能性。

传统策略意味着，建筑师已经选定了一个完整的三维形式作为载体，这个载体从基本规划方面的考虑演化出来，并且满足了构成上的需要。这一载体本身就意味着某种限制，否则，对形式的选择还将会有无限多种可能性。这一特殊的策略，尽管它能对建筑的整个外形加以提炼、表述并做适当的修改，但却大大降低了人们对视觉效果的期望值。如果认为一个完整的形式载体（比如一个立方体）是理所当然的，并且为满足某些优化的限制而做出尽可能多的变形活动，那么最后的结果是可以预见的。如果设计者是一台计算机，它能对随机产生的变形步骤的结果进行评估，那么，变形的最终结果将永远都是同一个模式。在传统的建筑环境或建筑实践中（在这种情况下，法规具有很强的约束性，从业者的能力也大致相当），这样的情形经常发生。最终的解决办法同样也可以预知，只不过会有某些细微的差别。这种建筑变形的基本模式（我们将在后面对其详加阐述），受到了很多后现代主义建筑师和教师们的详细审查，正是他们提出了上述的策略 2 和策略 3。

很显然，第二种策略允许通过"不相关联"的形式来变形（一幅绘画显然不是一所房屋），从科学、生物学、数学及认知理论等领域内所使用的传统变革方法的角度来看，这是完全不能接受的。而最后一种策略，即解构或分解策略，人们一般认为它们与变形风马牛不相及，但我们显然不赞同这样的看法。正如我们将要看到的，它们只不过是一些非经典的变形方式而已。不管人们对它们的理解如何错误，也不管人们对它们的误解有多深，它们促成了变形，也就应该将它们纳入变形这把大伞之下。

变形理论

为了获得一个共同的基础，以便进一步理解和评价各种变形的策略，我们首先应该参考科学领域中对变形这一渠道所进行的研究。让我们首先从生物学家阿瑟·汤普森（D'Arcy Thompson）及其代表作《论生长与形式》（On Growth and Form）开始。汤普森所采用的方法是数学和概念分析，通过科学的方式来比较相关的形式。根据他的观点，"变形是形式在不同环境下变化的一种过程和现象。"他认为，在任何一个特定的时刻，对形式的描述都有两种可能的方式：

1. 描述——通过文字加以说明。
2. 分析——通过数字、数学公式及笛卡儿坐标加以解析。

人们一眼就可以看出它与建筑形式的直接联系，就建筑形式而言，它通常既可以用文字加以描述（按我们最近的说法，也就是"文字说明"），又可以通过"图纸"来表现（这是对建筑形式最终的描述方式）。汤普森倾向于用数学的方式来描述形式，因为它具有"一种精确性，这是单靠'描述性'说明所做不到的"；正如他所说："普通的文字本身就具有某种模糊性，通常，不同的人对它们有着不同的理解。"在建筑上，当考虑文字说明和图纸之间的类比时，很多设计指导教师都迫切要求配备更多的图纸，这并不是什么新奇的事。就图纸而言，不管它有多么大的不确定性，也不管它有多么的不完善，但它都具有专业和清晰的特点，同时还为进一步改进和完善留下了无限的自由。毕竟，我们可以这样说：变形是一种视觉艺术。

抽象地说，形式在其演化的任何一个阶段，都可以被"固化"，并用笛卡儿坐标来加以描述。之后，还可以将其译为数字并进而变为文字。每次汤普森对一只动物进行研究时，他总会先将其画在一张由长方形的坐标所结成的网中，然后再将其译为一张数字表格，从这张表格中，正如他所说，人们可以在重新构建动物的过程中获得乐趣。

这种对形式的笛卡儿式固化的第一步，还有对它的分析性描述，都是非常基本的。如果因故坐标系要发生"改变"或"变形"，那么受描写它们的数学公式的支配外形轮廓线上所有点坐标都会发生相应变化，从而产生一种新的形式，一种对最初形式"变形"的描写。因此，从生物学的角度来说，变形是形式在不同条件下的一种可预知的改变，这些变化了的条件为最初的坐标指定了新的位置。按照汤普森的说法："……我们获得了一个新的图像，它代表了旧的图像在一个类型或多或少相似、功能大体相当的坐标体系下的投影，与旧的图像在最初由 X 轴和 Y 轴构成的坐标系下的投影完全没有什么不同。

变形这个概念与更换坐标系之后所产生的变化正好对应，在建筑中应当把它理解为假设条件的变换，而这些假设条件决定了建筑设计，或对这些设计进行最终评价。生物学方面的探索，一定会认为造成一条腿

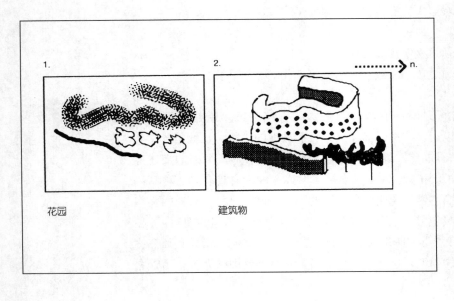

花园　　　　　　　　建筑物

图4-2　"借鉴"作为
变形的一种类型

扭曲变形（更不用说断裂）的条件是"不健康的"。如果建筑中的假设条件愿意忍受有窒息或破损部分的"畸形"建筑，那么，这个已被接受的结果仍将是变形的产物，但产生这些假设条件的坐标系，只有通过精神病学才能分析和理解。

在汤普森看来，人们不应该试着去研究不相关的形式；只有相关的形式才能使生物学家获得知识，并积累比较和评判的经验；当新的条件（比如时间、地点的改变，季节的变化）要求有机体通过生命形式来进化和成长时，生物学家可以在上述知识和经验的基础上，在这个有机体演化的各个阶段预测它的形式。相关形式而非不相关形式之间的变形，强调图纸而非叙述，以此作为建筑类比的开端，这不是很好吗？但实际情况是，任何事物都在变化，建筑师们（好的建筑师）也在"成长"。在认识世界及设计能力方面，他们都逐渐"毕业"，从而进入更高的层次。我们并不否认，在打破所有传统的情况下，只要有明智的判断和高超的设计能力，也有可能成功地设计出优秀的作品。

图4-3对接下来的讨论进行了总结。因为这个图中所包含的项目和可能性都属于变形这一范畴，所以，我们可以对所有的可能性都加以尝试。对那些具有挑战性的栏目（如"受迫的"或"较弱的"），我们应

变形					
生物学	建筑学	自然的	受迫的	强烈的	较弱的
相关形式	一个建筑变为另一个建筑	●			
不相关形式	一幅绘画变为另一个建筑		●		
描述性	叙述性				●
分析性	图纸			●	
"正常的"坐标	公认的惯例	●		●	
已改变的坐标	促成新的框架		●		●

图4-3 生物学/建筑学类比

当多加小心并多花些功夫。无论何时，只要你对自己见解的社会有效性存在疑问或者不是十分肯定时，你都应当集中精力对"自然的"和"强烈的"两栏进行研究。

认识论

现在，认识论非常有助于我们理解影响变形的更广泛因素。我们该不该总是接受所有那些被认为是"做事情的正确方法"？或者可能去挑战并力图改善操作方法，进而找到观察世界和做事的新方法吗？猜想是认识论的中心论题。这一范畴的主要目的只是为了寻找真理。在我们将认识论和建筑学进行类比的过程中，我们将猜想等同于建筑中的设想，把真理等同于形式。

哲学家和人们所追求的真理，是一种受多种外力（如社会价值观、盛行的观念、自由的概念以及人们在力图理解并解释某种境况时的思想状况等等）所影响的一套特殊猜想的结果。大学即是探索社会的广义变形的最好例子之一。笛卡儿把大量时间花费在探究遵循哪一种猜想，以及如何才能认识真理这些特殊问题之上。由于不知道哪一种猜想正确，他提出了怀疑论，这是一种激进的理论和假设，认为感觉难免有错，总是能够欺骗我们，因此存在一种他所谓欺骗性的"魔鬼"——"它总是误导我们，欺骗我们把谬误当作真知。"笛卡儿引用自己的经历，承认从感觉或通过感觉接收到信息的那一刻起，他所接受或拥有的一切都是最高真理。然而，以后的经历和自我评价让他相信，感觉有时也曾误导他，因此，"不完全相信那些过去曾欺骗过我们的事物"，这也是谨慎的一部分。

这让他提出了被污染的水井这样的假设，这种假设认为，谨慎的人不会再去喝那曾使他产生消化不良的井水。但是，人永远也不会有安全感，因为他永远都不敢绝对确定其他水井是否也受到了污染。我们很容易理解笛卡儿的绝望，然而毕竟，天下总有一条真知。如果有人找到了它，那么就有可能通过它发现普遍的真理。这唯一的真理就是笛卡儿的思（Cartesian cogito）；如果有人找到了它，就足以证实知识的一种普遍来源——"思维清晰而明白的洞察力"。这种清晰而明白的洞察存在于思维的认知活动当中，基本上，这是一种心理和个性化的过程；因此，由于我们自己对思的个人认知可能不断犯错，所以我们总是会"进退维谷"。我们进退维谷，就正如笛卡儿也进退维谷一样。

今天，我们相信，从被污染的水井中，我们仍然能够获得实实在在的知识。正如雷歇尔（Rescher）所言："冷酷的现实就是这么简单，所有知识的来源都不完美。如果我们不能将就应付这样的知识，我们就必须撤退，而让怀疑论占领这一领地。"（雷歇尔，1980，第182页）

我们总是处在一个持续不断的变形过程当中，我们自己的心态在转变，并及时塑造着我们的内在本质。我们自身，我们的知识结构，都是这个变形过程不断演化的结果，当我们观察和构想这个变形过程时，我们这个时代的背景和环境，就是我们假定的坐标轴。

乔治·西尔韦提（Jorge Silvetti）将这一切与建筑的关系阐述得最为清楚，他不仅像汤普森一样将其看作是一个二维的描述，而且还涵盖了各种体现人们欣赏变形这一过程的观念。他将变形定义为：

> ……是对特定的现存法则的各个要素进行的一系列操作，它们从法则最初的、正常的或标准的用法入手，通过扭曲、拆分、重组，或以既保留对原型的参考，同时又挖掘其新内涵的方式来总体上改变它。（西尔韦提，1977，第48页）

我们认为西尔韦提的定义是建筑变形的高级模型。它不但从事物的"现有法则"着手，而且极力去演化它，总是力图保留对原型的参考，这将会使建筑成为其所在社区、所在地域的一部分。西尔韦提倡导改变法则的运用方式，而不主张废除法则本身。他将文艺复兴看作是对古代建筑的一种变革，是15世纪初期建筑的风格主义，是古典主义的新古典主义，是对整个过去的折中，等等（西尔韦提，1977，第43页）。

西尔韦提认为，随着文明的演化，建筑变革的演进也自然而然、及时地发生。而几位建筑师近来却试图对每个已知是可信的、合理的坐标系的假设进行修正。他们中最著名的人物是彼得·埃森曼，他一直都在试着这样做，唯一的理由是："过去没有人曾经这样做过"，或者"因为它过去就存在于那儿。"他一直在探索正统行为模式的对立面，并且有意武断行事，以避免以前的变形活动中得出的合理推论，并且总体上采取一种解构或分解的策略——这些术语来源于解构主义，也就是雅克·德里达的哲学体系。他曾对自己的设计方法论进行提炼和深化，并坚持认为这些手法不是变形（我们并不同意他这一观点）。但是对于彼得·埃森曼和任何一个愿意为我们花时间去探索以前无人弄清楚的新事物的严肃、认真的艺术家，我们都热烈欢迎。正是通过这条途径，我们才能学习并从整体上评价我们根本的智慧和我们的历史。

1980 年代后期，由雷姆·库哈斯 (Rem Koolhaas) 所建的阿姆斯特丹诺斯 (North) 住宅工程，还有伯纳德·屈米 (Bernard Tschumi) 所建的帕克德拉别墅 (Parc de la Villette)，是解构主义最早的两个作品，它们都给我一种窒息的感觉，让我感到平面移位造成的"挤压"；当我在帕克德拉别墅架空的底层廊柱之间徘徊，或者从地面离开它时，我再次感到一种"受压迫"的感觉。我们有所保留，但我们仍然对扎哈·哈迪德和她的学生为挑战平静和失重观念所作的努力表示赞赏。而且在这种情况下，他的学生们的自我评价，产生了我们认为能够从这种激进的探索课程中所能得到的最好的结果。关于扎哈·哈迪德的设计室所作的努力，亚历克斯·华尔 (Alex Wall) 写道："实现建筑变形这个目标所需要的文字和分析能力，大四或大五的学生很少具备，他们只有通过图纸的演示，才有可能接近这一目标。但这样做的危险在于：图纸可能太平滑，会让他们忽视真正的问题，画笔和描笔一气呵成的舞动，往往令人叹为观止，然而又毫无说服力。"

正是因为这一点，使我们不得不严肃地考虑最近几个有关变革的例子。很多建筑师设计出尺度不恰当的、畸形的、令人窒息的、最终令人不舒服的作品。彼得·埃森曼过分强调对图像的"文字叙述"，为描述可靠的变形结果的弱点提供了可感知的表现方法。以罗密欧和朱丽叶的故事以及整个剧本的文字描述为基础的维罗纳变形就是这样一个例子：最终的结果是一个随意的实体，是一座古老城市中的"芒刺"，它所代表的一切都留在我们的记忆当中。

最经常发生的违规行为，涉及汤普森提出的相关形式的原理。比如，将一个花园或一幅绘画作为设计一座房屋时变形的着眼点，这时，我们将会又一次遇到直译——直译仿佛是一个恶魔，无所不在。鸡蛋永远不能被变形为苹果，除非某人特别饥饿，在特别饥饿时，人们常常饥不择食。但鸡蛋和苹果都可以食用，这正如花园或绘画和建筑都是艺术一样。当然，人们可以从任何一门艺术中学到东西；但是，如果我们不陷入直译的泥潭，并且多加选择，我们就可以从变形中学到更多的东西。把房屋建造成花园，这是一个比喻。就像从一幅绘画的框架中演化出建筑一样，这些做法都属于跨领域艺术交流这一更广泛的探索领域，这一领域我们将在后面的章节中加以阐述。

试图运用变形这一渠道的建筑师，应该花更多时间去提出正确的问题，而不是用其他不相关的问题来折磨自己。"对昌迪加尔当地的居民区来说，在人口增多、用户的要求增加的情形下，在不同的政治环境和经济压力下，以及面临诸如劳动力和原材料等各个方面的问题时，会发生什么样的情况？"诸如此类的练习，将会对正确理解和探索变形理论起到积极和有效的影响。这些练习构成了城市设计中相关形式的练习。在其他方面，我们还会提出一系列问题，例如，"因为你住宅所在区域的规划发生了变化，你为自己设计的住宅，将要被变形为一个更大的建筑，例如一个旅馆，你想在利用经济便利的同时，又不希望在你住宅前面的空地上建造的新房屋挡住了你的视野，这时，将会发生一些什么？与此同时，你不是还想保留你的'住宅'设计当中的一些住宅因素吗？"尺度和规模之间的关系又会有何变化？建筑结构的层次又会有何变化？住宅的表面特征又将如何被演绎（构思）成更大的建筑？是否有足够的场地来容纳这个更大的新建筑，或者干脆放弃这一想法，因为如果我们在同一块场地上建造这个大房屋，那么住宅的庭院和空地的比例就会像水井一样狭促？如果要保持这块场地原来的景致，我们最终是否会得出这样一个结论，我们需要一个与原来的住宅设计完全不同的解决方案？

即使是传统意义上的变形，其复杂性也不容忽视。我们的提议是，应当仔细分析它的各个成分，认真讨论其复杂性，把更为复杂的相似性留待以后来解决，因为建筑意义上的"毕业"来自个人的亲身经验及以后的生活态度。

研究这一渠道

近来的教师和建筑师们为研究变形的可能性提供了一份详细的清单。以下是我们经常碰到的几种可能性：

1. 从现有的先例、久负盛名的历史建筑或者某位建筑师受人推崇的作品这样的原型出发进行练习。法国旅馆，帕拉第奥的别墅和勒·柯布西耶所建的好几幢住宅，都为这样的练习提供了很好的范例。

2. 以一个花园或一个小镇（尤其是文艺复兴时期的花园和意大利小镇）这样的先例为基础出发进行练习。

3. 从艺术作品（特别是绘画和雕刻作品）、环境中的某个实物或者事先选好的某个形状（甚至是字母表中的字母）着手进行练习。

4. 从自己以前的设计或修建好的建筑出发进行练习。

这里提到的多数练习都只注重彼此没有联系的形式，而不是相关的形式，全然不考虑计划安排，且频繁使用讽刺、毫无意义的废话乃至任意的剧情。造成这种情况的主要原因，主要是因为近来许多教师和建筑师对功能都抱有一种漠不关心的态度，而且他们都力图远离现代主义运动。

问题和可能性

　　以一个建筑作为原型开始变形，这种情况下产生的问题最少。实际上，这是一种效果不错的方法。因为过去的处理得很好的建筑，一种我们经过几次变形后而提出的与建筑"有关的形式"，它已经解决了人们在建筑中解决的所有问题，从这些问题着手可能是很有教益的。对超出基础的"模仿"阶段而进行的探索，以及对最后一条建议进行重新解释时，人们都必须十分谨慎，以便使新构建的实体具有存在的合理性和自身的价值。

　　如果变形的出发点是学生或建筑师以前设计的某个建筑，从最广义的角度来说，其最终的作品也可能具有原创性。没有人会指责创作者是在复制或者抄袭；创作者对自己以前的某个作品进行变形，从而完成了一次最完美意义上的自我超越，他也会因此而获得额外的成就感。詹姆斯·斯特林（James Stirling）为 Roma Interrotta 中的 Nole Plan 所设计的建筑，就是对他自己过去已建成的建筑所做的变形。在我们自己的设计室里，我们也曾对这类作品予以特别关注，不仅强调源于希腊乡土建筑中那些常常被忽视，但却非常值得称赞的建筑先例，甚至要求学生变形他们自己以前设计的作品，从而成为具有更大尺度和适用于其他目的的建筑。

　　以花园、小镇或者其他环境中的先例作为起点来设计建筑，这样做的基本特性之一，是不具有形式上的相关性。一枚鸡蛋不可能教会植物学家怎样去培育更可口的苹果。此外，把一棵树的中轴和高度，作为变形后建筑的中轴和高度，这种形式上的模仿最终会导致直译，这进一步增加了这一途径的危险性。对于这些情况，我们应当多加小心，以便发现花园中隐含的秘密，其总体的情致，其神秘的程度，其纹理的质地，它对各种感官调动的程度；在所有这些观察都体现在我们的画板上以后，我们才去着手变形。小镇可以向我们展示它的全景，它狭窄的街道，它为时间／空间／经验上的限制所提出的解决方案。为了超越直译这个陷阱，我们当然应当把注意力集中到这些方面。避免直译的唯一保障，便是专注于事物的本质——使一个事物显得独特和真实的那些特征——而不仅仅是其视觉上的特征。

　　以一件艺术作品或者环境中的某个实物作为变形的起点，对于这种情况，我们也将得出与上述相同的结论。在这些例子中，通常要求学生们选择某一特定的绘画、浮雕、雕刻，或者某个物体。通常不存在关于功能方面的要求，即便有，也是抽象的，并且与形式不相关。在这种情况下，人们试图去理解正在被研究之作品的最基本原则，它的组成要素，轴线之间的关系，实与虚的关系，绘画的纹理关系，形状和颜色的重要性和层次性，阴影的增减变换，平面与深度，最终还有作品的整体氛围。这些都由一系列速写加以记录，并且常常被制作成模型。其中具有建设性的部分包括尺度上的"跃进"，三维上的调整和一系列变形描绘，这样做的目的，是要把原型的整体特征赋予变形后产生的作品。例如，绘画的实与虚被演绎成街道和建筑，中轴线被演绎成交通主干线，"纹理"被演绎成"密度"，即城市或建筑设计方案中活动的密度或"整个社会相互交流的状况"。可以参照原型的颜色来搭配建筑的材料和色彩。广义的设想是通过适当的"整理"，功能最终会找到其恰当的归宿。最早成功运用这一特殊变形方法的历史先列，是在俄国结构主义者的设计室里完成的。

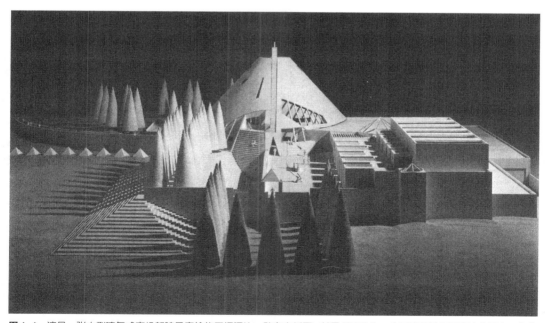

图4–4 这是一张大型喷气式客机驾驶员座舱的巨幅照片，贴在安托万·普雷多克先生一个同事的绘画板旁边的墙上，他的同事正在设计美国怀俄明大学遗产中心和艺术博物馆；这幅图片很清楚地显示了设计作品变革的起点和象征性比喻的出发点（图片版权，罗伯特·尼克，1986年；由建筑师安托万·普雷多克提供）

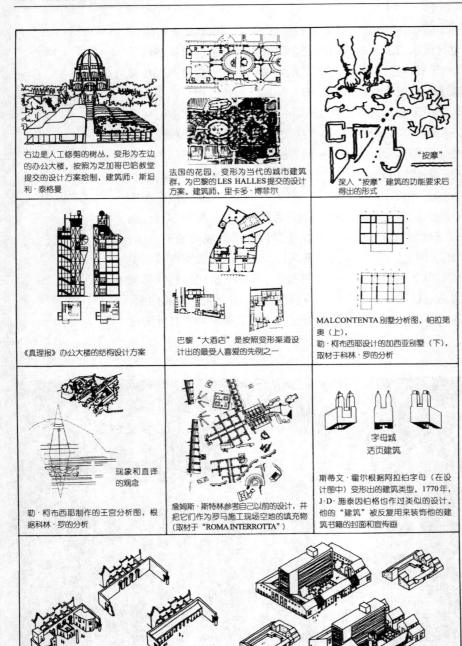

右边是人工修剪的树丛，变形为左边的办公大楼。按照为芝加哥巴哈教堂提交的设计方案绘制，建筑师：斯坦利·泰格曼

法国的花园，变形为当代的城市建筑群，为巴黎的 LES HALLES 提交的设计方案。建筑师，里卡多·博菲尔

深入"按摩"建筑的功能要求后得出的形式

《真理报》办公大楼的结构设计方案

巴黎"大酒店"是按照变形渠道设计出的最受人喜爱的先例之一

MALCONTENTA 别墅分析图，帕拉第奥（上），勒·柯布西耶设计的加西亚别墅（下），取材于科林·罗的分析

现象和直译的观念

勒·柯布西耶制作的王宫分析图，根据科林·罗的分析

詹姆斯·斯特林参考自己以前的设计，并把它们作为罗马施工现场空地的填充物（取材于"ROMA INTERROTTA"）

字母城
活页建筑

斯蒂文·霍尔根据阿拉伯字母（在设计图中）变形出的建筑类型。1770年，J·D·施泰因伯格也作过类似的设计。他的"建筑"被反复用来装饰他的建筑书籍的封面和宣传画

建筑师里奥·克里尔变形亚眠的墙体后提出的设计方案

上图取材于 R·P·德·阿瑟"城市变形和扩建工程"，《建筑设计》第48卷，1978年第4期

住宅建筑变形练习。由 R·P·德·阿瑟设计

图4-5 变形案例的视觉效果图集

变形这个渠道的优点与其潜在的缺点一样多。除非指导教师的经验非常丰富，而且又非常谨慎小心，在学生们的整个创作过程中及时对他们加以引导和警示，否则，当变形的起点接近极限的边缘时，就将会对学生产生负面的影响。

注意事项

尺度：变形过程中最常见的问题之一，与尺度和比例有关。某个形式在其发展演进的某个具体阶段是合理的，对其进行扩大或者缩小以后，如果只是对其整体按比例进行变形，而不对其各个组成部分的形式和比例进行适当的调整，以便使其在静态上和视觉上能正确适应新的体量，那么这个形式就会失去其尺度比例。比如，如果鹿变得像大象一样大，而又要保持其鹿的外形，那么它就会不成比例。新的鹿将会十分沉重，由于其新增的体积而加入的重量将会使"鹿"的腿不堪重负。其腿关节处的表面最终会被修改，以使其承受重量，最终将会呈现出大象腿一样的比例。因此，大象般大小的鹿看起来将不再像一头鹿，而像一头大象。一座被变形为旅馆的小型住宅的客厅，不能通过将其大小"膨胀"的方式，来将其变形成一个大型旅馆的前厅；如果没有满足旅馆新的结构要求，如果没有增加立柱的密度，如果其横梁和桁架的长度不恰当，就会造成比例失调。在实际的变形过程中，通过对现有建筑尺度和结构之间存在的关系和相应的解决方案多加留意，就可以避免出现比例失调这一问题。

整体与部分：第二个非常重要的问题，与各组成部分变形时的具体操作有关。总的来说，对这个问题的考察还不够深入（只是在以解构／分解的方式进行变形时的情形例外，因为这样的变形并不考虑整体的各个组成部分）。其结果是，变形过程总是进行得不够彻底。各个部分只起着肤浅的作用，并且带有前一阶段的某些特征，而这些特征在新的形式下可能不适用。同样以上述被变形为大型旅馆的小型住宅为例，无论在形式上还是在功能上，小型住宅的楼梯都不能在大型旅馆中找到其适当的位置；如果这个楼梯的形状保持不变，则没有人能顺其攀缘而上，因为它的比例失调，因而毫无用处。为了获得正确的变形结果，我们应当从一开始就着手，从内部着手，使整体的各个组成部分所发挥的作用都一一对应，协调一致。

强加的外在因素：可以把以变形为基础的建筑设计活动，与某个商务、学术或政治组织的改革相提并论。商务活动、政治组织的变迁，或某一政党或政府内阁的构成突然发生变化，将会产生某种张力，有时甚

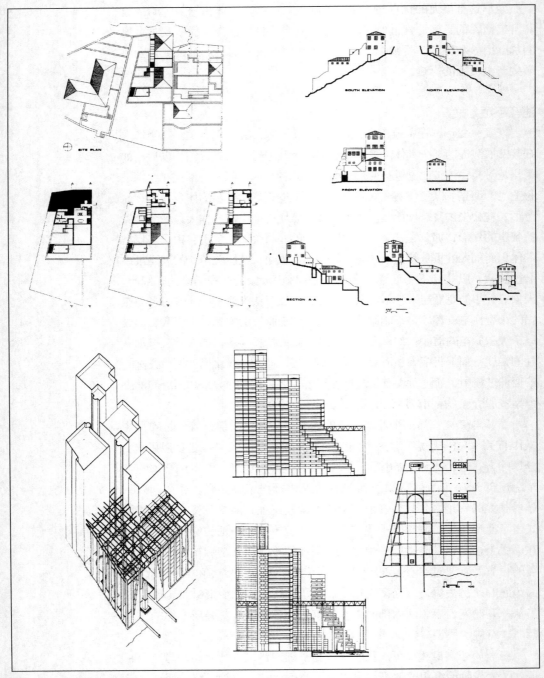

图4-6 向变形过程所影响的比例、大小及结构等概念挑战。学生作品，将一座住宅变形为一个旅馆。麦克·史密斯，作者的第四年设计室，阿灵顿，得克萨斯大学

至还会是具有极大破坏性的张力。这种张力偶尔会带来不满情绪和革命危机。同样的道理，外部强加的、表现为"设计技巧"的变形压力，将会导致形象上令人不愉快的扭曲形式——这是外部突然而猛烈的行动所导致的某种现实。设计师个人的奇思怪想常常是造成这一不良后果的原因，这一情形在那些相信他们自己"知道"或"感觉得到"最终的变形结果是什么样子，而不需要寻求循序渐进的训练的设计师和学生当中最为常见。

语义学问题：与变形渠道有关的最后一个问题，也是最根本的一个问题，涉及语义学。"变形"这个术语（因为形式的关系），总是受其视觉上的含义所拖累。它总是和下面两大类词汇密切相联（相关并且经常混淆）：（1）形式、外形、类型、形状、轮廓、剪影、种类这些描述视觉状况的词，以及（2）构成、塑性空间、结晶体、形变、损形、扭曲。最后三个词描述的是形式的负面状况，或者说含有负面意义。

由于这些词汇数量很多，并且每一个词的含义都不确定，所以学生们很容易混淆，因而常常陷于语义的泥淖，甚至将那些由于不恰当而在正常情况下应当避免的形式操作，也视为合理的活动。从事设计教学的教师在运用这一创造力渠道时，应当对词语的选择多加小心。我们也认为解构或分解是非自然的、外力强加的变形行为，它不但具有可想象的最大的随意性，而且无论对变形行为本身，还是对更广义上的探索（变形是这种探索的一部分）而言，都最容易造成错误判断和误解。如果我们不得不涉及这些词汇，那么在处理它们的时候，我们也必须高度警觉。

对变形的包容主义态度

很多人都把变形作为一种视觉命题来运用。然而，对变形的探索应该包括社会、功能及工程技术的特质等多个层面。我们认为有必要对变形这个概念加以扩充。包容主义设计需要一种新的态度，把可感知和不可感知的限制因素都纳入考虑的范围之内。

图4-7、图4-8 和图4-9把建筑项目抽象为某个变形过程的结果，在这种情况下，偶尔的变形步骤总是受到两条坐标轴之特性的影响，这两条坐标轴一条是建筑师，另一条是客户。如果我们假定这些坐标图中每一条轴的分析描述都是正确的，由于被描述对象的复杂性和动态性，那么，这些轴最终将没有一条会是直线（"建筑师"受到多种因素的影响，比如教育程度、经验和主要观念等等；"客户"的情形也一样，他

们有长期与短期目标、利益方面的考虑和对绝对质量的追求等等），我们可以看到影响这些坐标轴（因而也就影响了变形过程）的各种因素是多么的复杂。实际上，我们不可能通过变形这一渠道来获得"包容主义"的建筑作品，因为实际上，通过变形，不可能产生一种可以满足各种制约因素的结果。然而，如果要使设计作品与其自身和周围的世界协调一致，那么，这些设计作品自身内部的世界、它的建筑师和特定的客户之间，至少必须处于一种和睦的状态。

当人们把上面提到的诸多因素排除在外，而只考虑非常少的一些因素——例如风格或外观——这样做可以为变形过程提供便利，但却创作不出好的建筑作品。为了具有意义，建筑必须反映生活。但生活毕竟是一个包罗万象的事物。与此同时，我们并不赞成仅仅为了包罗万象而作出许多

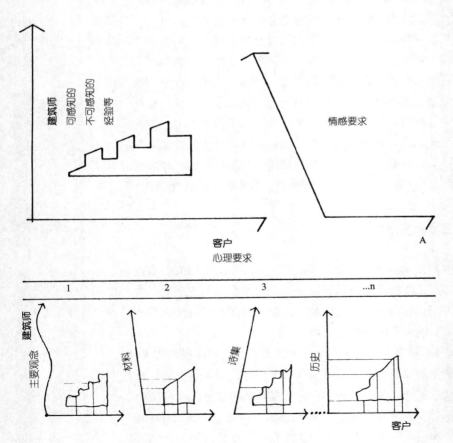

图4-7　建筑师／客户观念的坐标图。A.各种设计要素都可以被放置在由两条轴所构成的坐标图当中，这两条轴一条代表建筑师，另一条代表客户。B.坐标轴的无数种可能性

不必要的复杂举动，如埃森曼的解构或分解。我个人认为，具有逻辑性、有序性、整体性和"包容性"的传统意义上的变形过程，是最富有成效和前景最为光明的。平面上的任何调整，对形式的其他所有方面都会同时产生影响。对每一个变形步骤，我们都应该在头脑中看到这种同步变化，并且时常通过平面、剖面和立面来加以检查（尽管从立面开始着手显得并不是那么重要，只有当涉及最终作品在公共领域中的吸引力，还有作品的规模尺度和文脉等方面的时候，从立面进行的考察才举重若轻）。这里提出来的这种方法，被称为"同步"变形的方法，图4-10以图表的方式对其进行了总结。它要求变形过程按照以下四个主要步骤来进行：

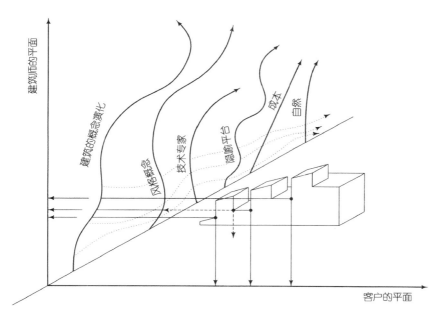

图4-8 包容主义设计面临的诸多困难

图4-9 作者设计的一件作品：萨洛尼斯（Saronis）的一个公寓建筑

1. 通过考察描述三维效果的所有资料（平面－剖面－立面－轴测图和模型等等），来研究在解决问题时所使用的各种概念（"主要思想"）的视觉效果。这些各不相同的概念（"主要思想"），每一个都被看作是对作品深层本质（正是这些本质使得作品显得与众不同）在思想上的变形（"建筑究竟应该被建成什么样子？"）

2. 评价这些思想，并选出最主要的思想，即在我们看来是解决问题的最佳方案，也与图4-11中的两个主要坐标协调一致。这个"最主要的"思想被称作"最佳选择"，是下一步变形探索的基础。在这一阶段，我们的出发点是设计师在考察了作品的内在要求之后选择的，因此不需要考虑任何先例，这一点显而易见。如果我们使用了先例，我们就进入了下面步骤3所提出的变形过程，因而也使我们自己与一个完全富有创意的贡献失之交臂。

3. 在这一阶段，通过对整体及其部分的变形，我们把最佳选择进一步深化，以便使最后的结果能保留我们最初所接纳的"最主要思想"的整体概念。我们总是小心翼翼，不去破坏或者丧失这一思想。相反，通过变形的每一个步骤，我们还将在每一种可能的意义上，以最包容主义的方式，并且尽我们最大的能力，去强化这一思想目标。在采取这些变形步骤的同时，我们还应当用我们已经精通的、尽可能多的创造力渠道中的方法，来不断"轰炸"这个还在改进中的作品，从而丰富最终的设计结果。从这一意义上来说，这儿所提出的变形方法，就成为一辆"交通工具"，通过这个交通工具，设计师可以搭乘许多前往最终目的地的乘客，他们都将为这次漫长、艰苦，但最终回报颇丰的旅行贡献自己的一份力量。

4. 变形过程的最后一步，也是最简单的一步，是对最终变形结果的交流，以使其他人能"读懂"、理解并对其作出反应，在进行讨论的同时，希望人们能够接受它，并以此方案进行建造。

只有当建筑中的变形被认为是一项复杂的包容主义活动而没有过去那些视觉和形式上的缺陷时，它才会有意义。我们认为，从包容主义的角度来看，通过"同步"变形的方法所得出来的形式，只有当它是包容主义变形活动的综合时，它才是正确的。"作曲者"必须意志坚强，随时警惕简单抽象或"单一"变形的女妖所发出的召唤。

在设计过程中，人们可能会遇到许多问题，为了避免这些问题，就需要特别的规范和特殊的训练，这样一个事实，便是变形渠道的教育意义之所在。它为有经验的老师提供了一个极好的机会，去为汪洋中航行的学生导航。变形不仅是一个渠道，也是一个创造力的海洋。通过这一

对最佳选项的变形	**2**	**2₁**	**2₂**	**2₃** **2ₙ**		
总平面						
平面						
剖面						
立面						
轴测图				....		
模型	借助泡沫塑料板					

对概念解释的陈述	**1**	**2**	**3**	**4** .... **"N"**		
总平面				....		
平面				....		
剖面						
立面	在这一阶段并非绝对必要					
轴测图				....		
工作模型	使用快相来记录模型					

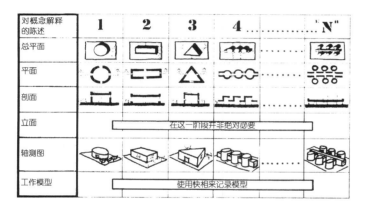

对最佳选项的完善	**2₁**	**2₁.₁**	**2₁.₂**	**2₁.₃** **2₁.ₙ**		
总平面				....		
平面						
剖面				....		
立面						
轴测图				....		
轴测草图	在这一阶段非常重要，因为精致的模型造价很贵					
工作模型	大体量，力求看见内部空间。大量使用精确的刀法					

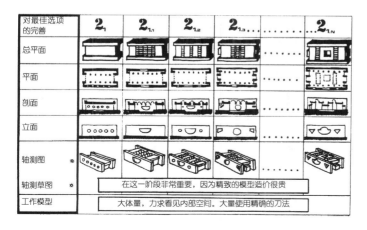

图4-10 作者所教导的设计过程中的同步性

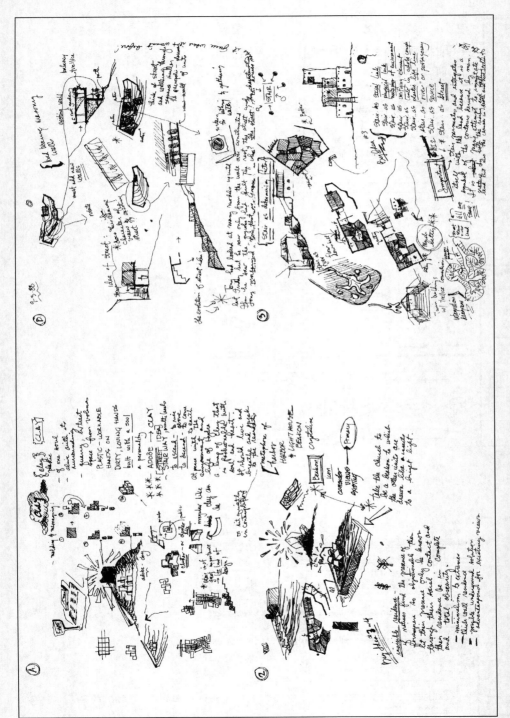

图4-11 记录"主要思想"的草图:同步变形过程的第一步。乔·瑞莱绘制,
来自作者的第四年设计室,阿灵顿,得克萨斯大学,1987年

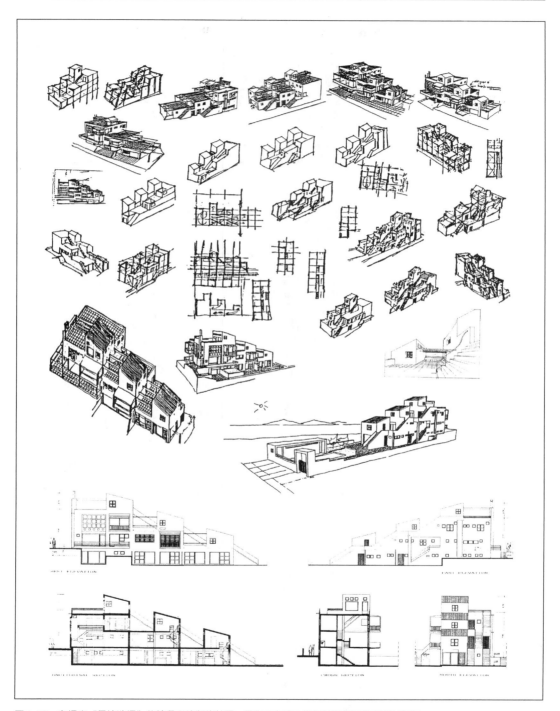

图4-12　在探索"最佳选择"的阶段所绘制的草图，是作者在设计位于萨洛尼斯的公寓时创作

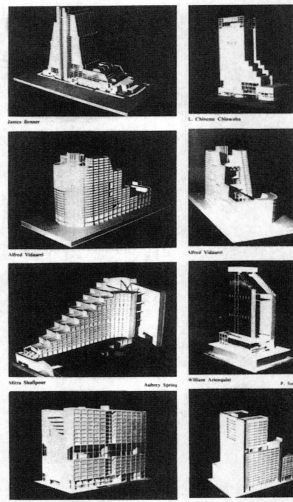

图4-13　设计过程中的同步性。位于得
克萨斯州达拉斯市的康文辛（Convention）
大酒店。来自作者的第四年设计室，阿灵
顿，得克萨斯大学，1977年，1979年

水域的每一个设计活动，都像"奥德赛"一样，是与各种因素的一次真正严肃的搏斗，为此所进行的冒险、训练和努力都是值得的。我们每一个人所应当追求的，都是这个最终的"变形"结果，我坚定地认为，"变形这一渠道"将非常有助于我们实现这一目标。

图4-14　勒·柯布西耶设计的位于法国的萨伏伊别墅（1930年），由此前的一个对称设计变形而来

小结

本章对变形这一概念作了简要介绍。它对生物学中有关变形的发现和认识论进行了总结，并与建筑中的变形进行了类比。阿瑟·汤普森提出，"形式上的相关性"是生物界进行变形的先决条件，据此，本章认可了通过相关形式进行变形的有效性；而根据笛卡儿认知理论的探索，本章又把影响变形的各种猜想和文脉作为一个整体概念，与建筑中的设想和文脉等同起来。本章概括了在建筑中进行变形训练的几种主要方法，同时也讨论了这些方法的优点和经常面临的问题。最后，本章建议大家把同步变形的方法，作为运用变形这一渠道的基本策略。

参考书目

Anderson, Stanford. "The Fiction of Function." Lecture, Texas A&M School of Architecture, March 29, 1985.

Antoniades, Anthony C. "Simultaneity in the Design Process and Product Results." *Technodomica*, Athens, June 1979.

Argan, Giulio Carlo. "Roma Interrotta." *Architectural Design*, Michael Graves, guest editor, 49, 3-4 (1979), pp. 43–49.

Bofill, Ricardo. *L'architecture d'un homme*. Interviews with François Hebert-Stevens. Paris: Arthaud, 1979, p. 118.

Carpenter, Edward. *The Act of Creation: Essay on the Self and Its Powers*. London: Allen and Unwin, 1904, p. 29.

Dennis, Michael. *French Hotel Plans*. Ithaca, NY: Cornell University Press, 1977, p. 14.

Eisenman, Peter. *House X*. New York: Rizzoli, 1982.

Holl, Steven. "The Alphabetical City." *Pamphlet Architecture* No. 5, New York, 1980.

Morgan, Cheryl. "The Garbage Model." *Association of Collegiate Schools of Architecture*, 1986, p. 138.

Peterson, Steven. "Space and Anti-space." *Harvard Architectural Review*. MIT Press, 1980, p. 89.

Rescher, Nicholas. *Scepticism: A Critical Reappraisal*. Totowa, NJ: Rowman and Littlefield, 1980, pp. 177, 181, 182.

Rowe, Colin. *Mathematics of the Ideal Villa*. Cambridge, MA: MIT Press, 1978.

Silvetti, Jorge. "The Beauty of Shadows." *Oppositions*, No. 9, MIT Press, Summer 1977, p. 48.

Stirling, James. "Roma Interrotta." *Architectural Design*, 49, 3-4, (1979).

Thompson, D'Arcy. *On Growth and Form*. Cambridge, Eng.: Cambridge University Press, 1942, 1966, p. 269.

van Bruggen, Goosje. "Waiting for Dr. Coltello." *Artforum International*, September 1984, p. 90.

Wall, Alex. "Transforming Architecture." *AA Files* II, Spring 1986.

Zygas, Paul Kestutis. "Constructivist Ammo for Dada's Revenge." *SAED Lecture Series*, February 16, 1984.

第五章　朦胧
——原始的与未触及的

朦胧的力量一再得到证实。它不断地现身于其他艺术门类当中；一些最优秀的影视作品、著作和音乐都得益于它的启发。安东尼奥尼（Antonioni）、蒙提·皮松（Monty Python）、查尔斯·库拉尔特（Charles Kuralt）和其他几十位艺术家都曾借助朦胧这种手法进行创作。作家们当然清楚，"他们的主题越朦胧，写出具有独创性作品的可能性也就越大。"但是，人们必须习惯从"朦胧"的角度观察事物。这需要训练和坚持。几年前，我在希腊发表的散文《雅典的摇篮》（The Matrix of Athens）中，尝试用一百首五行诗介绍和评论雅典的历史、品质和肌理，诗的每一行都以单词"AΘHNA"（Athens，雅典）的五个字母之一起首。我们无法从这样的文字游戏中得出普遍的结论，也不能保证与雅典有关的每一件事都被收入其中，即使诗作达一百首之多。但是，人们在这个过程中会不断有所发现，意识到那些以前从未思考过的可能性。在这个以"AΘHNA"（雅典）为模具进行创作的过程中最意外的收获，也许就是一首由我9岁的侄女贡献的独特的五行诗，当她被问及我写作的意义时，用一两分钟时间在纸上写下了她的理解：

A	Αθανατη	A	她
Θ	Θεα	T	出现
H	Ηταν	H	如同
N	Νωριτερα	E	一位
A	Αυτη	N	不朽的
		S	女神

有非常直接的证据证明，在神话、种族的绵延不绝和原始的起源之间，有着某种关联。对于建筑创造的过程来说，两种广义的朦胧值得借鉴：（1）"原始"的朦胧；（2）"如冬眠般未曾触及"的朦胧。第一种是高度私人化的，随着时光的流转，历史、传统以及一个民族的无意识集

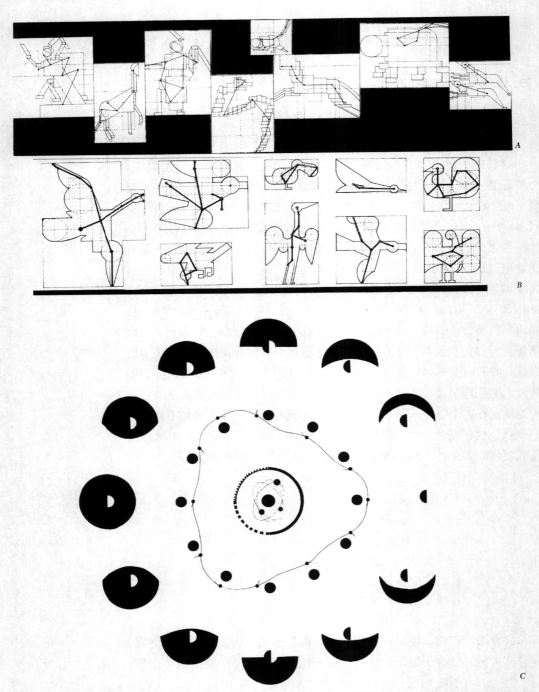

图5-1　通过对星座的抽象和几何分析来激发想象力。A. Huyhn Kim-Hang；B. 兰德尔·布朗；C. 蒂姆·约翰逊。来自乔治·金托利的三年级设计班，阿灵顿，得克萨斯大学，1988年

体行为都可以掩盖它。第二种是客观存在的；它具备物理特征，但是，人们从未见过或者留意过它。它可以成为创作过程灵感的源泉。

　　这两种"朦胧"都具有无比强大的生命力，因为借助这两种方式，我们可以创作出一些早在远古时代就已经萌芽了的作品。现在，让我们来深入认识这两种朦胧形式。

原始的朦胧

　　我们不停地用"设计局限"这样的词来指代影响设计的参数或者变量。我们倾向于"局限"这个术语，因为它更形象地描述了某个变量或参数带来的"限制"。任何形式总是这种"素质"产生的结果。在影响设计的限制当中，就包括一些不可感知的因素，令人百思不得其解。原始的朦胧就是这样一种限制。原始的因素是"朦胧的"，因为它们深藏在每个人的"懵懂之初"。即使是那些在这样的限制之下生活并形成其个性的人们，对这些限制也经常无法解释。只不过大多数人并没有意识到这种限制在潜意识中产生的影响。神话、宗教信仰、风俗和迷信、礼仪和仪式、颜色的使用和偏好、对风景的欣赏、对空间的整体概念以及语言和对语言的使用，都属于这类局限的主要内容。

　　当人们变得更加世故，更热衷于追求眼前的价值，这些局限就淡出了人们的视野。朦胧的证据（每个民族最初如何认识这个世界）只

图5-2　"废墟"的美学和活力是一个令后现代主义着迷的话题，是存在于希腊的现实。奥迪塞乌斯·埃里蒂斯（Odysseus Elytis）在一首希腊语诗中写道："我从废墟中，创造了自己的土砖。"

是残存在少数人的记忆中，沉睡在图书馆和博物馆里尘封已久、少人问津的典籍当中。

在今天这个多元的社会里，不同文化之间的差异把朦胧的体积放大了好多倍。大量的文化差异（包括认知差异）被证实的确存在，朦胧的方方面面争相显露出来，大大增加了建筑师的工作难度和设计过程中的工作量。建筑师必须比以往更加努力去了解客户，并得出合适的解决方案。忽视了朦胧的建筑师，不可能为他们的客户提供相应的服务，同时也剥夺了自身为设计中遇到的问题提供创造性答案的机会。为运用朦胧所付出的努力将会获得报偿，并且能够取得非常富有创造性的结果，在一个多元的环境中，情况尤为如此。我们不提倡建筑师从弗洛伊德或其他分析意义上去理解人们具有的种种多元文化特性；这是心理分析学家、研究文化的学者和医学工作者的工作。建筑师仅仅需要观察、尊重并接受其他人的发现，无论这种发现是什么；他在设计时应该牢记这些发现。超出自己的本行去尝试其他专业人员的工作，这无疑是十分冒险的事。

已经由环境心理学专家研究过的某些局限，是任何一个研究朦胧的人都绝对不能忽视的。这些局限是领土欲（需要界定和保卫自己的空间）和空间癖（对场所的热爱）。其他事物，如与建筑实践有关的仪式和礼仪，以及其他更有意义的风俗也可以被直接处理，甚至为某项工程的概念解释提供线索。如果建筑如我们所相信的那样，真的是一种文化的标记，建筑师就应该植根于特定的文化、群体或他在为之设计的客户。了解尽可能多的风俗，并且探讨它们对过去那些设计的意义，这对青年建筑师将大有裨益。例如，过去在许多文化中出现的、在建筑奠基时所用的祭品，在今天用什么来代替？人们如何兼顾某个客户为确保他的建筑"固若金汤"而提出的迷信要求？在一个客户的血脉里流淌着什么样的古老神话？客户是个"异教徒"吗，或者他／她是一个更现代意义上的"信奉宗教"的人？

诸如此类的问题比比皆是；人们唯一能做的就是提出这些问题，然后一个方案接着一个方案，一个客户接着一个客户地进行研究，从中寻找答案。当我们研究这些问题时，我们才开始相应地意识到客户赋予每个特定条款和设计的意义，因为例如，一个当代希腊人，他从小就看着一望无际的地平线和广阔的海洋长大，习惯了用他的眼睛"拥抱"自然，如果为他的住宅设计一个狭小的开放空间，那将是一件隔靴搔痒的事。

涵盖原始朦胧的一种好方法就是系统地处理它们，并且从那些具有广泛意义的问题入手。因此，我们建议按如下顺序进行研究：

1. 神话；
2. 习俗；
3. 仪式和礼仪（特别注意那些与建筑活动有关的仪式和典礼）；
4. 宗教因素；
5. 描述特定方案的语言线索和词汇的起源；
6. 形形色色具有独特重点和意义的话题（如颜色，对某些材质的态度）；
7. 特定客户是否对上面列举的任何"朦胧"因素有所偏好；

神话

　　一些文化中包含有大量动人的神话。应该鼓励学生们去阅读神话，而不论他们自己有怎样的文化起源，因为在维科（Vico）看来，所有神话都是想象力发展的源泉之一。

　　一个神话就是一个童话，是一个我们在童年时倾听后会信以为真的故事。它是我们的祖先用来解释他们无法解释的事物及其起源的方式；神话是他们对现象的解释，是对为了生存而必须战胜的灾难和敌人的解释。神话是对宇宙的第一个解释，这种解释通常是不科学的，但总是真实的，因为它是人类对宇宙做出的第一个理性的解释。神话与今天对功利主义的强调截然相反。摩诃婆罗多、吉尔伽美什、赫拉克勒斯、阿基里斯和尤利西斯、埃涅阿斯、瓦尔基里、Wainamoinen和《卡勒瓦拉》中的英雄、太阳和月亮、佛教和基督教的神话、太阳兄弟和月亮姐妹、默林和英国人的出现……九头怪蛇、龙、武士、瘟疫和洪水、疾病和天灾、日本武士的死亡，这些仅仅是我们耳熟能详的人类神话中的一部分。但是在这里，我们不会讨论其中任何一个。从讲故事的人（荷马、维吉尔、歌德、紫式部、芬兰的无名歌者、埃迪·汉弥尔顿、米希尔·伊利亚德）那里夺走这些神话并且据为己有是不公平的，学生们应该去读原著。

习俗

　　在对习俗进行研究时，我们不可避免地会遇到仪式和礼仪。在研究中我们甚至找到了与建筑、设计和施工实践直接联系在一起的习俗。维吉尔的《埃涅阿斯纪》（Aeneid）和约瑟夫·里克沃特（Joseph Rykwert）讨论与罗马有关的仪式和礼仪的旷世之作《城镇的概念》（The Idea of a Town）这两本书，可以让你大开眼界。地理学和文化人类学是研究习俗的最佳资料来源。如果建筑师恰巧和他的客户讲同一种语言，他就会在当地的文献宝库中找到更多的参考资料；世界上几乎没有哪一个地方没有土生土长的学者（他

女巫-魔法——
在希腊的建筑开工典礼上
用建造者的妻子和公鸡
来祭祀的仪式

在异教和基督教的习俗中同时存在，影响着建筑

驱魔的符咒：
"去死吧"

中国的风俗，旨在保护建筑远离妖魔鬼怪，在墨西哥也有类似的风俗

美洲印第安人的风俗，树（在建筑的最顶上放一棵圣诞树）

几乎是全世界的圣诞风俗

在建筑框架结构完工时，用树和十字架装饰建筑顶部

脊柱　胸　鼻子　眼睛　胃　嘴

带有人类学元素的非洲房屋图解。
根据唐·汤普森的素描，模仿普雷斯顿·布里尔，1983 年

夜晚　白天

模仿瑞典建筑师彼得·凯尔森（Peter Celsing）的立面图，他曾经研究自己的建筑在白天和夜晚的外观形象。作者模仿原作绘制的草图，原作呈现于凯尔森的展览——文化的房屋，斯德哥尔摩

埃里克·门德尔松（Eric Mendelsohn）绘制的素描和草图
他研究白天和夜晚的建筑最直接的证据（模仿布鲁诺·赛维讨论建筑师的著作）

通过宗教文献表现的朦胧

所罗门神庙（上）的抽象素描（右），暗示神指示了建筑和建筑类型。
古兰经里的"七重天"和"星座"，启发了伊斯兰建筑的形态。古老的证据准确地说明了所罗门神庙

棕榈树　PALM TREES

阿特柔斯金库

位于叙利亚帕尔米拉的 IAMVLICHOS 灵塔，公元 14－37 年

由 E·L·布雷设计的牛顿纪念碑（1728－1731 年），夜晚的星座和宇宙（上），白天的星座和宇宙（下）

泰姬陵

从沙迦汗对妻子的"爱"中受到启发，阿格拉，印度，1632－1654 年

图5-3　朦胧因素的直观总结

们通常是老师、退休的公务员，或者是信仰宗教的长者），无论这个地方多么小，多么默默无闻，而且这位学者一定写有一本关于当地习俗的书。这样的书通常是在那个地方最先写出来的书，可以被看作是当地文化的宝库。我们已经找到了设计者可以借鉴的六大类习俗：献祭的习俗、驱魔的习俗、供奉的习俗、善行的习俗、庆典的习俗和社会的习俗。

献祭：这些习俗与建造活动紧密相连。我们剥夺了一条生命（例如羊羔），是希望生命可以被转移到另一方（例如，土地将获得丰收）。与建筑相联系的献祭包括在基石上（希腊）或者在圆形住宅的中央立柱下（墨西哥、菲律宾）摆放动物牺牲。在古代，用人作祭品是非常普遍的（最近的纪录是在18世纪的希腊，一座桥的建造者用自己的妻子作为奠基仪式的牺牲）。

驱魔：这些习俗在中国、日本、非洲、墨西哥和菲律宾比较普遍。符箓被贴在建筑的关键部位（柱子下、地基里、楼梯和桥梁的拐角处），以此警示妖魔鬼怪。人们希望这种手段可以帮助建筑远离火灾、风灾和其他灾害。

各种这样的习俗直接影响了建筑形式：中国人和日本人养成了让桥转角90°的习惯，以便用唐突的拐弯驱赶各种鬼怪。

供奉：在建造的关键阶段（奠基、安放第一道梁、浇筑第一块石板），需要供奉美酒、食物或糖果以便巩固和"取悦"房屋和它的"灵魂"，以及祖先和建筑工人。在非洲，人们喜欢用棕榈树酿的酒供奉部落村庄的房屋地基。

警告和善行：不要伤害屋中的蛇，否则灾难将会降临（这样的蛇经常寄居在地下室，保护房屋免受老鼠和虫子的骚扰，保护储备的物资和地面建筑的清洁）。像《卡勒瓦拉》中Wainamoinen被告诫的那样，不要砍伐桦树；因为布谷鸟会在树上筑巢放歌，老鹰会在树上歇脚，甚至你也可以在它的树荫下小憩。如果猫头鹰拜访了你，这是一个好兆头（她会吞吃花园里的蛇和老鼠）。所以，最好种下一株柏树，因为猫头鹰可以在上面巡视你的花园，保护你的房屋。如果一家人的烟囱上有鹳筑巢，这会被看作是一种荣耀。鹳一年一度的造访意味着春天到来，它们的存在将确保某个农民的田地没有蛇害（在希腊、巴尔干和苏联）。

这些习俗对当地建筑的影响立竿见影：花园的面积，特定造景元素的安排，提供额外的壁炉以迎接鹳的到来，同时又保证室内不会流失太多的热量，在这些地方都可以看到这些习俗的影子。

庆典：这样的习俗通常会安排在建造过程的结尾，而且常常伴随着食物、舞蹈和美酒。人们用树、十字架和旗帜这样的符号来作为建筑工程完工的标记。十字架和旗帜显然具有宗教和民族的意味。树则是沿袭下来的风俗；芝加哥地区的高碳钢工人中曾经有许多印第安人，今天，他们把树放在完工的房屋顶上，象征家乡茂密的森林，因为他们来到城市找工作之后，就失去了那一片绿色。对于美国人和其他许多地方的人来说，树也是团结的象征。

近来的典礼习俗是由开发商、房地产所有者、建筑师和房屋主人共同举办的对外开放日；借这个机会可以向公众、未来的买家、客户、杂志编辑和朋友们展示房屋。这也表现了那些对建筑过程颇具影响力的公共建筑赞助人的团队自豪感和公德心。

社会和地区动力：在古代，这些习俗通常都有很残暴的结尾——以人祭奉。雅典共和国每年都要向克里特岛国王供奉童男童女以供弥诺陶洛斯吞吃；在古埃及，人们把年轻女孩推入水中祈求尼罗河的平静，这些都是这种习俗的典型例子。其他一些公共习俗则有欢乐的结尾，所以在许多地方沿袭了下来。如果人们没有考虑这些习俗，就不会有为了各种节日（圣诞节、主显节、圣卢西亚日、劳动节、端午节）期间的广场舞蹈和户外庆典而留出公共空间。如果人们没有考虑各种地方性和公共习俗的要求（这些习俗在所有文化中都大量存在），那么城市设计和户外建筑就会变得更加拙劣。

仪式和礼仪

仪式和礼仪通常与习俗有着千丝万缕的联系。很久以前它们就已存在，而且一直被当作与众不同的体验，用来丰富我们的生活。信奉宗教的人、不信奉宗教的人和生活在城市里的人，都可以举行各种仪式和礼仪，它们常常也是建立等级制度的方法之一。在一定的历史背景下，它们会成为生活这部戏剧的组成部分。

仪式常常和进行建筑的过程以及某些场所里举行的活动相联。它们号召人们正确地连接建筑的不同元素。门槛、入口、公共喷泉、王座室、神龛、祭坛是举行表演性仪式的空间，这些仪式把外部世界与使用者统一起来。这种空间的存在、形状和比例会期待并且鼓励特定的活动。仪式可以在小型建筑中举行，也可以在大型建筑以及城市建筑群中举行。公共浴室、俱乐部、宾馆、度假圣地是更为人们所熟知的场所，文学和电影作品对这些地方举行的仪式作了最好的描述。其他空间用来举行家庭仪式，具有绝对的私密性；餐厅、卧室、私人书房，都被看作是进行烹饪、性活动和工作的空间，这些重要的人类活动的神圣起源，已经由米希尔·伊利亚德讨论过。在图5-4中，我们对仪式和空间中包含并相

			场所	仪式－活动
历史的	小规模的	传统的经常被忘记的	"门槛"	进入时弯腰，表示尊敬，恳求
			大门 〈 建筑物 / 城市	认同，表示尊敬，得到入城的钥匙
			入口	保护城市或辖区。保卫领土，可以对敌人表示友好和欢迎
			喷泉	饮水、休息、放松、洗手 洗礼、净化、复活
	大规模的	建筑和城市类型	流通	运动的节奏。行进中的步调，体现等级关系。横向－纵向。时间安排，游客－居民
			公共浴室 俱乐部 度假小镇	罗马人、日本人、穆斯林 男人、学者、商业、娱乐 旅馆礼仪、娱乐场所礼仪、矿泉浴。时间安排、服饰规范
	独特规模		茶坊	"门槛"仪式，弯腰，低矮的入口，全部仪式活动
当前的	家庭		用餐 睡觉 工作 娱乐 待客 户外运动	详细展现了各种不确定的建筑时期、风格、经济以及与外界的关系。这样的活动经常受到在国外看到的异域仪式的影响
	工作场所		接待 工作站 休息时间	身份、杂志、声音、"形象氛围"、个性化，区域共同的工作礼仪
	永恒的先例		修道院 大学	由整个礼仪规范决定的大规模建筑群的范例

图5-4 礼仪和空间的交互性因素

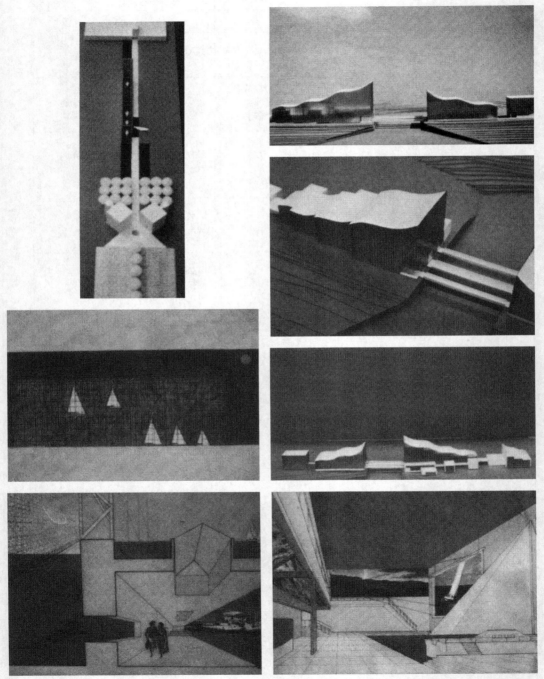

图5-5 "夜晚"、"天空"、"水"和"微风"的诗学。位于得克萨斯州达拉斯市的帆船展览所使用的棚架。取材于作者位于阿灵顿得克萨斯大学的工作室。左列：埃里克·贾克米尔（Eric Jakimier）；右列：H·苏莱曼尼（H·Suleimani）

互促进的各种因素（规模、建筑类型、活动）作了一个直观的总结。

对于执行特定功能的建筑类型，如教堂、犹太教会堂、神庙，如果我们不了解仪式和礼仪对它们的要求，就不可能构思出正确的建筑。大型建筑群的著名先例是修道院，在那里，整个建筑群的连接和各部分建筑，主要是由日常生活的仪式所支配。在世界很多地方，大学校园仍然保留着它的礼制机构。我们认为，它是大型建筑群的最"完整"的现代范例，在这里，仪式和整个建筑群的形式依旧紧密地联系在一起。但是，大学中仪式的举行频率并不像在修道院里那么高；在后者中，每天都要举行仪式（各种礼拜仪式，召集修道士用餐，日常活动）。在研究这两种建筑形式时，人们应该注意"仪式－礼仪"对整个建筑群形式的影响。

我们认为这两类建筑都值得在文献中留下更浓墨重彩的一笔；它们所体现出的宽容、多元化和民主，可以帮助人们实现包容性的目标；虽然学者和设计老师都最喜欢把宫殿（它是权力的象征）这种大型建筑作为仪式—形式之间关系的范例来讲述，但在宫殿身上，却难以发现宽容、多元化和民主，以及包容性目标。

从仪式的意义上讲，小型建筑有自己需要注意的地方。抛开日本人生活中独特的礼仪（穿合适的和服，脱鞋，从很低矮的入口弯腰进入某个场所）去设计日本人的住宅，或者在对茶道及其相关事物一知半解的情况下来设计一个茶坊，都是令人难以想象的事。

楼阁、露台、草坪、花园、建筑的整个室外和室内环境及其连接，这些都是可以提升日常生活中的仪式和礼仪的建筑要素。如果我们注意并且思考这些组成要素，我们就会涵盖很大一部分区域，否则这些区域就会被人遗忘。但是，有策略地达到这样的要求也并不是一件难事。只有当建筑师寻找那些被人们所期待的，或者是一经"发现"或者引进就可以被人们所接受的，但又不十分明显的礼仪规范时，才会遇到困难。不幸的是，许多人总是不情愿接受那些可能让生活方式更有美感，也确实更健康的事物，如仪式和礼仪。对这些事物的合理数量，建筑师必须特别警觉，并且适当使用，如"绕行时合理的冗余步数"，"室内楼梯合理的阶数"，"提供与仪式特性相符的照明和音响效果"等等。

把仪式纳入建筑并以此作为丰富设计的媒介，在这样做时所面临的主要困难，是现代人对于任何非功利主义事物的态度；他们认为这样做是对时间和金钱的浪费。显然，这种态度在绝大多数人中间广泛蔓延。当然，建筑师不能把其他的生活方式强加给别人，无论这些生活方式是多么的有益。然而，作为建筑师，我们应该不懈地努力，希望有一天环境会变好。

图5-6　把宗教与人类起源的传说统一在一起。洞穴的黑暗和希望的光芒；对上苍的庆祝和赞美。位于赫尔辛基的塔伊瓦拉蒂教堂（Taivallahti Church）。建筑师，提摩和多摩·索玛莱伦（Timo and Tuomo Suomalainen）

　　也许建筑师并不是总能把自己的建议与熟悉的仪式活动联系在一起，他的一些想法也许会听起来莫名其妙。例如，不是每个人都准备接受房屋中的茶道比喻或者仪式气氛；但是，大多数人更容易接受基于用餐、听音乐、款待朋友、为孩子们举行晚会的礼仪，或者就客户所属的文化或者商业团体每年举行的宗教或社会礼法所作出的解释。真正用心提高客户生活质量的优秀建筑师，也应该利用可以促进友好往来和交流的仪式。精神宣泄、返老还童、复兴、新生活、繁荣、喜悦、对历史和过去的追忆，这些经常都是仪式和礼仪活动所产生的附加效果。富有创造力的建筑师必须积极寻找礼仪活动，仔细列出它的要求，并且努力把它融入自己的建筑当中。这种包容会提升任何一座建筑的生命，无论它是最朴素的土坯建筑还是富丽堂皇的豪宅，也无论它是公共建筑还是整个城市。

宗教因素

　　如果客户信仰宗教，委托建筑师按照特殊的宗教要求设计一座建筑，那么宗教因素就显而易见了。但是，我们所处的是一个多元的、民主的社会，在日常的建筑实践中，在更多的情形下，问题远没有这么简单；在委托任务时，通常不提"宗教偏好"。富有创造力的建筑师必须谨慎、细心，并且要敏捷地捕捉潜在的宗教感情，因为这种情感经常不会公开表达。能够发现并且在设计中满足这些潜在的要求，可以让客户的生活变得更加丰富。作者在和希腊东正教客户的合作中，有过这样的经历，他们虽然没有明确地说到对信仰的忠诚，但是，如果设计师秘密地布置一座圣像屏帏和一个放蜡烛的角落，而这些地方只有主人才知道，那么，他们会非常高兴。

从更广泛的意义上讲，今天的宗教比过去的宗教花样更为繁多。对于许多人来说，工作或者体育运动就是他们的宗教；对于许多单身爸爸和单身妈妈来说，孩子就是他们的宗教；对于更多的人来说，钱就是他们的宗教。优秀的建筑师必须发现所有这些嗜好，以一种开阔的胸怀，设计出反映客户独特需求的方案。

语言线索

绝大多数词语都隐藏了它们的本义。建筑师要做的首要工作之一，就是寻找工程类型的词源（Etymology），去品味和考虑主要的词汇。他／她可能会从中发现最理想方案的线索。我们拿"etymology"这个词来举例。它是来自希腊语的合成词，由两部分组成：单词"etimos"，意思是准备好了的；单词"logia"来自单词"logos"，指的是词汇的科学。所以 etymology 的意思是"词的现成意义"。它承诺将会告诉我们词的意思，但大部分是通过词的本身来释义。

对于建筑师来说，好字典就像睿智的头脑一样必不可少。如果建筑师在某个词上卡住了，应该准备用其他的词说出来，甚至用一句话解释一下。对词一步一步进行词源分析，经常从一种语言跳到另一种语言，可以帮助建筑师找到词的起源，它原始的、基本的使用方法，它的本义和内涵。在大多数情况下，我们这个时代所使用的词汇，都是从人类早期语言演化而来的。

我们不得不再次指出，我们并不倡议让建筑师或设计师都成为语言学家。实际上，建筑已经为其自身宣称的解释的晦涩难懂吃尽了苦头。我们只提一个小小的要求：当建筑师在为一项工程工作的时候，应当找寻一本好的词典，并认真考虑语言线索。他们这样做将会获得最为丰厚的回报，这也是走进"朦胧"和原始王国的第一步，是打开城门的钥匙。

各种各样的话题

景观对人们施加的影响是特别巨大的。土壤的颜色，从树叶的缝隙间洒下的阳光，一望无际的地平线，对天空有限和无限的认知，土壤散发的"气味"和周围的声音状况，鸟儿的叫声和颜色，宁静与喧嚣，还有大部分时间内的温度，都会使一些人喜欢生活在某个地区之内，而另一些人喜欢生活在某个地区之外。所有这些因素都会对人们在建筑设计的某个具体项目上所持的态度产生决定性影响。主要是因为原始景观（人们的祖先生活时的景观）对他们的影响，因而他们对以下内容褒贬不一，各自有所偏爱：

颜色（墨西哥－美洲印第安人）；
材质（日本人、北美人）；
声音（希腊人、法国人、德国人）；
远景（希腊人、新墨西哥人）；
室内与室外（地中海人与斯堪的纳维亚人）；
开阔与有限的空间（美国人与日本人）；
内陆选址与海边或湖畔选址（大陆居民与岛上居民）；
上与下（因为山地地形，所以希腊岛屿上的居民喜欢室内平整）。

建筑师必须认真研究所有这些话题，并且征求客户的意见。请客户搜索他们童年的记忆，他们经常玩耍的地方，经常穿的颜色，描述过去关于颜色的记忆，童年的游戏，学生时代的探险和远足，对于儿时的住宅正面或负面的记忆，地形，对社区里重要建筑的印象。有一本文献里讨论了这些话题，但是它的讨论比较零散，需要有人不辞辛苦去寻找，并且和当初一样花力气重新整理和定位。在本章的最后部分，我们要为几个话题的研究提出拙见。

接纳吸收的倾向

我们赞美其他人的住宅、见到的建筑和拜访过的国家，这样的赞美到底有多少次呢？有些人是非常开放的，积极加入"东方之友"这样的俱乐部。对接纳吸收的潜在偏好，对于建筑师来说是非常有意义的线索；它们常常能够提供一些使某个设计变得私人化和真实的品质。把阿尔托的某一条原理融入一个具有"芬兰情结"的设计中，这并不是一件难事。在为喜爱日本的人设计的某个作品中，营造一个简约的氛围，这同样也易如反掌。

但是，建筑师必须谨慎；人们不会总是公开他们的接纳吸收倾向，因为他们知道自己的伙伴经常不赞成外来的影响。而且，他们也不清楚自己想从其他文化中得到哪些东西，而常常只是满足于在其他国家看到的视觉符号——榻榻米、墨西哥宽边帽、希腊毛毯。建筑师可以详细阐述对这些倾向的"认识发现"，引导客户讨论其精华部分，与他们一道重新发现它们在手工制品或建筑的制造中产生作用的意义和原理。建筑师应该以一种宽容的姿态，毫无保留地详细阐释各种主题，在设计中根据客户的需要赋予其新的内涵，从而通过设计把这些主题传达给客户。这就是把外来的和多元文化的因素融入一个实实在在的设计当中的实例。富有创造力的建筑师应该在这个方向上仔细寻找机会，发现客户的潜在接纳吸收倾向，避免直接抄袭和原原本本的模仿，在这个过程中作出具有原创性的设计。

"如冬眠般未触及"的朦胧

许多有形和无形的境况（如情感、感情），都还没有在为建筑设计进行的探索中涉及。设计老师必须督促学生为设计方案确认和处理这样的主题。这些模糊的视角在其他艺术门类，如诗歌、文学、音乐和电影杰作中早已经出现。探索夜晚的"气氛"、情感和环境的大师埃德加·爱伦·坡（Edgar Allan Poe）所持的态度，以及世界上有些地方（如斯堪的纳维亚半岛）在一年的大部分时间里都被黑夜笼罩这样的事实，都能够激发人们对设计的探索。激励学生们坐在门廊上思考夜晚，或者白天向夜晚过渡的那一辉煌的瞬间（或人造光线），或者让他们思考在不同天空和大气条件下夜晚的深奥和动态的变化，也许比参考任何关于光线和照明的教科书都更有启发性。

一个学生在他的写生簿中写道：

　　……我坐在门廊上，喝着啤酒，听着我的CD在播放《南极物语》。那时是春天，4月18日，时间大概是在8:15或者8:20左右。突然，随着太阳的慢慢下坠，我感觉到另一个太阳从我背后的房间慢慢地升起，穿过门和蚊罩，爬到了我左脸颊这边。一束光线——日光——渐渐消失了，另一束光线——房间中被遗忘的灯光——正在慢慢填充着房间里的光线环境。这一过程没有持续多久，仅仅几分钟而已。当我意识到这个我还从来没有经历过的情形时，一切都已经结束。外面完全黑了下来。只剩下屋里灯泡的亮光。蚊子出来了，我走进了屋内。

我要求学生珍惜这段经历，并且努力在他的某一个设计中表现它。他的下一个公寓设计中出现了一连串相连的门廊，以便使其他人能够感受到另一个《南极物语》和光线的米哀奴小步舞这样的短暂奇妙的转换。

设计理论研修班为研究冬眠式的朦胧提供了最好的机会。在研修班里，学生们有充足的时间做研究；可以和其他同学讨论各自的想法，有更多的想法在思想的碰撞中产生。这些发现可以融入今后在学校和生活中所作的设计里。工作室，除非是有很多时间进行研究的主题工作室，否则，它就不是进

泰姬陵，阿格拉，印度，建筑师：佚名，这是一个男人对妻子的爱所激发的建筑当中最著名的一个

"帕提农神庙"："贞女的殿堂"出于对雅典娜——智慧女神的热爱和尊敬而修建的神庙

伊势神宫：日本最神圣的圣祠，其修建是为了纪念因为通奸而被处死的19岁的公主。这座庙宇每19年重建一次，象征这位公主美丽永恒

Aghtamar：美国的伊势神宫。一座"美丽的"建筑——为放逐深爱的妻子而建造的"监狱"（女修道院）。湖心岛上的女修道院和教堂

海德堡的伊丽莎白门庆祝19岁的花样年华

位于瑞士的**卢塞恩狮子**，这件艺术品从对英雄的热爱中获得灵感

范斯沃思住宅由密斯·凡·德·罗设计

位于达拉斯的**感恩礼拜堂**；人们总是出于对神的爱而修建一些建筑建筑师，菲利普·约翰逊

图5-7　爱是激发建筑的一个动因（泰姬陵和Aghtamar教堂草图，摘自Henri Stierline的《世界建筑大百科全书》。纽约：凡·诺斯特兰德·雷尔德，1983年）

行这种研究的最好平台。在我们为进行这种研究不时推荐的主题当中，最
成功的是那些探讨了人类最熟悉的情状与建筑之间关系的主题：

> 爱与建筑；
>
> 离别与建筑；
>
> 等待与建筑；
>
> 建筑和鸟的歌声、涛声、雨声；
>
> 建筑和嗅觉：花、花园、香味；
>
> 夜晚、天空、水和微风的诗学；
>
> 恐惧和建筑；克服恐惧的环境；
>
> 动物的建筑：巢、环礁湖、洞穴；
>
> 小岩石上的居住地；
>
> 受到宗教文献约束的建筑和景观。

所有这些话题所涉及的内容（爱、居住、恐惧、满足感），自古以
来就始终伴随着人类。奇怪的是，虽然直接从这些主题获得灵感的建筑
为数不少，但是，人们很少知道它们在建筑实践中所起的作用。图5-7
总结了历史上为了爱而完成的建筑，如果没有这种力量的驱使，也就没
有它们的存在。它让人们享受到了触手可及的财富，并且暗示，如果对
建筑的品评从人类的这些情状入手，那么，它就将对未来"人性化"的
建筑发挥建设性和激励性的作用。

我们不去进一步详细论述以上推荐的主题，因为我们不想侵入学
生自己通过对原作的研究去发现它们的动态过程。他们必须通过一门针
对这些问题的课程来亲身体验。亲自去阅读神话，而不是去听别人的转
述，这对他们也同样重要。

小结

人们已不再关注那些对待宇宙的古老态度，其他价值和"现代"的
生活方式把它们变得"朦胧"了。在本章，我们探究了我们原始的信
念，建议重新发掘它们，并把它们融入设计过程当中。神话、习俗、仪
式和语言构成了"原始朦胧"的基础。但是，建筑从未尝试过的其他任
何角度，也被认为是属于"朦胧"的一个独立范畴。我们积极努力，以
比较有利的"朦胧"因素（如"夜晚与建筑"和"爱与建筑"等）作为
切入点来审视建筑，以此加强这个渠道。

参考书目

Antoniades, Anthony C. "Evolution of the Red." *A + U Architecture and Urbanism,* May 1986, p. 29.

———. "Humor in Architecture." *Technodomica,* August 1979.

———. "Athenas Mitra" (Matrix of Athens). *Sygchrona Themata,* 27 (June 1986).

Blier, Suzanne Preston. "Houses Are Human: Architectural Self-images of Africa's Tamberma." *Journal of the Society of Architectural Historians,* 42,4 (December 1983).

Candilis, George. *Batir la vie.* Paris: Stock, 1977.

Eliade, Mircea. *The Myth of the Eternal Return.* Trans. Willard R. Trask. New York: Pantheon, 1954.

———. *The Sacred and the Profane.* New York: Harcourt, Brace and World, 1959.

———. *Ordeal by Labyrinth: Conversations with Claude-Henri Rocquet.* Trans. Derek Coltman. Chicago: University of Chicago Press, 1982.

Hamilton, Edith. *Mythology: Timeless Tales of Gods and Heroes.* New York: Mentor, 1940.

Ishii, Kazuhiro. "Intentional Regression." *Kenchinku Bunka,* July 1975.

Mead, Margaret. "Creativity in Cross-Cultural Perspective." In *Creativity and Its Cultivation,* ed. Harold Anderson. New York: Harper & Row, 1959.

Oates, Joyce Carol. *On Boxing.* Garden City, NY: Doubleday, 1987.

Oliver, Paul. *Shelter, Sign and Symbol.* Woodstock, NY: The Overlook Press, 1977.

Porphyrios, Demetri. *Sources of Modern Eclecticism.* New York: St. Martin's Press, 1982.

Rykwert, Joseph. *On Adam's House in Paradise.* Cambridge, MA: MIT Press, 1981.

———. *The Idea of a Town.* Princeton, NJ: Princeton University Press, 1976.

Vico, Gianbattista. *The Autobiography of Gianbattista Vico.* Ithaca and London: Cornell University Press, 1944.

Whitehead, Alfred North. *Symbolism: Its Meaning and Effect.* Barbour-Page Lectures, University of Virginia, 1927. New York: Capricorn Books, 1959.

第六章 诗歌与文学

亨利·米勒（Henry Miller）笔下的巴黎，堪称是城市环境速写里的上乘之作。如果巴黎还没有被建成，那么天才的城市设计师也许会按着他的描写创造一个巴黎。狄更斯也这样勾勒出逝去的工业伦敦；如果人们想了解复杂的多元文化统治下的近代美国，可以去翻翻理查德·布罗提根（Richard Brautigan）的著作。毫无疑问，作家从生活的很多侧面给人们带来灵感，因为最优秀的作家记录了他们所观察到的，或者所感受到的生活，尽管许多人为了掩盖这一点，试图在自传体作品中隐姓埋名，并且努力让人们相信故事是虚构的。对于依赖直觉的建筑师和建筑教师来说，文学和经典作品是必不可少的工具。但是，文学有时是如此的直白，以至于没有留给学生诠释的空间。我们来看一看诗歌与文学作品在建筑中的运用。

诗歌与文学作品的运用

诗歌和文学作品对设计师来说是很有帮助的，它们既可以参与教学，也可以给创作带来启发。在教化方面，它们以如下的方式发挥作用：

1. 通过观察那些决定特定文学或诗歌作品结构的规则；
2. 通过观察作家和诗人表现经典情节，传递核心信息的方法；
3. 通过作家处理"神秘"和"惊奇"的方法；
4. 创作者所用方法的整体经济性和训练的数量；
5. 使用各种领域和场景时所赋予的意义；
6. 对语言的特殊使用，文字的结构以及文学画面的整体结构；
7. 节奏和韵律，以及作品中与节奏严谨和缺少节奏之间的对比有关的整体基调，或者处理时间因素的其他方法（例如古典时代和现代之间的对比）；
8. 对形式的强调与对意义的强调；
9. 作品（诗歌或小说）的整体基调，作为对其时间、地点的批判性评论，一部精雕细琢的作品，反映了传统智慧和人们对预期问题的整体态度；

10. 作家和诗人对他们作品的评论作出的不可估量的贡献，以及文学批评的贡献，与建筑美学紧密相关的高度发达的美学群体。

拉尔夫·瓦尔多·爱默生（Ralph Waldo Emerson）通过他那些以诗人和文学为主题的散文，探讨了诗歌和文学在人们对创造性表达和想象刺激的需求方面所产生的互补效果，从而成为这方面的先驱之一。近代，玛格丽特·麦克唐纳（Margaret MacDonald）在她里程碑式的文章《小说的语言》（The Language of Fiction）当中，强调了我们在上文谈到的诗歌和文学总体上积极的和育人的效果。麦克唐纳新近对下述看法提出了最有说服力的论证：文学作品应该具有"令人信服的真实性"要素，而不是完全脱离现实环境和创造文学作品的"人"的大前提。

"令人信服的似真性"这个概念而不是"毫无说服力的可能性"对于建筑有直接的应用价值，同时，它也暗示文学和建筑在很大程度上依赖于读者（客户）的接受情况，因为这两者都是为他们而创作的。没有合适的"接收者"，诗歌和文学将不复存在。读者如果无法在小说和诗歌中找到自己的影子，就不会再阅读它们。然而，显然不是所有的人都这么做。世界是由形形色色的群体组成的。群体与群体，文化与文化之间对事物的欣赏和观念存在着差异；思维形象、集体记忆以及对待客观与主观的态度也不尽相同。并且接收者的客观或主观倾向，也极大地影响了诗歌和文学作为启发建筑理念的方法所发挥的作用。

上述话题在文学批评著作中有详细的讨论，学习设计的学生应该留意这些著作，如果他们碰巧选择了这种获得创造力的渠道，那么在学习诗歌和小说时，他们就应该受到鼓励，亲自去观察。在这里，我们将笔墨集中于更有广泛意义的问题上，看看借鉴诗歌和文学作品对建筑究竟有哪些益处。

给予灵感

诗歌和文学作品可以以两大方式给建筑师带来灵感，即直接的方式和合成的方式。

直接的方式：直接的渠道出现在对文学中所描写环境的直译当中。当人们对文学作品中描写的形式和空间元素进行直接的视觉解释时，就会产生一种静态的直译。当建筑作品摆脱了直接描写，把重点转移到文学作品的"气氛"、"空间环境"和整体"要素"的抽象交流上时，就会产生一种动态阐释。

如果看看剧院里的布景设计，就可以理解这些概念：在舞台上，人们如果看到《罗密欧与朱丽叶》的剧本里勾勒出的阳台和街道，这样的布景设计就是对戏剧的直译。而在抽象的布景设计中，我们看不到可以辨认的物质元素，但是无论罗密欧和朱丽叶接下来将会遇到什么，我们都不会怀疑，这样的设计都将属于直接／动态的范畴。为了达到这种直接／动态的效果，人们必须找到并且努力理解诗歌或者文学作品中包含的"气氛"、"心态"和"感情"。

例如，对 T·S· 艾略特（T. S. Eliot）或者埃德加·爱伦·坡的发现（理解、认识它们的特定语境），会给建筑师带来无价的财富。以爱伦·坡这位著名的诗人为例，因为他的作品也涉及了美学，以及对诗歌的综述，所以，其创作方法很值得建筑师们借鉴。坡一直被认为是"给夜晚赋予诗意"的作家；他不厌其烦地描写夜晚，特别是黄昏时分，这是他赋予他笔下的场所以某种气氛的方式之一。建筑师也许会从中获得灵感，用空间和建筑语言来表现这样的场景，这时，他们就是在创造动态的，而非静态的作品。

合成的方式：我们把另一种使用诗歌和文学的方式称为合成式。在这种方式下，建筑师从他／她正在阅读（或已经读过）的作品中获得灵感，进而促使自己动笔开始写作。他为自己做笔记，潦草地记下自己的想法，或者更加系统地写成小说、写诗歌、记录格言，或者在设计之前或者之后，为了个人目的或者出版的需要，撰写关于设计的散文。

如果他是一位建筑学老师，他会为学生的设计方案开具设计"问题报告"。这些方法中的任何一种，都可以在设计之前或者之后使用，但是，建筑师在设计之前写作是最有好处的。当然，写作不可能也不应该代替同样应该重点强调的绘画。

作为创造性建筑设计的手法，合成方式的所有子范畴都曾经被偶尔使用过。与建筑师不懂写作或者建筑师不善言辞的说法相反，事实上，历史上绝大多数著名的建筑师的确执笔创作，而且很多人是多产的、卓有成就的作家（弗兰克·劳埃德·赖特、勒·柯布西耶、阿尔瓦·阿尔托、埃里克·门德尔松）。他们中的一些人甚至写过诗歌，并且经常把诗歌融入他们的理论性论文中，或者出于对诗歌的兴趣而拿去发表。勒·柯布西耶和约翰·海杜克就是两个广为人知的例子。

文学作品对当代建筑的影响

从 1970 年代中期到 1980 年代末，建筑"问题报告"作为一种文学形式非常流行。约翰·海杜克、鲁道夫·马恰多、乔治·西尔韦提和彼得·瓦德曼（Peter Waldman）这些老师–建筑师都是这方面的先驱。他们的纲要性陈述被集结成册，其价值与任何一本文学作品相比都毫不逊色；除了语言准确之外，他们的作品还具有鼓动性和开放性，从而鼓励人们按照自己的理解作出多种诠释。实际上，鼓动性和开放性是这些作品的主要特点，因为它们的目的不仅是为了挑战想象的极限，而且是督促人们批判性地思考个人与社会之间的冲突问题。

彼得·瓦德曼为他的学生们撰写的纲要，就是这类作品的例证。这些作品列举了各种各样的文学记录，它们传达了时间和地点的状况，并且循序渐进地向读者介绍了虚构客户Sigismundo和Malcontenta Malatesta夫人的秘密、喜好和个性。一个人关于一个时期或一群人的思维定势，如果以一种形象的、启发性的文学方式出现的话，就很容易把其他人也引入同一条幻想渠道当中。瓦德曼的特点包含了"似真性"，这是其他人（特别是学生）能够接受的基本前提。

约翰·海杜克的著作一向高深莫测，非常具有煽动性和鼓动性。他的问题报告被适当地贴上了"面具"这个标签。如果面具的秘密被揭开，就将露出真实的面孔、存在和通向建筑圣殿的光明大道。乔治奥·德·基里科曾经说过："除非是不可思议的东西，否则，我还能爱什么呢？"约翰·海杜克已经成为我们这个时代撰写建筑著作的斯芬克斯——这个斯芬克斯散发出令人欢愉的魅力。人们可能想知道，海杜克的学生有多少能够成功地解开这个神秘的结。人们一定想知道，海杜克的陈述所具有的醉人力量，以及它的神秘、高度开放和偶尔插入的诗行，是否将成为问题报告写作的永恒普遍的模式。我相信，虽然它可以挑战学生的想象力，但也把我们如此彻底地赶出了现实世界——而现实世界正是建筑角逐的舞台——它要求学生、老师和学校认真留意，好让其他地方或者其他工作室在应用方面和现实中的作品，能够引起学生们的关注。

据我们所知，鲁道夫·马恰多（Rodolfo Machado）已经写出了我们想要的这类作品中最好的范文，文中"天地合为一体"。他敏感的、高度情绪化的态度，与对待实用主义的严肃态度达成了一种平衡，而后者正是许多后现代主义教师所缺乏的。马恰多的态度一直是一种结合高度自律来制约的主观性。马恰多被自己的设计感动着，带着与他的设计具有同样原创精神的小说或散文，陪伴这些设计穿越了最深邃的想象空间。他给他的作品赋予了生命；他不仅创作了作品，给予它们勃勃的生机，他还扮演了未来的批评家或历史学家的角色，回头审视自己的设计，描述它们，评价它们，甚至悲叹它们的未来。

收入《建筑与文学》（Architecture and Literature）一书中的马恰多的文学三联画，也许是建筑／文学互补性力量的最好证据。这部作品的后记，也许是他最好的总结：

> 小说是追求另一个现实的表述，这个现实与绝大多数已经建成的现实都不相同；在那里，修辞可以让读者随心所欲地得到他们想象中憧憬的事物……
>
> 我们不是都渴望把现在还不存在的东西变成现实吗？

马恰多追求的许多东西，都有赖于小说的虚构性，也就是亚里士多德所说的"似真的不可能性"。如果小说要把建筑师引向了"不真实的不可能性"，那么，我们就会陷入一个绝对不可能、不大可能、也许最终令人失望的境地。这样的途径不值得借鉴，人们应该以强烈的怀疑态度看待这些作品，而不要管人们已经对它们进行了怎样的宣传。在我们看来，这种"不真实的不可能性"的典型，是建立在埃森曼小说基础之上的整体建筑，他所提议的"移动的箭、爱神和其他错误"（Moving Arrows, Eros and Other Errors），就是对此进行的最好演示，这个提议的基础，是他对想象中的维罗纳的罗密欧与朱丽叶城进行的虚拟的理论构建（解构－重构）。

由这些教师指导的学生所设计的练习作品，都具有很高的质量，考虑到这点，因此，我们认为那些虚构的小说切中了要害，而且产生了非常积极的效果。因此我们建议，建筑"小说"或者"故事"若要有益于学生，就必须满足以下条件：

1. 真正能够独立成为一部小说；
2. 小说本身的价值足以取悦人；
3. 既是个人的，又是普遍的；
4. 表现了对自我批评的内在需求；
5. 原创的、有思想的；
6. 有足够的煽动性、开放性和朦胧感，可以吸引读者积极参与其中。

现在的问题是，作为激发设计者的手段，哪一种文学形式更有力量——是小说、散文还是诗歌？

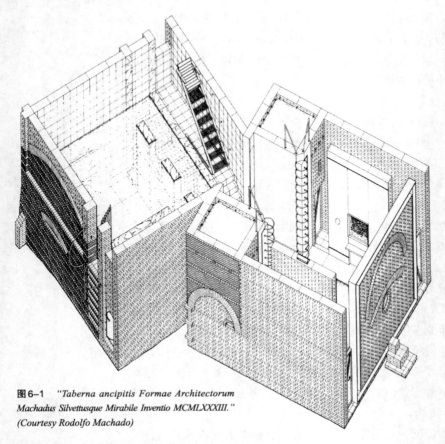

图6-1   *"Taberna ancipitis Formae Architectorum*
Machadus Silvettusque Mirabile Inventio MCMLXXXIII."
(Courtesy Rodolfo Machado)

诗歌比其他文学作品更具有优越性

在关于变形渠道的讨论中，我们已经知道绘图优于叙述。但是，在现在这个讨论阶段，我们并不否认，如果人们对情景的记叙或者描写非常在行，就会从中获得快乐和收获。我们应该用开放的胸襟接纳它们、思考它们，并且在素描中鼓励人们对这些文字描述作出动态的解释。最好的计划说明书总是以叙述开始，然后再把它们画成图纸。我们不想讨论这些。我们要讨论的是每个设计师都必须勤奋而又努力，让他／她自己在偏重于诗歌而外，也广泛接触各种文学作品，同时将注意力集中在他们本国的诗歌，以及他们的设计对象所在国家的诗歌。

让没有研究过《荷马史诗》的建筑师，设计出与希腊的生活方式和希腊的景观相符的作品，这是令人难以置信的。让每个建筑师、城市规划师、城市设计师、室内设计师和景观建筑师都不要去读维吉尔的《埃涅阿斯

纪》，这同样也是荒唐可笑的事。每一块土地上的史诗都提供了建筑式样的
原始基础，深入研究这些作品会让人们意识到，与这些诗人在他们的作品
中的描述相比，现在的情况并没有真正改变多少。继续采用尤利西斯宫殿
（Ulyssean palace）的简洁和华美（采用它的空间与反空间、庭院与上层住
宅，以橄榄树来支撑并且作为床的一部分，象征永恒的忠诚），而不是参考
与当地习俗迥然不同的其他地方设计的样式，这更适合希腊的气候和文化。

　　毕基尼斯（Pikionis）和阿利斯·康斯坦丁尼德斯（Aris
Konstantinides）是当代希腊众多最有思想和最有影响力的建筑师当中

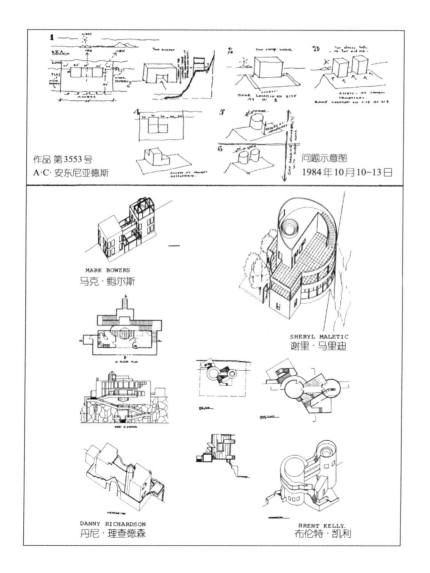

图 6-2　问题示意图
（Sketch problems），以
特定作家的作品中描
写的"周末休闲阅读"
为基础，而为作家设
计的周末休闲屋（引
自作者在阿灵顿得克
萨斯大学的第三年设
计室）

的佼佼者，他们都精通这两部希腊史诗，毕基尼斯对他的学生提出的批评建议，很多都是直接引用荷马的诗句。在使阿尔瓦·阿尔托成功的众多因素当中，如果没有他对自己民族的伟大史诗《卡勒瓦拉》的阅读，并由此获得他对祖国和家乡无比的自豪感，那么，他为芬兰设计的建筑也许就不会如此辉煌。而且，人们可以坚持认为，如果没有后来与他的传记作者、文学评论家戈兰·希尔特（Göran Schildt）的交往和友谊，那么，他的整个文学修养就不会有如此大的提高。弗兰克·劳埃德·赖特的情况也类似，他与自己的表弟，伟大的美国诗人卡尔·桑德堡（Carl Sandburg）的交流，在他身上留下了引人深思的永恒烙印。

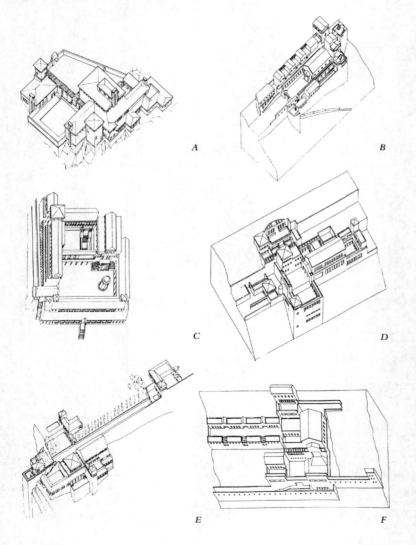

图6-3　奥德修斯的宫殿（Palace of Odysseus）。学生在读完《奥德赛》之后，根据文字描述提交的设计。A. 盖伊·奇普曼（Guy Chipman）。B. 辛-乔伊·翁（Hsin-Joy Wong）。C. 西恩·琼-塞欧（Shin Jung-Seoh）。D. 阿曼·阿卜杜尔-沙拉姆（Amran Abdul-Salam）。E. 吉米·克雷格·米约希（Jimmy Craig Miyoshi）。F. 罗海达·布拉西姆（Rohaida Brahim）

我们认为，诗歌相对于其他文学表现形式更具有优越性，但是与此相反的是，近来，更多的建筑文学作品采用的体裁是小说、散文、记叙文和长篇故事。对诗歌有限的注意，一直集中于精选出来的"史诗"性作品，如弥尔顿（Milton）的《失去的天堂》（Paradise Lost），我认为它是后现代主义时期人们最热衷于引用的、但却是错误的例子。这首独特的诗歌一直受到其他诗人的批评；埃德加·爱伦·坡发现，这首诗在写作手法的简练上比例失调，并对它的长度提出了批评，认为这首诗是由很多具有内在标准和内容的小诗组成，如果这些小诗独立成篇，会比冗长的原文更有力量。诗人以外的其他人，特别是建筑领域的人，也对其提出了批评，因为它提供的是一个"不知道在哪里停顿"的先例，为了毫无必要的冗长整体，而牺牲了其冲击力和偶尔让人赏心悦目的部分，让读者体味不到丝毫的"快乐"。尽管我们对文学的性质和所选择的诗歌范例持有不同的看法，但宾夕法尼亚大学美术研究所的杂志《VIA 8》的编辑们，还是把文学－诗歌－建筑的争论放在中心位置，为关于这一主题的讨论、辩论、参考文献和范例提供了舞台。这个杂志刊出的文章，把有比喻、朦胧和形而上学倾向的主要文学家（爱伦·坡、博格斯、埃科等）作为讨论的焦点，这是对未来某个时刻将要出现的文学－建筑关系所写的最好的绪论。

诗集：诗的调色板

学生和建筑师应该研究本国的诗人，或者是他们的服务对象所在国家的诗人。当然，他们应该谨慎地，并且有选择地进行研究。应该回避那些以描写、叙述和啰嗦见长的浪漫的、多愁善感的诗人，因为他们的作品已经"死气沉沉"，无处入手进行研究。那些深刻剖析环境、人群和自我的诗人，提纲挈领而又能一语中的，是让人醍醐灌顶、灵光乍现的重要源泉。希腊诗人最好的作品，都来自关于这个国家一切一切的秘密和旁经，来自土地、人民、欣欣向荣的艺术和建筑，语言和集体存在。从建筑的角度看，由狄奥尼索斯·索罗莫斯（Dionysios Solomos）、科斯提斯·巴拉马斯（Kostis Palamas）、安格洛斯·斯克里阿诺斯（Angelos Sikelianos）、康斯坦丁·卡瓦菲（Constantinos Cavafy）、乔治·塞菲里斯（George Seferis）、奥迪塞乌斯·埃里蒂斯、科斯塔斯·瓦纳尼斯（Costas Varnalis）和扬尼斯·里索斯（Yannis Ritsos）这些诗人所组成的集体，成为思考和描写希腊风貌和建筑的"天才核心"。

希腊诗歌凝炼了人们关于空间的普遍概念和理解，这些概念和理解是建筑的基础。读了乔治·塞菲里斯的某些诗歌以后，人们就会对建筑、人类尺度、环境影响的相对性，即环境的改变和人类工程学等方面所具有的"重要性"、"象征性"含义豁然开朗。乔治·塞菲里斯提纲挈领地特别提到了希腊各地的风貌和希腊建筑，最终让我们了解了"乡村"和"建筑"这两个私人和初始原型的复杂性、性情和不可理解性。

塞菲里斯之前的一些诗人，讨论了希腊空间的其他方面。科斯提斯·巴拉马斯在自己的诗歌中不断提到景观和建筑创造，并且在很多时候用到了建筑寓言。他通过建筑（"神庙"、帕提农、"岩石"、雅典卫城）来谈论希腊，它的伟大、它的艺术、它曾经的辉煌。卡瓦菲是一位歌颂"更辽阔的希腊疆域"的诗人，是为散居在希腊的犹太人写诗的诗人，他把这种散居现象的存在，归功于祖国希腊永恒魅力的召唤，在那里看不到疆界，没有地理或者历史的界限。

但是，其他诗人，如瓦纳尼斯和里索斯，为我们勾勒出希腊空间的其他细节：工人的聚集地、酒馆、夜间酒吧、咖啡屋、庆典、政治流放者的地方——换句话说，他们指出并表现了日常生活中的场所，上演喜怒哀乐的场所和空间，因此完成了希腊空间的轮廓。若论对物质世界和建筑的处理，很难挑选出一批比20世纪的希腊诗歌更加形而上的诗。既然建筑师是在空间中创作的最杰出的诗人，那么在创作过程中，他就必须从诗歌模型和志同道合的伙伴中寻找灵感和刺激，这种寻找，有时甚至就是他自己工作的起点。

在这儿讨论过的许多创造方法，在诗歌中都能找到。比喻和寓言出现在希腊诗人的大多数作品当中。卡瓦菲的诗歌建立在比喻的基础之上；这位诗人不断采用环境空间、城市、房屋、窗户、墙和街道这些元素，以便通过它们，表现出他所关心的心理和存在状态。在卡瓦菲的诗歌中，特别是在他著名的作品《城市》（The City）的整个展开过程中，人们会发现，他对文字、比喻的关注，与对感觉／经验的关怀非凡地结合在了一起。这些都是现实的各个侧面，也应该引起肩负创造使命的建筑师们的注意。

建筑师探究城市的真实性，或者探索独特性、知性要素、"房屋"、"窗户"、"门"、"墙"、"凹处"、"角落"以及工程施工当中的其他细部的意义；好的建筑师不应该坐享现成的"处方"，或者标准的解决方案。诗歌意义上的创造，就像简·莱斯柯尔所坚持的那样，必须具有很纯粹的开端，必须是"自由状态下的练习"（参见巴什拉笔下的莱斯柯尔，1969；也参见 Chang，1956）。人们不仅要掌握对纪律的认识、历史知识以及在对先

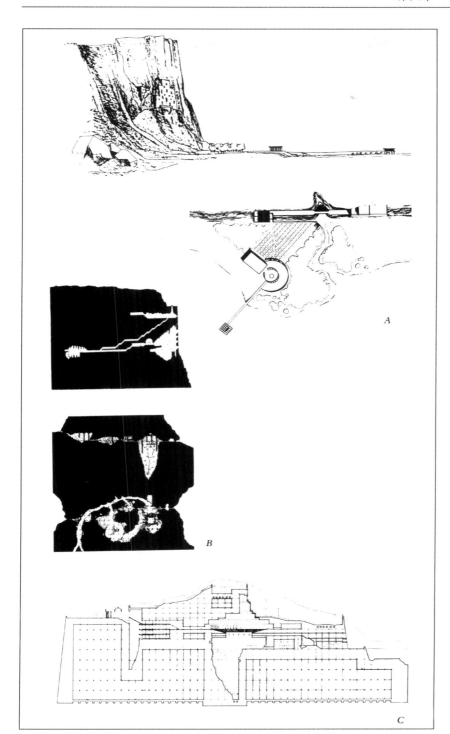

图6-4 希贝尔的洞穴和地狱：受维吉尔的《埃涅阿斯纪》启发做出的设计 A. 希贝尔的洞穴：罗海达·布拉西姆。B. 地狱：吉米·克雷格·米约希。C. 地狱：阿曼·阿卜杜尔-沙拉姆

例的研究中获得的知识，而且还必须同时"具备可以忘记平生所学知识的能力。不知道并不是无知的一种形式，而是对知识的艰难超越。"如果一位艺术家想努力实现"一个新奇效果的可能性，就不能创造他正在生活于其中的方式，"他必须"生活在他正在创造的方式当中"；诗人化的建筑师——也就是说，富有创造力的，能让人耳目一新的建筑师，他的确会研究别人，但同时也挖掘自己。他们努力看到问题的所有因素；看到建筑可感知和不可感知的方面。如果他追求的结果是要超越琐碎的蝇头小利，成为具有诗歌真谛的创造，独一无二的创造，或者关于自由的宣言，他们就必须知道什么是应该掌握的，什么是应该忘记的。

那些在希腊岛屿上留下了建筑的无名建筑师们，那些被阿利斯·康斯坦丁尼德斯认定是"人民"和亚历山大的居民，而非亚历山大大帝和他的城市规划师的建筑师们，打造了亚历山大的生活、风情和城市的唯一性，这座城市是希腊精神、民族信仰和生活方式的缩影。当我们在参考描写希腊人民的诗作时，我们仿佛是在参考他们自己对建筑提出的批评；所以，诗人代表了人民共有的心理过程；他们是集体精神的声音。希腊诗歌就成了收藏这些批评的宝库；当诗人开口讲话时，人们仿佛从中听到了全体人民的评论和思想。例如，瓦纳尼斯的《地下室酒馆》（Basement Tavern），就是过去一段时期里希腊社会生活的原型。

只有在适当的环境中，诗歌和文学作品（但是和文学相比，我们更相信诗歌）才能成为通向建筑创造力的非凡渠道。在以当代希腊诗歌作为范例进行讨论时，读者也许已经遇到了困难。但是，对于我个人而言，这是必要的，因为它代表了我所做的部分努力，努力去建立个人的"诗歌调色板"，从而为自己的建筑设计提供参考文献（图6-5）。当然，如果读者不是希腊人，对上面提到的这些诗歌也许就会是一头雾水；但是我认为，如果一首诗歌是精心挑选的，探讨的是永恒价值和大多数人熟悉的概念，那么，人人都会很容易就接受它，因为它可以让情绪和心灵兴奋起来。教师应该努力激发的正是这种兴奋，只有精选的、对学生设计有所帮助的例子，才能引起这种兴奋。

在跨文化的背景下，如果教师鼓励学生自己选择代表各自文化的诗人，这就仿佛是在帮助他们，让他们设计出的作品顺应他们家乡或者设计作品所在地的理性和精神生活，因为诗歌彰显的是一个民族共同的情感、一个地方共同的批判态度所具有的力量，生命就从它的体内诞生。

精通诗歌艺术的建筑师们，如果抽出一些时间，列出他／她自己国家的诗人和他们的杰出贡献，这并不难做到。当然，这样的研究不乏先例。

美国建筑师在这方面格外幸运，特别是因为有了杰出的华莱士·史蒂文斯（Wallace Stevens）。人们叫他"建筑师诗人"，因为他在创作中直接采用了建筑比喻，经常在诗作中提到建筑，甚至把它们用作作品的标题。史蒂文

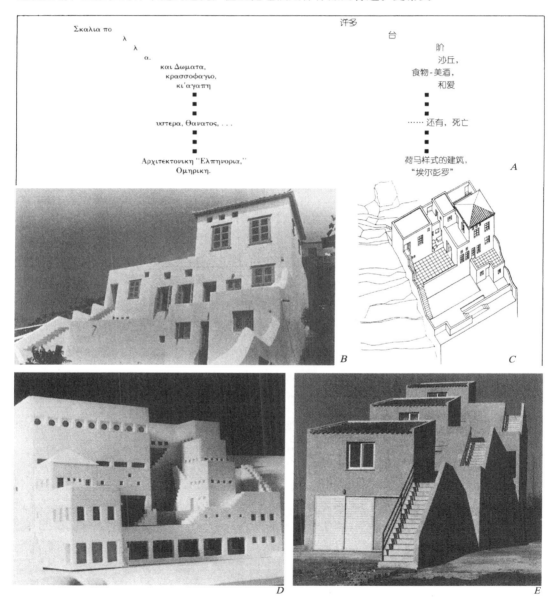

图6-5　《荷马史诗》中的形象描述，给埃尔彭罗建筑（Elpenorean architecture）带来了灵感，这是关于楼梯和露台的建筑，占据了天空的顶点与自由之间的重要位置，今天限制性的法规制约了这种建筑。来自《奥德赛》，作品B由帕普索迪·L设计，作品E的建筑师是作者本人，作品D是由作者的学生克里斯汀·佩奇设计

斯之所以对自然空间和美化景观的形式如此深信不疑，源自他所学的关于秩序的课程，后来，为了建立思想的景观，他也用到了秩序。

如果建筑师缺少（像史蒂文斯为我们提供的那些）现成的文学研究，那就必须完全依靠自己的摸索。从严格的文学意义上讲，他／她的研究也许不完全正确——毕竟，建筑师不是文学评论家——但是，他／她必须帮助自己，根据自己所认识到的诗歌结构，尽量为自己制作一个调色板。这种调色板可以方便未来的建筑设计，当他／她对其他人加在事物或思想之上的事物和含义的普遍评价有所怀疑时，也可以借鉴它。每个学生都可以建立各自的"诗歌调色板"；这项工作可以从设计工作室或者关于诗歌／文学的理论课程（即建筑设计研讨课）开始起步。

诗歌价值的普遍性

如果把建立诗歌调色板，看作是从国家或地区的角度对建筑担负的个人责任，那么，学习人们所说的诗歌的普遍价值，则可以让我们设计的建筑在整体上好得多，完全符合大多数人认同的和欣赏的永恒价值。我们必须理解诗人在作品中表现的基本智慧，以及能够体现诗歌最高价值的典型例子。每个建筑师都应该认真思考，在头脑中和实际的设计中反复加以演练，并把诗歌中观察到的规则和限制也同样视为他的目标。

以下是我们发现的一些普遍价值

1. 诗歌的形式与内容；
2. 构造诗歌的技术——韵律；
3. 诗歌与音乐的关系；
4. 包含社会内容的纯粹与浓缩（负荷）；
5. 方法的经济性（长与短）和期望的美学效果；
6. 不盲目因袭上述任何一种，也不盲从于把某种"独特性"视为优势或障碍的态度。

设计教师应该指导学生对上述话题逐一讨论，同时指出诗人和建筑师对相关话题的看法，以此作为具体的参考。我们没有发现哪一个关于这些条目的讨论，比埃德加·爱伦·坡的散文《对诗歌和美学的态度》（Attitudes on Poetry and Aesthetics）更全面。同样重要的还有他的另一篇散文《写作哲学》（The Philosophy of Composition）。

我也认为，我们不能错过重要和意义非凡的日本俳句，它不仅是建筑设计哲学的模型和哲学的精华，而且也是一个完整的原型，可以用来讨论艺术作品、艺术原则和精练手法等之间的关系。我认为，对于诗歌／建筑设计教学而言，俳句这种由十七个音节组成的诗歌，比史诗更有意义，尽管目前一些建筑作家和建筑教师更倾向于后者。

俳句的现实和比喻意义

我们之所以强调俳句，是因为这些诗歌无论描写什么，都一概摒弃了不必要的文字，同时，它们几乎总是给读者留下无数解释和想象的空间。毕竟，俳句和禅本身一样，是开放的。人们只能通过字面的意思和自己的理解去欣赏它，怎么样去理解都可以。它的力量是无穷的。人们可以根据一首短小精悍的俳句，完成所有的设计；俳句因此被认为是任何批评家为总结某个设计的精华和活力所作的最伟大的陈述。聪明的建筑师和聪明的人一样，都会理解这一点；在介绍事物本质的时候，人们不需要太多的文字。

> 古老一池塘
> 青蛙跳入水中央
> 扑通一声响！

这首俳句（这也许是所有俳句中最著名的一首）的作者是修禅诗人芭蕉，他的作品应该成为为了有创造性的设计而学习的学生必读的作品。因为芭蕉已经捕捉到了自然的本质，空间和无限的概念，短暂和永恒，以及生活和艺术的本质。他的俳句可以诲人，可以励人，可以动人；它们让设计师重新陷入思考，并且确信知道在何时停顿的重要性，当然，他们要掌握这条原则，将要花费毕生的大部分时间。

从纯粹比喻的角度来说，建筑师也许最终会立下雄心壮志，要用石头和灰浆创造他们自己的"建筑俳句"，并且把这样的大厦定为自己建筑创造的目标。像禅宗弟子一样，这些建筑师们可能不愿意谈论他们的设计，假装无知，并且希望能够达到创造力的涅槃境界。我们认为路易斯·巴拉甘、里卡多·莱戈雷塔、篠原一男和安藤忠雄（在小体量作品上）已经成为这样的俳句建筑师。密斯·凡·德·罗也许是最有魅力的一个，唯一不同的是，他明确说出了"少就是多"，而不是只在我们的记忆中留下了他设计的巴塞罗那展览会德国馆。

图6-6　已故路易斯·巴拉甘和里卡多·莱戈雷塔设计的建筑排句。A. 路易斯·巴拉甘，Egerstrom屋，墨西哥城，1967-1968年。B. 里卡多·莱戈雷塔，IBM大楼，瓜达拉哈拉，墨西哥

图6-7　位于威斯特湖的"Three Villages"购物中心，得克萨斯，建筑师：里卡多·莱戈雷塔

　　俳句或者其他形式的艺术也许要在情感中开发想象，并且鼓励设计师锻炼他／她的心理和批评机制，这对建筑来说是一种合适的"比喻"媒介。无论诗歌何时发展到巅峰，无论建筑师在何时能基于这种诗歌的原则和方法成功地设计建筑，我们都会获得艺术成就这种最高形式的共鸣。我们认为诗歌可以把它的俳句借给建筑，把它作为设计优秀建筑的比喻目标。

几点建议

　　我们当然不能科学地证明本章所讨论的普遍性。但是，当我们沿着通向建筑创造性的诗歌／文学渠道前进时，通过学生交上来的作业和设计结果，我们自己已经相信它们是正确的。我们继续上面的争论，提到了各种问题，探讨和分析了诗人和具体的诗作，鼓励学生开始建立他们自己的"诗歌调色板"，并且特别强调了俳句。我坚信它对其他人是有益的，特别是那些在有多国文化背景的工作室里工作的

图6-8　入口前庭，卡米诺·瑞尔酒店，墨西哥城，建筑师：里卡多·莱戈雷塔

人，可以分享这些经验和个人观点，并且在他们自己的工作室里实践诗歌／文学渠道。

　　如果在跨文化的环境中，教师鼓励学生在自己的文化中选择有代表性的诗人，这些诗人可以帮助他们建造符合自己出身地的理性和精神背景的建筑。而且，如果这些学生还能接触到诗人对诗歌的原则和内在标准所持的普遍观念，他们最终就会设计出能够提升集体情感的建筑。

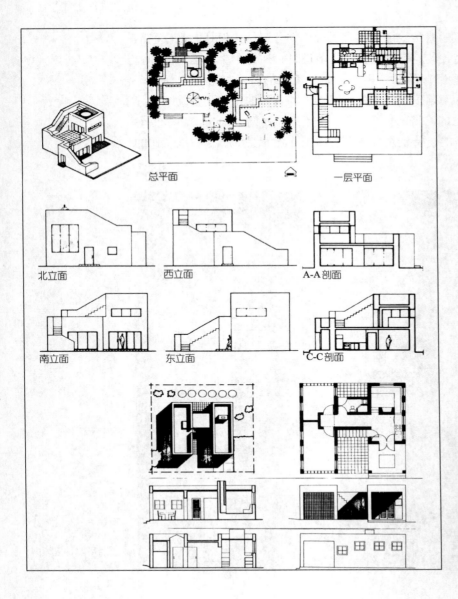

总平面　　　　　　　　　一层平面

北立面　　　　　西立面　　　　A-A剖面

南立面　　　　　东立面　　　　C-C剖面

图6-9　来自工作室的建筑俳句样本。在墨西哥为一个度假别墅所作的设计，（上）克利夫·韦尔奇（Cliff Welch）和（下）埃里克·贾克米尔。来自作者的第二年设计工作室，阿灵顿，得克萨斯大学，1984年

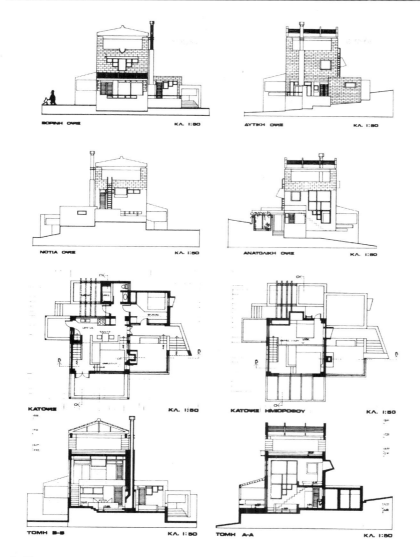

图6-10　纳塔沙别墅。位于科孚岛旅游别墅的竞标方案。未建项目，1978年。根据T·S·艾略特－奥迪塞乌斯·埃里蒂斯的主题所作的练习。建筑师：作者本人

小结

　　诗歌和文学作品是建筑设计的两个有力的媒介。文学方法的帮助很大，但我们提出这一假定，对于创造性设计而言，诗歌要比文学作品更具有借鉴价值。诗歌是书面文字，浓缩了人民的共同态度，是国家、地区和当地设计的前提，表现了场所独特的唯一性。设计师应该建立一个"诗歌调色板"，涵盖在当地流行和广为传颂的诗歌。我们用日本俳句来比喻建筑诗歌的最终目标。

参考书目

"Art and Literature." *VIA 8, Journal of the Graduate School of Fine Arts, University of Pennsylvania*, 1986.

Bachelard, Gaston. *Poetics of Space*. Boston: Beacon Press, 1969.

Bard, James. *The Dome and the Rock: Structure in the Poetry of Wallace Stevens*. Baltimore: Johns Hopkins Press. 1968.

Chang, Amos Ih Tiao. *The Tao of Architecture*. Princeton, NJ: Princeton University Press, 1956, pp. 70, 71, 72.

Eliot, T. S. Introduction. In *The Art of Poetry*, by Paul Valéry. Bollingen Series XLV.7. Princeton, NJ: Princeton University Press, 1958.

Emerson, Ralph Waldo. "The Poet" and "Literature." In *The Complete Essays and Other Writings by Ralph Waldo Emerson*, ed. Brooks Atkinson. New York: Random House, Modern Library, 1940.

Homer. *The Iliad. The Odyssey*.

Leatherbarrow, David. "The Poetics of the Architectural Setting: A Study of the Writings of Edgar Allan Poe." *VIA 8, Journal of the Graduate School of Fine Arts, University of Pennsylvania*, 1986, p. 9.

Lerup, Lars. "Research for Appearance." *Journal of Architectural Education*, 32, 4 (May 1979), p. 22.

Machado, Rodolfo. "Fictions on Fictions: A Postscript." *VIA 8, Journal of the Graduate School of Fine Arts, University of Pennsylvania*, 1986, p. 83.

———. "Images." *VIA 8, Journal of the Graduate School of Fine Arts, University of Pennsylvania*, 1986.

MacDonald, Margaret. "The Language of Fiction." In Kennick, *Art and Philosophy: Readings in Aesthetics*. New York: St. Martin's Press, 1964, p.307.

Poe, Edgar Allan. *Poese ke fantasia* (Poetry and imagination). Athens, 1988, pp. 103–110.

Stevens, Wallace. *The Necessary Angel: Essays on Reality and the Imagination*. New York: Knopf, 1951.

Trypanis, C. A. *A Medieval and Modern Greek Poetry*. New York: Oxford University Press, 1951.

Valéry, Paul. *The Art of Poetry*. Bollingen Series XLV.7. Princeton, NJ: Princeton University Press, 1958.

Virgil. *The Aeneid*.

Waldman, Peter. "A Primer of Easy Pieces: Teaching Through Typological Narrative." *Journal of Architectural Education*, 2 (Winter 1982), pp. 10–13.

Whiterman, John. "Site Unscene: Peter Eisenmann: Moving Arrows, Eros, and Other Errors." *AA Files #2*, Summer 1986, pp. 78, 79.

第七章　外来的*和多元文化的

> 人们通过翻译
> 学语言；我不是指
> 他所翻译的那门语言，
> 而是指
> 他自己的母语。
>
> ——乔治·塞菲里斯

> 事到临头的时候，
> 我们每一个人都是
> 一个十字路口。
>
> ——克罗德·莱维·斯特劳斯

　　有两张弗洛伊德在书房里的照片，是他逝世前几小时拍摄的。照片里是他去世界各地旅行的途中收集的洋娃娃和随身物品。对他来说，它们浓缩了世界各地不同的文化，是一个符号，可以不断让他想起一个更为广泛的框架，而他仅仅是这个框架中的一部分而已。

　　在古代，人们穿过亚洲去做丝绸生意，带着商队在峡谷和陡峭的群山中跋涉，他们仔细挑选着休息的地点，停下来讲故事、交流道路的信息、拜访他们为神灵修建的庙宇，只要他们在一起，就能够和谐相处，其乐融融。无论何时，只要人类为了一项共同的事业（无论是贸易往来还是知识交流）面对面地坐在一起，人们都会经历一种和谐的平静和安宁。随着物质财富的增加和各式各样的繁荣，知识和思想也活跃起来。

---

*Exotic，在本章中，"外来的"、"舶来的"和"异域的"这几个汉语词，都是这同一个英语词在不同语境下的对应译法。——译者注

建筑作为维护和平的使者，以及跨文化交流和思想发展的动力，具有特别重要的意义。它可以促进多元文化的和谐共存，同时，其自身的发展，又得益于这种多元文化主义。建筑的多元文化世界主义存在的证据之一，是建筑师对建筑学科的历史变迁进行研究以后所产生的热爱之情，以及对大自然的热爱之情，无论在哪里，他们都可以发现这种热爱。历史是人类的血肉、风骨和智慧。自然是建筑师使用的石头、灰浆和材料的来源。历史和自然是可感知的，并且具有原始的普遍性，它们让建筑师们相互尊重，亲如手足，让他们宽容地对待任何外来的事物，并且为之兴奋不已。

很长时间以来，舶来品的观念一直强烈地吸引着作家和哲学家们。亚里士多德不时提起它，而且，人类如果没有对舶来品的极度渴望，也就不会有对整个历史和地理探索的记述。这种渴望让希罗多德（Herodotus）和斯特拉夫（Stravon）这样的作家踏上遥远的土地，去记录和报告他们的发现。

人类后来的许多进步，都是因为受到舶来品的吸引。最近，诸如文化人类学这样的领域，就是从科学家对异域的访问和探索中发展起来的。克罗德·莱维－斯特劳斯（Claude Lévi-Strauss）和马尔加蕾特·米亚德（Margaret Mead）是这个领域里著名的先驱。

正如我们所见，舶来品具有双重效应，这种双重效应意味着，对置身于外来文化的人，可以从中受益；他们可以直接向它学习，或者加强对自身文化的理解。另一方面，他们可以达到艺术创造的新境界，对自己的所见所闻心满意足并且陶醉其中，时刻准备开始新的生活，并为自己的人民和国家进行创作。我们认为，在追求知识的过程中，认真对待舶来品，可以帮助我们最终真正地认识自己、自己的文化和我们人民的文化，因此为真正具有原创性的奋斗，提供豪华的心理涅槃。

舶来品的双重性

舶来品这个词源自希腊，具有双重含义：一个是物质性的，另一个是形而上学的。

舶来品的物质含义，是指存在于其他地方的物品，超出了参照点的边界。它具有地理内涵。对于追求舶来品的人来说，一个地方距离他的出生地越遥远，吸引力也就似乎越大。我们认为，异域就是远离我们故土的地方。有时，人们非常极端地看待异域，并为了自身的需要去研究异域文化。对舶来品的追求偶尔也会使人着迷。

　　舶来品形而上的含义，具有负面的内涵。舶来品在这个意义上被认为是神秘的、超自然的力量，让人无法靠近，以此来吸引、迷惑、迷失方向，并且经常欺骗、最终毁灭一个人。从人性向兽性的转化，用比喻的方法表达了这种负面联系。荷马第一个提出了这种观点。女妖塞壬（Sirens）是他诗歌创作的独特产物，她们美妙的歌声可以激发航海者的想象力，把她们当成值得绕道一睹的美丽女子，结果发现根本没有什么美丽女子，只有吃人的野兽，但这时已经太晚了。今天看来，荷马的寓言仍旧是贴切的，它概括了舶来品正负两方面的魔力。

　　在建筑领域，人们可以借鉴舶来品，因为它是激发想象的教具和源泉；当然，如果没有一番深谋远虑，人们也可能受到欺骗、迷惑甚至陷入混乱之中；人们应该像尤利西斯那样，把自己绑在桅杆上；遇到女妖塞壬时，应该亲眼看看，带上任何你认为值得的东西，然后离开，继续向着自己原来的目的地进发。建筑领域中的目的地，正如我们反复强调的那样，是设计和建造。现在，我们进一步提出，把建筑建在让你有归属感的地方，那里的人民、他们的文化、地域和材料，属于一片你注定要为之服务的土地。

　　许多被塞壬一般的建筑舶来品吞噬的人，都没有严格遵守建筑领域里的规则。这其中甚至不乏一些著名的建筑师，他们最终因为在异域设计中的失败而名声扫地。勒·柯布西耶设计的位于印度昌迪加尔的建筑，路易斯·康设计的巴基斯坦政府大楼，沃尔特·格罗皮乌斯设计的位于雅典的美国大使馆，以及在阿拉伯国家做设计的二流建筑师和外国建筑公司的情况，一直被那些国家中生活的人们视为失败者。这些建筑师们从未真正花时间去了解外国的人民、气候、材料、建筑方法和技术水平。建筑师们在异国他乡进行建筑的整体纪录是糟糕的。

　　失败的根源是建筑师们的浅薄和傲慢，他们相信，单凭建造建筑的愿望，就足以令自己成功，而不需要花时间去研究和领会与建筑所在地有关的每一件事情。这显然是"商业时间"与用来领会和吸收异域文化的时间之间的内在冲突。在异国他乡定居，创立并发展一项事业，需要人们作出很有魄力的决定。因为，要让一个人在文化上和精神上变成"另一个人"，是一个穷其一生的艰难历程，只有少数人可以成功地做到这一点。成功的例子有拉尔夫·厄斯金，在瑞典打拼事业的英国人，还有安托万·普雷多克和贝聿铭，他们分别在法国和中国出生，毕业后留在美国继续他们迅速发展的事业；约翰·伍重和海宁·拉尔森都来自丹麦，他们在澳大利亚和阿拉伯这些遥远的地方留下了最好的设计。沃尔特·格罗皮乌斯显然对这个事实有很深刻的认识，这也许是通过他自己的经历得来的。当里卡多·莱戈雷塔曾经问他应该去哪里做毕业研究时，格罗皮乌斯反问他："你想在哪里实践？"莱戈雷塔回答："莫斯科。""那么就去莫斯科"，这是格罗皮乌斯的建议。

既然我们已经本末倒置，并且警告设计师当心塞壬，接下来，我们会把注意力集中在舶来品和多元文化的积极方面，人们发现，如果中规中距的建筑师们，能在工作室中接触并一直关注它们，对于设计将会大有好处。

首先，如果我们注意一下人类学探险家们的发现，我们就会发现大量关于人类祖先和起源的信息。我们的许多原始需求，如情感和神秘，或者了解周围世界的渴望，以及对"非功能主义"建筑师的情有独钟，对我们讨论当前建筑业内争论的问题，一定会大有裨益。无论在时间上还是在空间上，许多舶来品，即使是在今天都仍然存在（我们中的大多数人声称自己生活在20世纪，但是仍然有些人的生活方式，保留着以前时代的特征），我们可以关注它们，并借此为建筑创造性开辟一条渠道。舶来品和多元文化具有特别的建设性和实用性，对于建筑创造也具有极其重要的作用。

多元文化环境

随着第三世界国家的崛起，他们的政府批文和工程项目也向外国公司开放，边旅行边学习或者去国外深造的想法，在许多国家的学生中非常普遍，这使得许多学生的作品带有独特的多元文化色彩，这在欧洲和北美的大学中尤为突出。这种情况在建筑工作室中特别明显。它带来了"文化内容的国际主义"，反过来又以一种前辈无法预言的方法，刺激并产生了实现建筑创造性的舶来和多元文化渠道。

延伸这条创造性渠道的关键所在，是要宽容和偏祖对远在异国他乡（而不是建筑学院所在地）的问题和设计所作的调查研究。具有舶来和多元文化性质的设计，受到许多老师和管理者的鼓励和推崇。某些学校之所以声名远扬，就是因为它们坚持了对待舶来和多元文化问题的开放路线。为乔治奥·德·基里科设计的位于希腊某地的住宅，克里特岛的被动式太阳能旅游度假村，或者是为巴基斯坦的"穷人"建造的房屋，都会像由设计室或建筑联合会设计的那些方案一样受到欢迎。建筑联合会（Architectural Association）位于潮湿、富庶的伦敦，它或许是当今按照此种特殊创造模式运作的佼佼者；它一年一度的学生作品展，以及随之公布的目录，都见证着参展者付出的心血和收获的成果，让人看后兴奋喜悦和激动不已。现在在北美的大多数建筑学校当中，人们几乎都不会反对研究任何设计，无论这个设计听上去多么新奇、多么遥远，涉及多少种文化。香港或是德黑兰的住宅机构，意大利的学术反思和建筑方案，以及大量旨在恢复和修缮罗马和其他意大利城镇所作的工作，都证明了当今许多学校在这方面付出的努力。

在美国学习的外国学生会发现，在这里，没有人反对他们回到自己的祖国去做论文设计。在这样的设计过程当中，学生通过不断接触老师的哲学、研究方法和设计程序进行学习；同时，善于接受的教师，又会从另一种文明，以及对问题和设计事项迥然不同的思考方式中，吸收到新的知识，如果没有这个机会，恐怕这些东西对他来说会非常陌生。这样的论文经常是从低年级的设计工作室中，以一种抽象的提问形式找到自己的研究目标，所以，经常向一年级和二年级学生介绍一些他们并不熟悉的问题和观点。

许多老师首次出国访问，目的地经常就是自己学生生长的国家，回来之后，他们就立刻改走舶来和多元文化的路线。许多当地的老师一回来，就强烈要求聘请和邀请外国的同行前来。当外国教师带着学生回到学生自己的祖国，进行实地绘图和勘测，设计提案，或者为即将到来的学期准备设计室大纲，多元文化影响的循环就绵延不断地延续了下去。

在格罗皮乌斯、密斯·凡·德·罗和伊利尔·沙里宁（Eliel Saarinen）的倡导下，在设计教学中融入多元文化精神的做法首先在美国得到推广。哈佛大学、麻省理工学院和格兰德布鲁克艺术学院（The Grandbrook Academy of Art）成为第一批采用多元文化途径培养我们所提倡的建筑创造力的学校。

多元文化经历的收获

多元文化的经历具有两组独特的优势，可以大大提高设计教学的水平，这些优势在学生群体构成单一的工作室中是找不到的。第一种优势包括举止行为的收获；第二种优势包括增强想象力的因素。以下列举的是举止行为方面的收获：

1. 在班级整体环境中营造出行为举止的不同氛围。待人接物通常更加宽容，也更彬彬有礼，这样做可以让当地人在客人心中留下良好的印象。

2. 人人都加倍努力，更多地使用素描和绘画语言，因为要外国学生掌握一门陌生语言不是一件很容易的事，特别是在海外留学的头几个月。

3．不断向外国学生提到他们以前从未听过的场所、名称以及做事情的方式。

4．为了合作，多元文化团体的成员们必须加倍努力，这种努力可以加强他们今后在团队设计中的联系。

5．在精心创造的潜在竞争环境中，努力给东道国的同事留下好印象，并从他们中间脱颖而出。

6．在异国求学的最初几个星期，每个外国学生都会最好地展示他在自己国家中学到的知识（第一个设计经常反映了过去学到的知识）。这对其他学生是有好处的，可以让他们开阔眼界，看到别的地方发生了些什么。

增强想象力

具有"舶来"和多元文化性质的设计可以增强人们的想象力，理由诸多：

1．它们把想象从时间表和现实的束缚中解放了出来。

2．在摆脱了相对无知的情况下，任何发现以及对特殊问题的解决方案，都要比本国文化背景下带有已知局限的类似解决方案重要得多。

3．大脑的选择过程不会受限于异域文化对行为的约束，因为行为是"无拘无束的"，可以任意选择能够达到目的的方式。人们在非本土文化中可能会更依赖于直觉，从而突破自身文化和修养的局限。

4．为多种创造性渠道（包括可感知与不可感知的渠道）的结合提供了绝好机会。这些渠道可以用一种渠道加以检验，即舶来的和多元文化的渠道。

行为举止上的收获是不言自明的；因此，下面我们按照上述顺序，来集中阐述其对想象力的增强作用。

随着时间的推移，某些异域环境已经制定出它们自身独特的限制条件；目前，希腊为管理外国移民所颁布的法规，就属于这类条件；许多时候，它们为安排设计练习不惜延缓建筑的发展。与在当地工作的专业人士相比，不受以上这种条件限制，而真正只关心异国土地上的自然条件本身（尺度、地形学、天气）对当地建筑的限制，这样的设计师可能会对当前的问题提出更具想象力的解决方案，包括更符合当地的环境和意象的方案，因为现实给前者带来的是束缚，而不是启发，并妨碍了进一步的发展。

当地的建筑师很容易成为我们所谓的"探索惯性"病的牺牲品。他们很快发现自己对于不假思索的方案非常知足,这种方案在有暗示作用的"传统原型"中很容易找到;它们是缺乏创造性,同时又有利可图的建议。随之而来的悖论是,当外国设计师为"冲破"或完善某些法规而努力时,他们往往发现,接受这些限制,反而是更轻松的选择,而用不着费时间去为当地为数不多的经验而殚思竭虑。立即遵守法规(偶然设置的限制),可以解放建筑师,让他们有更多时间对选定的风格进行设计探索。我的美国学生恪守并尊重管理着希腊历史移民的法规和分区令,他们的做法和态度令我感到惊讶。有了多元文化的经历,人们有了更多放弃的自由,但同时也面临更多必须遵守的纪律,既要确保感官上的一致性,同时又要追求更有创造性的内涵。

在多元文化设计中取得的成果,很容易获得别人的认可。当陌生的外来规划,与追求另类价值的规划整合在一起,设计就具备一个非同凡响的开端,昭示了来自直觉的新颖成果。虽然和那些了解真相的当地人相比,学生的诠释也许并不那么可靠或精确,但是相比之下,他们在异国取得的设计成果,要比在一个熟悉的文化背景下取得的成果多得多。后一种情况下取得的成果,只是对已知的提炼,而在前一种情况中,整个创造过程和结果则都会让人耳目一新。每个学生都是"小阿基米德",学生的点滴发现都来自自己的探索,而不是从传统的耳濡目染或老师的耳提面命中学到的。在异国他乡一套陌生的限制条件下,我们发现或即兴创作的每个新事物,都像是独立发现了世界,而且我们会永远牢记自己的发现。

通过舶来品向设计者提供选择性的编辑过程,是一个特别有利的因素。设计师在陌生的环境中设计,就像是创造性的诗人翻开了历史书,诗人不会像历史学家那样去读这本书,而只是从中寻找能够让诗歌创作脉搏兴奋的幻像、历史时刻或者人格而已。诗人随心所欲地保留着任何符合自己想象的东西,并把它们作为构思的素材,从文明景观中精心创作诗篇。

人们在工作室的多元文化阅历越丰富,接触的设计和参考资料越多,文化观点越多样化,就会有更多的机会浏览文化景观。把画家带到某个特定的景观前,并对他说:"画吧……现在!"这种做法是不可取的。画家必须对其进行一段时间的观察,在白天和夜晚,在不同的季节,不同的光线和气氛条件下。然后他/她会选择在什么时候,什么条件下开始作画,以及在他/她作画时,是否需要边看边画。在这一点上，诗人、小说家、摄影师和电影摄制者都是一样的。在一段距离以外演绎多元文化主义和舶来品时，需要绝对的自由才能够有所成就。

在工作室中对外来的和多元文化进行综合练习，所取得的收获在规模上可大可小，涵盖的范围从场所的选择、对地形的关注、材料的使用、对细节的态度一直到如何处理具有城市意义、地区意义和社会意义的问题。我会一一阐述这些具体的收获，因为我认为它们代表了从这种特殊渠道所获得的收获的核心内容。

异域带来的包容性

场所。如果让一个从没见过海或多丘陵、多岩石地区的人努力想象海的模样，从轮廓模型描绘岩石的地形，或是画出从未出现或者经历过的形象，这些都是不可思议的。异国他乡——也就是说，完全陌生的场所和地方，会带给人们许多惊喜和疑问。同时，它们也会让想象去未知的世界作一次特殊的旅行。虽然记录异域风情的幻灯片和电影可以开阔人们的眼界，但是书面文字、精选的诗歌、散文或者社会学发现，可以最好地激发想象力。只有非具体的、描述性的东西才能够鼓励学生更多参与，让他们想象从未见过的环境，并描绘它们。

材料。多元文化主义道路对材料使用的探索也大有裨益。在科技发达的国家里，学生也许不熟悉来自自然界的材料、砖石和天然物质，就像第三世界国家的学生不熟悉塑料和高科技一样。因为所使用的材料不同，所以并非所有的墙都必须是6英寸或8英寸厚，其他厚度的墙可能会具备可塑性、光源和阴影效应，用起来节约能源，看上去赏心悦目；而且，如果甘于使用当地出产的材料，或者当地传统和建筑贸易中出现的材料，那么，就不可能对新材料进行探索，如果学生们能够意识到这些，会给他们今后的材料使用带来启发和帮助。这样的探索会引起人们对当地文化下以后的设计或已经建成的建筑进行新的诠释、新的提炼或者产生其他新的看法。

细部。老师或者工作室手册不会与学生交流建筑中细部的意义，除非他有海外生活的经历。在这种情况下，学生只好去欣赏20世纪人类是如何征服细部的。只有海外的生活经历，才会让人理解窗户组件没有挡蚊子的纱窗会意味着什么；门和窗台不能严丝合缝，因而不断受到蚂蚁和其他爬行动物的侵犯，又意味着什么，以及陷入无时无刻不在维修房屋的窘境，不断与各种烦恼因素和腐烂进程作斗争的情形又意味着什么。所以，细部领域向人们展示的是高科技文明所取得的成就，而不是舶来品，因为人们对它们的尊敬，仅仅局限于技术以及创造者在解决问题时表现出来的执著。

然而，没有什么能够与机械和当代建筑技术的高度发达相媲美。用挑剔的眼光研究国外的细部设计，就会暴露出我们现在所使用的解决方案所消耗的高昂成本，并且进一步暗示，作为解决问题的可选途径之一，新的装备要比这些方案优越得多。正是在细部设计领域，当代建筑对应地采用外国建筑和传统建筑中的做法，将会获得最多的收获。

历史。当外来的与多元文化的因素与认识历史的努力相结合，或者在有历史意义的环境中被加以运用，就会大大提高方案的质量，并且会产生多重效果。目前还无法定义什么是外来方案的特征。这完全依赖于指导教师的直觉和富有创造性的想象。人们可以把场所与文化、历史和文明，以及朦胧和似是而非的情形联系起来。人们可以对规划进行处理，使其彻底变成舶来的和朦胧的，以适应真实的场所，或者指导教师想象出来的异域和异域功能因素。为迎接教皇约翰·保罗二世访问而准备的威尼斯波兰公使馆，与在希腊岩石岛上为圣主教的骨灰搭建的凉亭一样重要，与一百多年前墨西哥建筑竞赛中的作品、地中海沿岸陡峭岩石上的度假村或沉寂的夏威夷火山坑一样优美和刺激。

如果翻看一下某些更有想象力的美国建筑教学大纲中老师给出的练习名单，我们不难看出工作室大纲的丰富性和想象力的精致。不幸的是，这种渠道的优势并没有得到普遍接受，许多大纲仍旧是基于设计机构必须只能为当地的四邻服务的思想。当然，在这种乡土观念的熏陶下，学生也许能够在当地的现实局限下建造和装饰特定的建筑类型，但是对于建筑创造性的发展则无能为力。

个案经历

围绕享有盛誉的乡土建筑开设的课程，可以大大提升获得建筑创造力的外来和多元文化渠道；这类课程中的可视资源所传递的信息和给人的鼓励，是弥足珍贵的。

假设在工作室中有合适的机会，外来和多元文化就会成为我偶尔专注的东西。事实上，在某个学期，多元文化组合在我们学校的教师和学生群体中都特别普遍。来自奥地利、丹麦、德国、希腊、以色列、意大利、波兰的同事，让那个学期的设计教学成果非常丰硕。亲密无间的多元文化大学教师群体和有能力、有热忱的多元文化学生群体，对每个成员都是一次美妙的经历。

为了阐明这种创造力途径的各种可能性，我将在这里介绍并讨论一系列来自我个人工作室里的设计方案，希望它们可以给其他人带来一

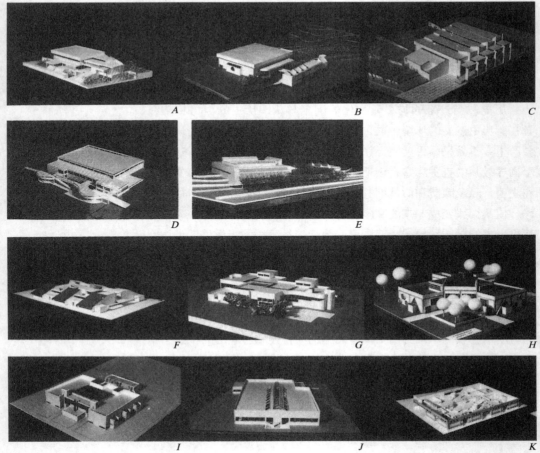

图7-1 直岛幼儿园和直岛体育馆。A.威廉·拉西伯格；B.C·萨维尔；C. 兰迪·休斯；D. 奥布里·施普林格；E. 亨特·柯林斯；F.阿都·杜尔赫；G.盖瑞·默菲；H.吉姆·本尼特；I.玛莎·韦尔奇；J. 保罗·索伦；K. 兰迪·胡德

些启发。我希望借此机会影响那些注重其他渠道（历史先例、比喻、转换）的人们，提醒他们注意外来和多元文化渠道的组合可能性及有益的动态性，而不是去叨扰那些已经尝试了这类设计，或者可能已经努力采用类似渠道的人们。

　　直岛学校设计方案　　在这些工作室经历当中，直岛体育馆和幼儿园（图7-1）是两个不寻常的案例。它们的设计方案经过精心协调，石井和纮这位真正的建筑师（那时作为客座教授，在加州大学洛杉矶分校经营自己的工作室）参加了评判委员会。所有的一切都是通过和谐连续的过程一点一点渗透给学生的。最初，设计项目作为一种"抽象舶来"的练习被呈现给学生，仿佛这个项目根本就不存在。接下来，学生被告知他们正在设计一个真实的建筑，完成之后，这个建筑的设计师将会亲自审阅它们。这整个过程变成了最富有价值的经历，历时数月之久，大大超出了工作室交付设计的日期。石井和纮除了在评审阶段发表口头评论以外，还送给每位学生书面的评语，而且，他还作出一个最惊人的决定，他把学生的一些设计方案融入了他自己最后提交的设计当中，并指出了它们对直岛设计方案产生的影响。对于所有参加这项活动的学生来说，他的全程参与和最后慷慨的举措，都是令他们终身难忘的自豪的礼物。

雅典卫城的新博物馆　雅典卫城新博物馆的设计方案，是在角逐这个著名的竞标项目时提交的。它赢得了购买合同，同时也启发了学生。两个学生在参加了这项角逐之后，游历了希腊和欧洲（参见图7-2）。

位于北京的美国大使馆　总统尼克松对中国的访问，给位于北京的美国大使馆设计带来了灵感（图7-3）。但是，是当时在建的达拉斯市政厅（Dallas City Hall）引发了讨论，并且对所展示作品的特征影响最大。市政厅的建筑师贝聿铭的方案出现在讨论中。这让学生有机会去思考一个人对另一种文化的贡献，其价值究竟何在。学生们去听他在达拉斯美术馆作的公开演讲，了解他的个人转变。在那个特殊时刻，学生和老师们都可以坦陈他们对待建筑师们有机会在1970年代早期，特别

图7-2　为雅典卫城新博物馆举办的泛希腊竞赛。建筑师：A·C·安东尼亚德斯。合作者，戴维·勃郎宁、阿隆·法默、多纶·塔皮斯考特。第四年／八周设计方案，阿灵顿，得克萨斯大学，春季，1977年

是在沙特阿拉伯和其他阿拉伯国家所进行的国际建筑设计的态度。作为一个可以促进世界和平，加强国际合作的行业和职业，围绕建筑和建筑师展开的讨论，已经让人们不再重视大使馆这一建筑类型的设计中所包含的技术问题。评判团中有两位嘉宾评论家，其中一位是著名的达拉斯建筑师，曾经参与过一个美国驻欧洲大使馆的设计工作，他们认为，设计本身已经无关紧要，因为设计最终要由安全人员审查，建筑师甚至无法知道最终的结果，这个观点让在场的每个人都感到吃惊。

朗香贸易中心　外来和多元文化设计方案的体量，对于建筑成功与否起着决定性的作用。我们已经发现，短时间里做出的小规模设计，比旷日持久的大规模设计更加可圈可点。高级工作室里基本的设计工作（如果顺利的话）已经有的放矢，这里做出的小规模设计，可以成为一个好的借口，去深入阅读、广泛搜集所研究文化的精髓。人们甚至可以谈论具有外来和多元文化性质的问题示意图。随着在以后几星期的阅读中更多新研究材料的发现，讨论也可以以一种循环的方式展开。当然，问题示意图的直觉性，可以让它如火如荼或者销声匿迹。

哪一个建筑专业的学生不愿意在勒·柯布西耶的建筑旁边设计一座

图 7-3 位于中国北京的美国大使馆。史蒂夫·埃伯利和史蒂夫·斯威克。第四年/五星期设计方案。阿灵顿，得克萨斯大学，春季，1975年

建筑？谁不认为在希腊、意大利或者历史书中提到的任何一个神秘地方做一些事情是一种挑战？朗香贸易中心入口旁的来宾中心的问题示意图（参见图 7-4），以及位于希腊科孚岛旅游别墅和下加利福尼亚－墨西哥的旅游别墅这两个问题示意图再一次证明，遥远的环境代表了独特的挑战，这种挑战大受学生们的欢迎（参见图 6-2）。

　　莱罗斯岛上的多功能中心　　位于异国他乡的设计带有一抹历史印记，同时，也与今天在全世界范围内困扰我们的问题（既有思想上的问题，也有实际的问题）相关联，这样的设计就有可能成为成功的多元文化建筑设计。大家面临的共同问题，在某种意义上是人类统一的命题，与文化和位置的起源无关。教师必须认真研究设计项目中的这些统一命题；如果它不存在，设计就可能失败。在 1970 年代中期，每个学生都关注围绕风格、历史和相应的形态学展开的争论。当他们被告之这些关注并不是特定的时期才有，而是每个时期都有它自己的担忧；1930 年代的意大利建筑师为了尽力理解当时的辩论（理性主义－现代主义运动），在佐泽卡尼索斯群岛上设计了 20 座建筑，当学生们看到这些少为人知的建筑时，他们热情地投入到莱罗斯岛多功能中心的设计工作当中，这

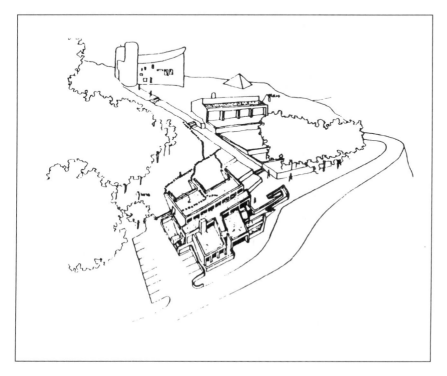

图 7-4　朗香贸易中心入口处的来宾接待中心。巴里·里德在 9 个小时内描绘的问题示意图。第四年，阿灵顿，得克萨斯大学，1981 年秋天

个中心紧邻那些1930年代建造的，已经人满为患、超负荷运转的意大利建筑。从这个意义上讲，设计方案被称为永久地理解历史的媒介；同时，它也能成为延续一种历史潮流，而非简单模仿历史的工具。

沉思亭和主教墓　　然而，具有最佳和最富创见效果多元文化外来设计，也就是那些把外来形式和才智结合在一起的设计。一个设计里如果注重在自己的文化中找不到的外来的价值和精神内涵，那么，就可以把这个设计定义为"思想上的舶来品"。参观希腊安德罗斯岛一个私家花园里的沉思亭（参见图7-5，其主人是一对博览群书、游历四方的夫妇），或者瞻仰主教阿提西斯这位圣人、人文主义者和精神领袖位于斯基罗斯岛上的墓地（图7-6，图7-7），都是最动人、最刺激的

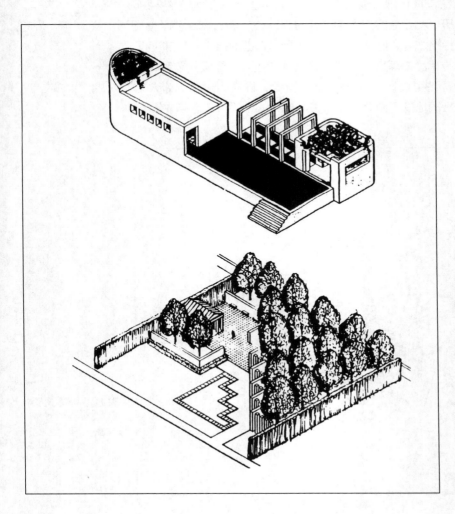

图7-5　位于希腊安德罗斯岛一座私家花园里的沉思亭。克利夫·韦尔奇，依格纳希瓯·罗德里格斯。作者的第二年设计工作室，得克萨斯大学，阿灵顿

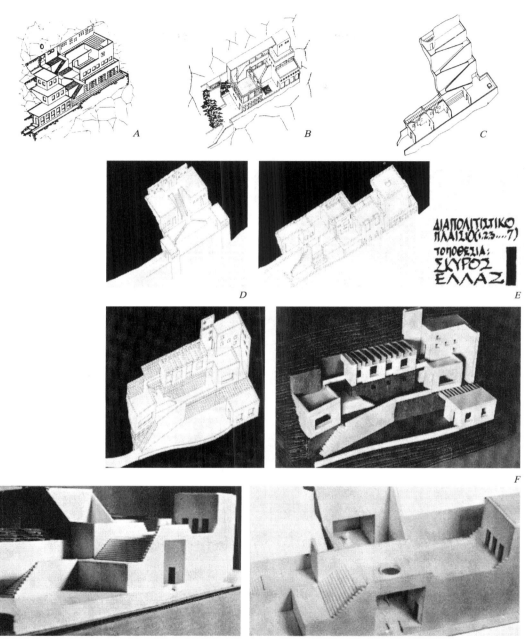

图7-6 空间-精神-光：主教阿提西斯安息的地方，位于希腊斯基罗斯岛。由来自黎巴嫩、墨西哥、美国、芬兰和中国的学生设计师（图7-7）以及来自希腊的教师（作者本人）设计。A. 伊萨姆·卡迪（黎巴嫩）。B. 塞缪尔·佩纳（墨西哥）。C. 朗斯·富勒（美国）。D. 朱西·海勒拉（芬兰）。E. 费利佩·弗洛雷斯（墨西哥）。F. 爱伦·里根（美国）。G. 厄内司特·米利坎（美国）

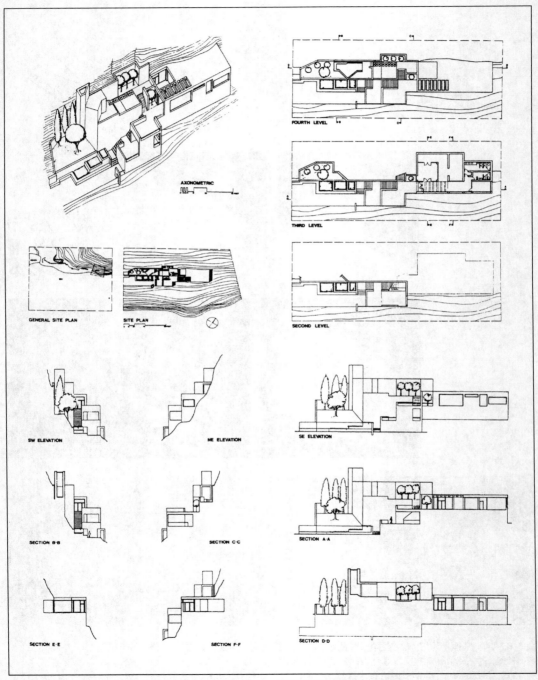

图7-7 N. G. R. Fai（中国）的设计。主教阿提西斯的墓地，斯基罗斯岛，希腊（作者的第二年设计工作室，得克萨斯大学，阿灵顿，春季，1984年）

经历。年轻的设计师们完全折服了；他们被独一无二的选址，以及对种种内涵和价值的远见卓识深深吸引，从而努力去做出最好、最完善的设计。区分设计的质量是非常困难的；它们中绝大多数让人耳目一新，事实上已经达到了"诗学"的境界。

设计选择：外来因素与现实因素

外来和多元文化设计可以采取各种各样的形式，设计中的部分内容可以非常新异，而其他部分内容可以非常实际和普遍。设计工作室的设计周期，成为外来因素与现实因素之间的小步舞。以下是一些选择：

1. 我们可以在完全陌生的环境中实现完全熟悉的功能要求（在陌生地点，用陌生材料建造的旅游居住地）。

2. 我们可以在完全熟悉的环境中实现完全陌生的功能要求和思维框架（陌生的文化，一无所知的习俗）。

3. 我们可以选择两者的综合体。

4. 我们可以根据现实的场所，或者根据指导教师设想的环境，在完全陌生的环境下实现完全陌生的功能要求。

5. 我们可能在街道拐角处就遇到外来和多元文化因素，这种情况普遍存在于多元化民主国家中的大都市地区，在那里有很多来自不同种族、文化和少数民族群体的移民，而不仅仅只有本土居民。

因为教师的指导和目标不同，所以各种选择的优势也不尽相同。每种可能性的积极影响，都与开拓视觉及自然意义方面的想象力、开拓学生的知识面和文化视野方面的想象力、让他们接触各种社会问题方面的想象力、参与解决真实存在而又经常被忽略的问题方面的想象力等等的程度相关。我个人更欣赏达成良好平衡的综合体：具有城市和地区意义的外来和多元文化的设计项目，在其中，外来因素与真实而紧迫的建筑问题达成了平衡。

在这方面，我给学生最好的练习之一，是旅游胜地／第二个住宅／静思和放松的小屋，以便推动雅典的非集中化，吸引（近来陷于巨大的、被污染的大城市中的）"一无所有"的都市人，让他们到各个海岛沿岸无法攀爬的陡峭岩石地区建立居住区。这个练习试图把具有环境和地区意义的城市动态性问题集中在一起，同时推崇即兴创作以及建造方法和建筑问题解决方案的独创性。练习强调原型，使用比喻，并且考虑了最现实的实用方面。爱琴海建筑的样本被拿来分析（参见图7-8，图7-9），同时引入了奥迪塞乌斯·埃里蒂斯和乔治·塞菲里斯的诗歌。相关的文本受到研究，以便找到广受欢迎的环境氛围。这种练习证明，一个非常小的建筑单元，可以为最具"包容性"的探索提供机会，在这里，大量的创造性渠道可以在外来因素的保护下，被组合在一起。

来自学校拐角处的这类外来和多元文化设计项目，也很有意义，因为在这个过程中，它牵涉到每一个人，包括学校与其周边地区的传统关系。这样的设计在美国更容易落地生根。"拐角处的外来事物"现在呈现出最广义上（通常也是最疯狂的）的存在形式。坐落在社区的学校，许多毕业论文设计都具备这样的性质。一些这一类的设计，在不断地进入常规设计课程，特别是在高级工作室当中。

我在这方面的一次个人经历，是为得克萨斯州达拉斯市的希腊社区，设计一个宗教、社区中心（参见图7-10）。

这个设计探索了在一个建筑群中浓缩希腊文化和文明的可能性，这个微缩的世界包括扩建现有的教堂、为老年人建造的房屋、一个学校、一个日托中心、图书馆、体育馆、医疗机构和一个典型的希腊咖啡馆。参与设计的学生们通过讲座、希腊文献选读和希腊音乐来了解希腊。从希腊乡土建筑、希腊山城类型学和阿托斯山修道院中挑选历史先例进行分析。因为这座希腊东正教社区是由一群学生设计的，其中除了美国人以外，还有一个土耳其学生，三个分别来自黎巴嫩、约旦和巴林的穆斯林女孩，所以该设计的国际和多元文化层面得到了最好的展示。这些学生不仅设计出了一系列富有挑战性的新颖建筑，而且积极解决与自己的文化相冲突的事务和问题，并且还有机会接触到东道国的问题和特定种族群体的事务。

积极参与外来设计的必要性

我们认为，每位建筑师都有必要在自己的职业生涯中，参与到外来和多元文化的设计当中来。尽管会遇到多元文化主义、偶尔浪漫的误解和偶尔未经消化的形式模仿而不是内容等诸多问题，但如果人们试着去理解别国的建筑，他们就可以更好地认识自己的文化、自己的建筑。我们坚信乔治·塞菲里斯的名言，人们在翻译其他语言的过程中，可以更好地学会自己本国的语言。我们甚至欢迎到异域文化中去"放逐"肉体，甘受塞壬女妖的诱惑，奔向她们所在的国家。但是，

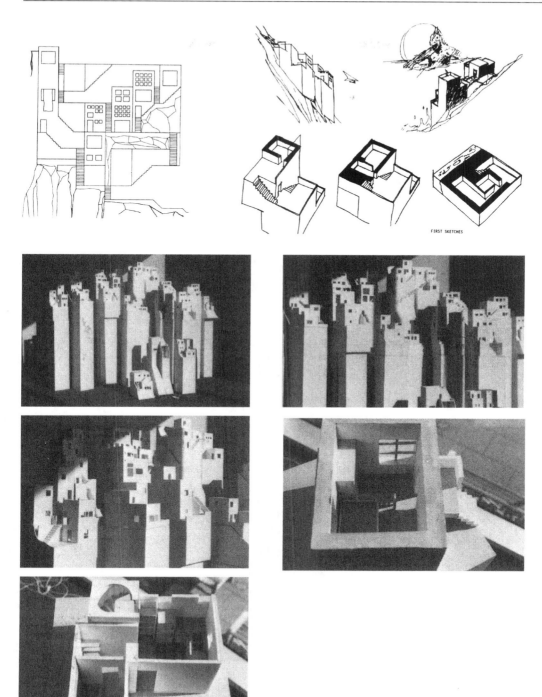

图7-8　包容主义的诗学：一个展览。《出埃及记》：从
雅典到爱琴海边的岩石地区

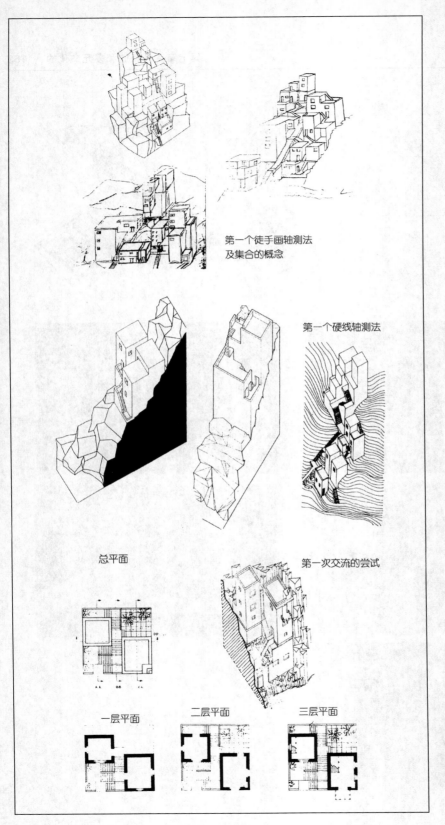

第一个徒手画轴测法
及集合的概念

第一个硬线轴测法

总平面

第一次交流的尝试

一层平面　　　　二层平面　　　　三层平面

图7-9 《出埃及记》:
从雅典到爱琴海边的
岩石地区,摘自其设
计过程

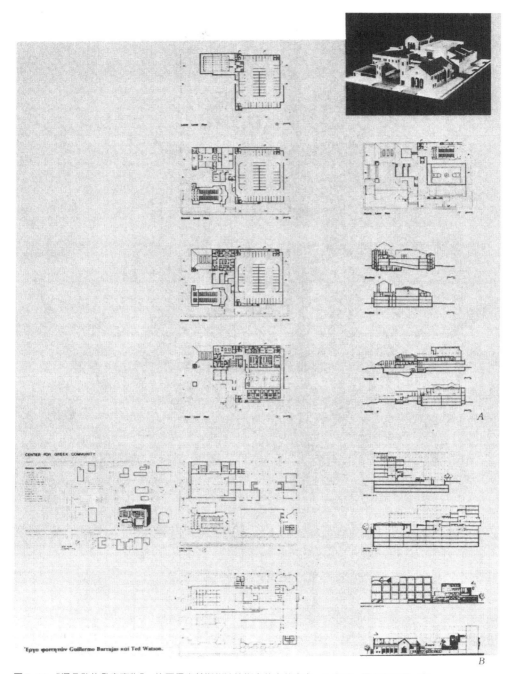

图7-10 "拐角处的外来事物"：位于得克萨斯州达拉斯市的宗教中心。A.戴维·佩卡和狄恩·史密斯；B.吉列尔莫·巴拉加斯和泰德·沃森（第四年/八周设计，得克萨斯大学，阿灵顿，春季，1979年）

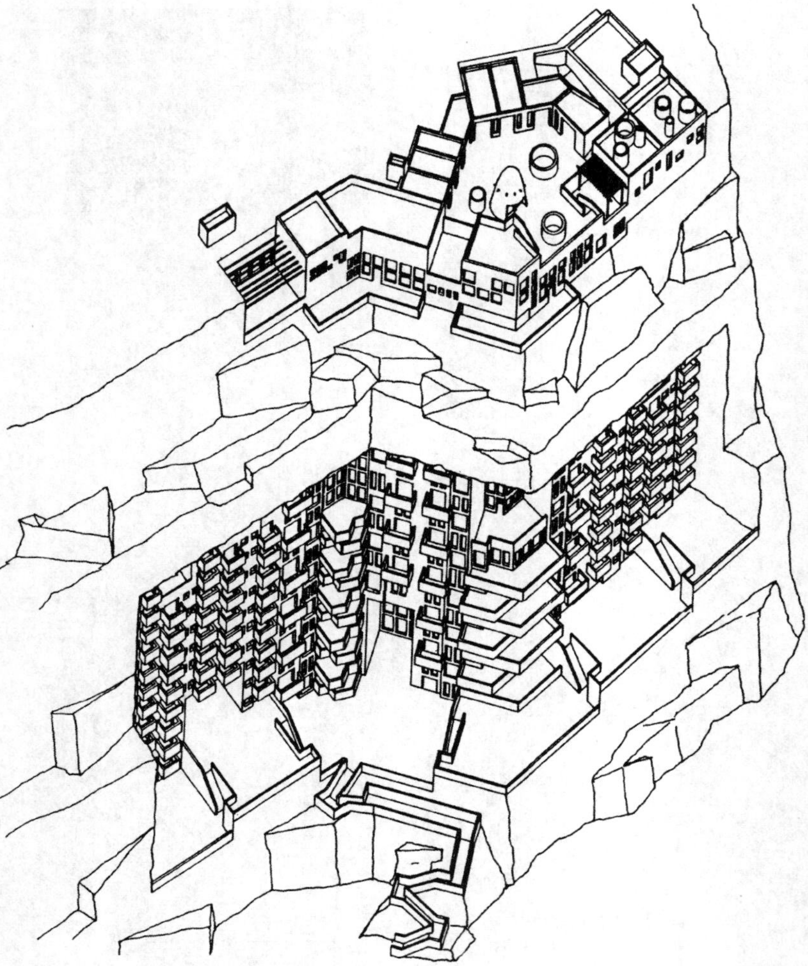

图 7-11 由 M·米特勒设计，位于美国西南部查科大峡谷的休闲旅馆（Hotel-intellectual retreat in Chaco Canyon）（第四年设计室，得克萨斯大学，阿灵顿，1983年）

我们要紧紧地把自己绑在"奥德修斯桅杆"上，我们强烈渴望在自己的土地上设计建筑，我们有机会更好地欣赏自己的建筑，因为距离以及对异域建筑和文化的了解，使我们可以更好地评价自己的建筑。这当然不是一个新观点；它几乎在每个艺术门类中都出现过。一些对自己国家最犀利的评论文章和一些最优秀的小说，是作家在异国他乡完成的［比如盖特鲁得·斯泰因（Gertrude Stein）、亨利·米勒、厄内斯特·海明威（Ernest Hemingway）］。因此，我们不想完全认同沃尔特·格罗皮乌斯送给里卡多·莱戈雷塔的建议。取而代之的是，我们相信，需要在多元文化环境中，在多个战线上积极、但是有分寸地接触和深入研究：（1）在学校时通过设计工作室的项目；（2）通过参加国际竞赛（它们提供了青年建筑师所能获得的最好机会，锻炼他／她的设计能力）；（3）通过在异国他乡适当地实地生活和工作一段时间，并且唯一的目的是回到祖国去设计建筑。

这些建议不是我在理论上的突发奇想；我们可以在许多因为自己的创造性设计而闻名的建筑师身上找到它们的踪影。除了个别建筑师因为这样或那样的原因放弃了自己的文化，转而信奉其他文化以外，其他大多数建筑师都大量接触了多元文化和外来事物。毕竟，一些最具诗学和创造性的建筑师，都受到过多元文化建筑教学的培养，经过异国举行的国际竞赛的历练，或者在海外生活、工作多年的熏陶，我相信这些都不是偶然的。

小结

本章从积极的跨文化培育的角度思考了外来因素和舶来品，虽然可能遇到的"诱惑"，会给设计师带来无法逆转的问题。我们讨论了舶来品的"物质"和"形而上学"的属性。我们也讨论了近来教学潮流的多元文化属性，这种属性可能已经把舶来的元素带到了设计工作室当中。多元文化环境是一种资产。它具有行为益处和提高设计效果的益处。如果从舶来的镜头中观察，许多设计限制（地点、材料、细部）就一目了然了。接下来介绍了舶来设计练习的种类，以及作者个人经历过的设计。本章最后号召设计师积极参与具有外来和多元文化属性的设计项目。

参考书目

除了各个建筑学院偶尔发行的小册子以外，关于这个特殊的话题，在建筑学领域还没有什么特别的文献可供参考。另一个资料来源是伦敦的建筑联合会每年出版的《设计评论》（Project Review）。与跨文化主题相关的书目，请参见：

A

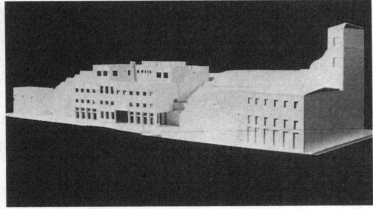

B

C

图7-12 文化中心,
伊兹拉岛,希腊。A.
学生设计者,汤姆·威
尔金斯;B. 学生设计
者,斯蒂芬·布鲁克;
C. 学生设计者,克里
斯汀·佩奇·泰勒

图7-13 在现有的教堂旁边修建的住宅项目。1988年秋。A.学生设计者，保罗·梅尔克斯；B.学生设计者，帕特里克·古德温；C.学生设计者，约翰尼·摩根

Deregowski, Jan B. "Some Aspects of Perceptual Organization in the Light of Cross-Cultural Evidence." *Studies in Cross-Cultural Psychology,* vol. 2, ed. Neil Warren. London: Academic Press, 1980.

Lévi-Strauss, Claude. *Myth and Meaning.* New York: Schocken Books, 1978. pp. 4, 16.

Okonji, Ogbolu M. "Cognitive Styles Across Cultures." *Studies in Cross-Cultural Psychology,* ed. Neil Warren.

Warren, Neil, ed. *Studies in Cross-Cultural Psychology.* Vol. 2. London: Academic Press, 1980.

第二部分

通向建筑创造力的切实途径

第八章　历史、历史主义以及
对先例的学习

今天的建筑师受教育程度太高，

不能进行原始的或者完全自发的创作，

建筑过于复杂，

小心保持的无知不可能接近它。

——罗伯特·文丘里

毫无疑问，对于先例的学习，大大丰富了人们头脑中所"储存"的形象。历史上著名的先例，其他建筑师的类似方案中的先例，以及人们脑海中浮现的在某次旅行中看到的典型环境和建筑，所有这些，在每一位创造者的头脑中都留下了难以磨灭的印记。因为作为一个过程，创造大半要归功于工作方式和无意识的复杂活动，所以储备先例中包含的信息、形象和教训，可能是一个非常自觉的为头脑充电的行为，以期在需要创造类似建筑的时候，这些储备能够刺激大脑，产生丰富的想象。创造者通过一种非凡的"编辑"过程，选择和组织头脑中所有相关的信息和储备的形象，然后，把各种可用的视觉、形象或意义的组合，以融合的方式，完整地呈现在人们面前。这一过程在专攻心理学的学生中间获得了广泛认同，并且能够通过个人经历轻而易举地得到验证。那些成功的创造者，通过对各自亲身经历的反馈，也已经证实了这一过程。毫无疑问，学习可以丰富一个人的知识，同时，对一门或众多学科的高质量和正式的学习，可以把个体按照其受教育的程度区分开来。以价值为导向的社会，通常会按照受教育的程度，把人分成不同的等级，并且在公共事务中赋予他们更具创造性的角色。普通大众尊敬、赞美这个社会中真正的饱学之士，并把他们视为顾问、圣人和能够创造性解决问题的智囊。

对于那些未来的创造者们而言，对先例的专门学习——无论这些先例是历史的、现实的或者是同时代的——都可能产生相似的效果，这种学习造就了他们中的一些人，使他们成为有教养的人，最终，那些杰出的创造者将从中脱颖而出。由人生中阶段性的系统学习，或旅行中系统地积累起来的形象，可以增加进行独特创造的可能性，这一点已经获得了人们广泛的认同。然而，针对将来某一具体方案专门地、系统地积累特定的视觉信息和先例的做法，其价值备受争议。在这个问题上，那些教授建筑设计的人分成了不同的阵营。有人赞成学习和研究与手头将要设计的方案有关的历史或者是实用的先例；有人否定了这一过程的价值，甚至认为它将产生偏见的、非直觉的解决方案；还有人发现，适当地参考先例，对激发灵感大有裨益。

如果有人认识到，不是人人都被赋予了相同的创造力，那么，他可能就会理解以上列举的种种观点的相对性。一个独一无二的天才创造者可能无需任何参考，同时，被迫引入先例——无论是历史的抑或其他的，都可能妨碍或延缓真正的创造。但是，其他的人可能会从这种努力中获益。所以，正是这种个人需要，决定了先例的成功之路在何时，以及何种程度上对他有所帮助。

近来对先例的强调

今天的建筑教育，尤其是美国的建筑教育，强调通过学习历史和研究先例来获得创造力。历史研究成为设计方案的开端。在建筑教育领域久负盛名的学院，如普林斯顿、康奈尔和哈佛，以及官方的建筑出版物，如《建筑教育杂志》(The Journal of Architectural Education)，作为先锋，纷纷倡导在设计教育中强调历史以及对先例的学习。那些卓有成就的教师、建筑师们，也大力倡导并且坚持运用前人的方法。植根于历史的设计教育，形成了一股强大浪潮席卷美国，而不是欧洲或其他国家，这绝非偶然。普遍的观点认为，美国作为一个新崛起的年轻国家，没有强大的基于历史的和可以借鉴的文化起源，而且在20世纪初期由于缺乏对历史的研究，所以，当现代主义运动的先驱们"否定"了历史，这个国家就发现自己处于劣势，现在它正在奋起直追。20世纪70年代的许多年轻建筑创造者也面临相同的情况，他们始终在为此尽力，希望自己赶上这个潮流。

为了满足这种需要，美国的建筑工程尽量把自己与其他国家悠久的历史孕育出的建筑传统联系起来。有趣的是，意大利，特别是罗马，已经被大多数美国学校选为参考源，自从19世纪末设立罗马奖金之后，对罗马的热爱就成为美国建筑界制度化的传统。虽然对意大利的热爱本身是一个有趣的研究课题，但事实上，在这个时候，罗马和意大利建筑成为大多数美国设计师偏爱的源头，他们从中获得历史的启发，同时也排斥了其他同样值得称颂的源头。当代的许多设计方案，都在意大利的历史遗址和城市当中找到了定位。许多方案唤起了当代的建筑项目，并且，通过规范地学习意大利原型建筑和城市设计，那些建筑项目的形式表现手法被其他的建筑师所追溯模仿，并从中获得启发。的确，并不是所有教导设计的教师都真正精通历史，但是，今天的许多设计教师，特别是那些1970年代中期在美国东海岸的学校受教育的人，在教授建筑和激发学生创造力的时候，总是走历史的路线，这一点也毋庸置疑。一种全新的语言被创造出来，在1950年代到1960年代晚期，同一个内涵的术语拥有了新的叫法［例如"footprint"就经常与"总平面图"（site plan）相混淆］。比赛和著名的杂志都成为拥护倡导者，四处传播以历史为基础的创造力渠道。对历史先例的讨论、信息和诠释都是史无前例的，建筑上的后现代主义时期，是一个对历史，对罗马、文艺复兴、风格主义和巴洛克充满强烈爱好的时期。我们相信，对历史先例更加平衡和跨越文化的关注（例如对古典希腊、拜占庭、穆斯林和远东建筑，以及非洲、南美和北美印第安建筑的精确研究），可以进一步提高这种积极的爱好。

历史与历史主义

无疑，对历史的理解，可以为严肃的建筑师提供无可估量的洞察力。通过对某个建筑的历史研究，他／她可以对这个建筑在建造时的文化、技术和哲学限制因素了然于胸。这些解释把这个建筑限定在其建造时的文脉当中。在关注历史的时候，不考虑这些限定因素的干扰和影响，这样做是肤浅的，会给任何源于历史的新创造带来负面效果。如果影响设计师的只是这些建筑在形式上的细节或者视觉上的陈腔滥调，那么，据此产生的结果就将不真实、比例失调，只是对原有设计的练习而已。

"历史主义"与历史是有区别的，它片面地关注历史，总是着眼于形式，并常常演变为危险的折中。在对待建筑的时候，和真正的历史研究相比，历史主义还处于一个相对浅薄和不那么全面、包容的层面上。

虽然许多历史主义建筑师，特别是许多历史主义批评家，试图把历史主义者和当代的折中主义描述成为多义的事物，但是，随着逐步对这些方案进行尝试、探讨和深入研究，尤其是从规模／技术的角度去看，那种争论通常会变得不堪一击。在讨论"历史"和"历史主义"影响创造力的极少量记录中，值得一提的是布鲁诺·赛维。他凭借多年教学和写作中积累的经验，指责布扎艺术所教授的历史企图把（历史）现象简化为"风格……是历史的死亡和原创性的死亡"。在赛维看来，布扎艺术对历史形式的风格学阐释，以及对对称、动态建构、节奏等等诸多教义的阐述，产生了与"创造性"建筑相对立的"风格主义"建筑。他坚持认为"……伟大的、富有创造力的天才们是反古典的，他们运用非对称来寻找解决建筑问题的方案"，根据他的观点，"……非对称帮助你告别懒惰，督促你去思考，而非借助形式的、抽象的方案解决社会和人类的问题。"

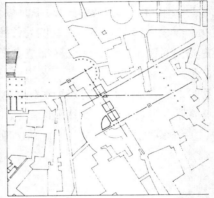

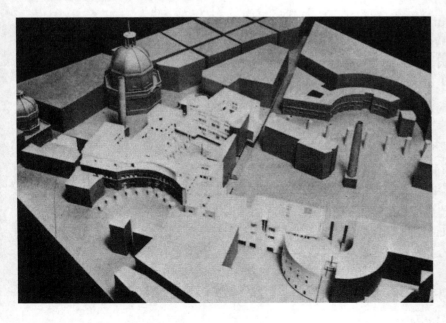

图 8-1　意大利连接 II，或者说看不见的连接：比尔·博斯韦尔工作室提供的方案，由巴巴拉·马汉，德怀特·琼斯和戴维·斯怀姆设计（比尔·博斯韦尔供稿）

　　弗兰克·劳埃德·赖特、勒·柯布西耶和阿尔瓦·阿尔托，他们都
是赛维眼中反古典的英雄。他们被当作榜样，他们的作品成为非风格主
义的富有创造性的独特范例。同时，赛维也建议，历史教学应该以设计
作为方法和媒介，而非讲座和论文写作。而且，它应该创造一种条理清
晰的，能够为所有建筑师理解的语言。他严厉批评了符号学的范畴带来
的困扰，并且认定这种困扰，应该为人间动物园里"**滑稽型**"建筑师们
的作品负责任。

　　针对建筑历史的方向及相关的历史主义概念，以及以布扎艺术历史
为基础的设计方法和1970年代历史主义的复兴，赛维都提出了最严厉

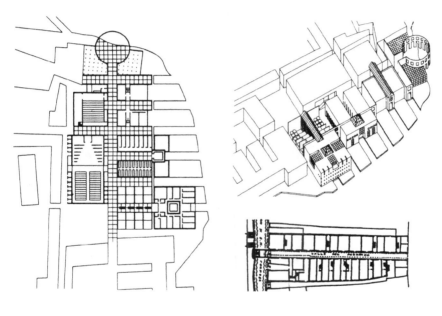

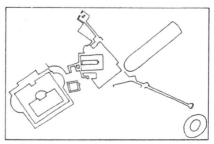

图8-2　对历史先
例的一次变革：卡
莱·德·帕拉迪索，
威尼斯一条中世纪样
式的街道。（引自马
丁·哈姆斯工作室，
根据《建筑教育杂
志》，1982年冬）

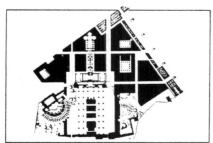

图8-3　斯蒂芬·彼得森的城市设计战略：这些提案把历史环境与近来的典型结合在一起。引自彼得森对"Roma Interrotta"
提交的方案，其变革的结果包括把罗马剧院和纽约市的第五大道及洛克菲勒中心的片段融合在一起［（根据斯蒂芬提交的
"Roma Interrotta"方案，《建筑设计》，第49页，3-4（1979年）］

图8-4 历史主义可能会导致非常失败的结果，特别是当以利益为驱动的取向，操控了采用的风格时，情况更是如此。速成的古代立柱和山墙，不足以弥补不假思索的应用带来的比例问题。图中位于伦敦切尔西区的切尔西港，就是一个已经废弃的、庞大的历史主义建筑

图 8-5 历史主义形态学总是令客户额外增加费用，即使是对合理的建筑技术和敏感的设计最谨慎的运用和开发，也同样是如此：引自奥海尔机场的联邦航线候机大楼的细部（United Airlines Terminal），芝加哥。建筑师：赫尔姆特·扬（Helmut Jan）

的批评。当他谈及历史学家的特权和权威时，他的态度是彻底的批判。我不得不赞同布鲁诺·赛维的观点，以表明我的立场，同时，我也必须意识到他的论点的某些局限。当然，原则上我同意他的主要观点，但同时，我也想超越他思想的边界。我不打算放弃时间这一元素，因为恰恰是时间，使得对历史进行"包容主义的"评价非常困难。要想掌握影响历史上的作品创作的全部因素，需要花费一定的时间。我们对建筑历史投去惊鸿一瞥，看到的也不过是最好的片断而已（它同样也可能是革命性的），因为惊世骇俗的新信息也许会及时出现，从而为一个时代的包容主义环境投下万丈光芒。这个概略的讨论使我们认识到，我们需要按照包容主义的观点来理解并详细阐述建筑历史，并且在这种阐述的基础上，进一步提供能够指导建筑设计师"正确"运用历史的建议。

对建筑历史的包容主义评价

建筑设计师不只是欣赏历史遗留下来的艺术品，为了设计的需要，他仍要"研究"它们。然而，无论是欣赏还是研究，设计师所怀抱的都是同一个目的：包容性。历史包容性就是对历史进行的一种研究，它包括分析和综合两个任务，同时，它试图全面回顾那些在艺术品的建构中发挥作用的、有形和无形的参数。设计师的研究应该包括以下内容：

分析性研究

1.对现有的、通过考古研究或建筑测绘图集获得的关于先例（平面图、剖面图、立面图）的描述性文件进行研究。

2.对地域特征（天气、材料、地域特殊性）进行研究。

3.对结构方法和施工方法进行研究。

4.研究作品的社会文化"框架"（在某个时期内文化、生活方式和文明的历史，并与其他地区和时期类似的艺术品作比较）。

5.找寻朦胧的、神秘的以及具有象征意义的作品，关注在某个特定先例（纪念物或者地方范例）的建构中发挥作用的那个时代的无形价值。

6.空间的概念，包括室内空间和室外空间。

综合性研究

7.根据与研究对象同时代的其他先例，以及当代相近或类似的建筑实例，来阐释所研究的先例。

8.对所研究的时期与当代的相近或类似程度提出设想性的看法。

9.写论文，探讨是否可以为满足今天的需要而采用所选取的先例，使其能够成为历史的延伸，从而证明这种做法的有效性。

这些任务听上去"纷繁复杂、意义非凡"，但是，如果只专注于某一特定的建筑类型，就不必如此大费周折；借助历史先例"库"（即可供建筑设计师检索的计算机程序），建筑设计师甚至可以很轻松地完成任务。

目前，历史学家开展的学术研究，已经很好地涵盖了对先例的分析性研究这一部分。设计师必须致力于对先例进行综合的评价；而且，恰恰是他／她个人对先例所作的阐释，才能最终帮助他／她提出"新颖的"设计方案，别人对作品提供的阐释，无论有多少证据加以证明，对设计师的创作都没有什么作用。设计师必须时刻牢记，自己不是历史学家或考古学家；他们扮演的角色和作家的一样，应该是阐释性的，绝不同于语言学家或者文学研究家，只对文本进行分析。我们追随的是设计师用事实和行动发表的个人见解，而不是学者式的枯燥的陈述性知识。

正确运用历史

对建筑历史进行的具体而又富有想象力的阐释，同包括设计在内的其他活动一样，都是创造性的任务。时间是历史和历史现象的内核，"正确运用"历史是进行建筑设计的前提，而建筑设计本身，就是真正逐步演进的过程。

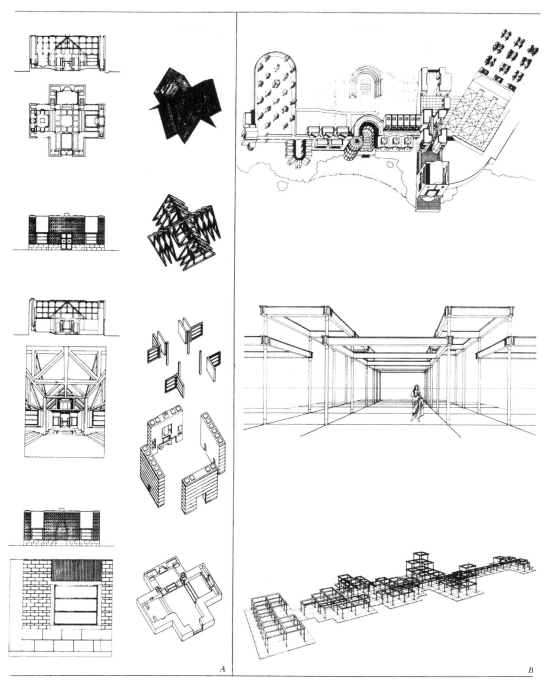

A

B

图8-6 A.梭罗的房子，埃里克·马塔姆设计。B.普林尼的别墅，克里斯·威尔士设计，引自朱迪思·沃林工作室的设计练习，融合了历史先例及文学、诗歌作品（摘自《建筑教育杂志》）

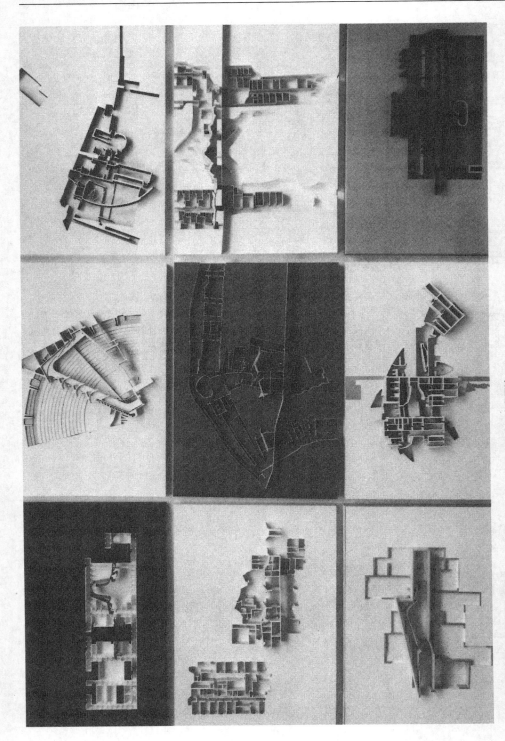

图8-7 如布鲁诺·赛维提倡的那样，用与设计室中类似的方法来研究历史和理论。用空间模型来作为理解先例的工具。引自马丁·普林斯（Martin Price）的理论课堂。

照片由马丁·普林斯和克雷格·库勒提供

图8-8　具有"包容主义特征"的先例：美吉斯蒂·拉瓦拉修道院（Monastery of Megisti Lavra），阿索斯山，希腊。从照片中一眼就能看出建筑的多种考虑：都市的（修道院是综合体），超自然的（三位拜占庭国王的坟墓），追求细部的（砖结构上满是刺绣一样的装饰），栩栩如生，活灵活现

　　对于设计师来说，正确运用历史，应该包括参考自身的历史，以及以跨文化为基础的历史。这一点至关重要，因为，今天所有的社会，都要面对各种现实和具有普遍性的问题。位于东京或香港的商业建筑，需要服从历史的、跨文化的评价，同样，假使这个建筑建在伦敦，也要服从这种评价。

　　今天，要想"包容主义地"、"正确地"运用历史，具有创造力的设计师们需要广泛关注以下方面：

　　1. 参考当地的历史原型；
　　2. 参考世界范围内的原型；
　　3. 参考"遥远的"和"较近的"历史时期；
　　4. 全面探究历史先例；
　　5. 批判地评价对先例的选择和先例的种类。

显然，片面的历史参考是"排他的"，所以应该尽量避免。

　　我认为，偏好外国的原型或舶来的方案，而忽视本地的先例，这种做法是不可取的。至少从文化或者使用者的角度来看，这样做是在为折中主义推波助澜，会催生出脱离现实的建筑。设计师们应该同时研究地方的和世界的原型，互为借鉴，而不是将两者割裂开。

　　运用历史的基础，是关于时间远、近的元素。来自远古的先例，可能与近来的一些文化毫无关系，却和另一些文化颇有关联。每一种文化必须确定自己的时代坐标。然而，对近代先例的回避，可能会使设计过程错失实现真正进化的良机。周期性的复兴，为进一步探究艺术运动的希望和可能性提供了机会，这些运动发生在相对而言并不遥远的过去，但是由于种种原因，它们没有足够的时间发展成熟（20世纪俄国的结构主义，或者希腊的地方主义，都属于这种情况）。

　　在选择历史参考的时代坐标时，设计师必须作出中规中矩的判断。当他尽可能通过历史学习建筑艺术时，他应该仔细选取适当的时代坐标，并且尽量深入探究近代。较之从更遥远的过去寻找答案而言，秉承刚刚逝去的"昨天"进行的创作，更能够承前启后、继往开来，也更具进步色彩。和后现代历史主义的帕拉第奥复兴相比，近来克里斯蒂安·古里申领导的俄国结构主义的复兴以及解构主义者，就更贴近于时代，因为后者至少是对还没有被大规模研究过的20世纪新技术的一次尝试。

　　最后，能够确保正确地运用历史进行创造性设计、并从中获益的，是所选择先例的种类，它具有非常重要的意义。

片面与包容主义的先例

　　和我们设计的所有新建筑一样，一些老建筑是片面建筑行为（仅仅强调风格或形式）的产物，而另一些则是包容主义建筑行为的成果。而且，历史学家或者其他学者，对一些重要的先例只进行了"片面"研究（一直以来，建筑历史学家都因为过分强调外观、忽略了剖面或者室内空间而臭名昭著），以包容主义的方式研究过的先例则屈指可数。坦率地说，我欣赏包容主义的先例，并且认为，这才是设计师应该追寻的适当的先例。

　　由于缺少原创的包容主义的研究，设计师应该自行研究，或者干脆回避先例。否则，他对先例的认识只不过如同蜻蜓点水，对深思熟虑的设计只能产生肤浅的反应。建筑史教科书中所提供的包容主义的先例非常有限。设计师必须从考古参考资料、历史论文或者是那些著名的历史学家们毕生研究的项目中寻找合适的先例。

　　历史研究把片面和包容主义这两种先例都同时馈赠给了我们。帕提农神庙通常被描述为片面的先例、"古典美的象征"、"形式上的唯理性"、"比例的完美"等等。然而，很少有人提及这个建筑对于希腊各公国衰落的国家防御体系的致命打击。实际上，伯里克利从提洛岛上的国库中挪用防御资金，用于建设这个浩大的工程，这种做法最终对所有希腊城邦的联盟产生了不利的影响。片面的先例也指迪朗（Durand）为那些在巴黎美术学院学习以及其他学习建筑类型学的学生开列的目录上的建筑，因为绘图是他们唯一的交流方式。最近，后现代主义时期见证了片面先例的复兴，在这个时期，青年设计师和历史主义教师不加选择地使用了历史建筑的名单，并把它们当作能够激发灵感的"形式宝库"。显然，虽然对于那些善于思考的、虔诚的探索者来说，这样的手册是一笔宝贵的财富，但是，对它使用起来必须慎之又慎。教师们应该鼓励学生对他们可能选择的先例进行深入的研究。人们应该努力超越他们在后现代主义统治的十年里所经历的浅薄。先例和古老的东西应该被赋予新的意义。亚历山大·楚尼斯（Alexander Tzonis）和利亚纳·勒费夫尔（Liane Lefaivre）合著的《古典建筑：秩序的诗学》（Classical Architecture：The Poetics of Order），就是对这种浅薄的有力一击。在这本书里，作者机智地反驳了几位后现代主义理论家的观点，并且通过系统的分析和批判式的辩论，阐释了古典建筑的法则和精髓。

另一方面，人们在争论那些有形和无形的束缚时，偶尔会从包容主义的角度去剖析和描述克诺索斯宫（The Palace of Knossos）。包容主义的教师应该首先寻找包容主义的先例，并且指导学生展示他们研究的这些先例的包容主义框架，然后再在设计教学法中使用它。如果研究无法证明一个先例具备包容主义的框架，那么这个先例就是浅薄的、反效果的，应该避免使用它。当然，了解哪怕是最平凡的无名建筑[日本的仓库，英国中世纪的"曲木框架"房屋，特洛斯（Tenos）的鸽笼建筑等]的全部情况，远比运用以其片面性著名的先例重要得多。

研究人员已经对许多历史先例进行了最好的包容主义的研究，我们将从中找出有用的先例介绍给大家，它们是：克诺索斯宫、克吕尼修道院、阿尔罕布拉宫（Alhambra）和加拿大的杰内拉利菲宫（Generalife），以及日本的Kura(即仓库)。

宽容的必要性

刚才，我们提出了审视历史的包容主义和正确的基本规则，我们还在对历史和历史主义的本质加以区分之后，建议对先例进行正确的选择，现在，我们提请大家注意真正的个人内省的必要性，因为借助个人内省这种方法，可以深化每个设计师对历史和历史主义的态度。

设计师能够在自己的有生之年观察到他在建筑方面所取得的进步，

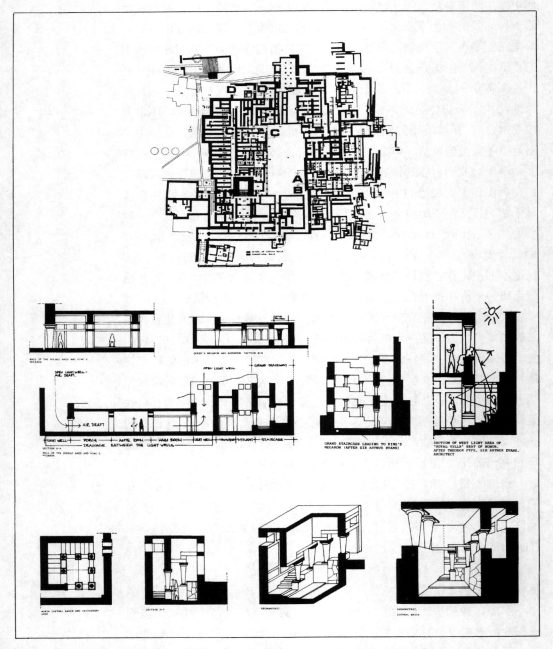

图8-9 克里特岛上的克诺索斯宫，作者接受了这个"包容主义的"历史先例，并且从学生时代就开始持续不断地研究它（引自A·安东尼亚德斯的"克里特的空间"，《A+U建筑》和《城市主义》，1984年10月）

这将具有非凡的意义。再也没有比自己的经历更好的历史证据了；所以，如果设计师一直不能停下来诚心诚意地反省自己的方案和价值，这将是非常有害的。正如帕纳约蒂斯·米凯利斯（Panagiotis Michelis）所说的那样：

> 时间是最伟大的价值评判者，因为随着时间的推移，评判会变得更加明晰，旁观者更容易洞悉作品的精髓，自从他把自己与时间剥离开，他就能够真诚坦白地面对这些精髓。然而同时，艺术触及了它所处的时代，实际上，只要它知道如何让艺术理念超越时间本身，它就应该矢志不移地表现那些时代。（米凯利斯，1977）

结果，置于真实深入的历史理解这一广义框架之下的个人内省，可以成为一条通往建筑创造力的康庄大道。这种内省甚至可以把设计师年轻时稚嫩的历史主义倾向，转化成真正的历史态度和立场，帮助他／她创作出事业上的成熟之作。因为这种可能的转化，我们相信，历史主义可以为一个人真正踏上历史大道做好准备，对于教学来说，一个人早年浅薄的建筑创造甚至是必要的条件，历史主义甚至也可以纳入教学当中。个人内省、批判的审阅和时间将轮番上阵，两类方案，无论是诚恳的或是浅薄的，都将受到评判，并且最终将为建筑师在未来成熟阶段的新开端奠定基础。

我们不是因此就断然否定"历史主义"是通向创造力的可能途径之一，因为这样做，我们就会丧失充分比较和取得进步的机会，而人们希望这些比较和进步，能贯穿设计师的一生。对于任何源自历史主义和参考作品的东西，如果要把它们作为获得创造力的途径，那么，对它们采取怀疑的态度，都将大有裨益。

篡改和操纵

人们也许不相信历史主义，也不相信对参考作品进行的正式演绎，但是，如果人们能够把率直的、批判的审阅引入到设计过程当中，并且时刻牢记建筑艺术作品的多重属性，人们就可以通过一系列形式和思想上的变形，创造出有意义的、自发的成果。在设计过程中，形式追随功能这一教条，已经被一种默契所代替，这种默契就是，形式和功能可以被"篡改"和"操纵"，以达到相得益彰的目的，因此，历史主义和对参考作品的演绎，就具有了显著的意义。

现在的问题是，人们如何发挥每条途径的潜力以获得创造力，而不是去判断一些途径是否有效，而其他的途径是否无效。当然，这并不意味着历史和历史主义，就应该让建造的房屋具有古希腊风格的"山形墙"，以及其他来自远古的视觉符号。最近，过去的象征形式，以及与先例形似的作品，出现在美国的许多设计方案当中，这就是对历史进行浅薄欣赏的明证。如果人们去敲击许多历史建筑坚固的墙壁和室内的立柱，人们宁愿敲断手指，也不希望带着与敲击孩子的玩具鼓发出的声音类似这样的记忆离开。迈克尔·格雷夫斯设计的位于圣胡安的图书馆，就是一个很好的例子。这是一座在诸多方面欺世盗名的建筑，它的功能、规模、材质、声音、光线和整体布局，没有一处值得那些渴望向邻近的建筑学习的人们借鉴。此前的建筑师在材料的合理使用、光线的巧妙运用、材质的充分表现上是真诚的；如果我们想要参考过去，我们为什么不注意一下他们所拥有的这份真诚，并把它融入到我们自己的作品当中去呢？

一个警告

设计师在自省，或者偶尔为检讨自己的设计方案而进行私下交流的时候，必须认真考虑上面提到的真诚。这也许是今天的历史主义所需要面对的最重要的问题。在一些场合，真诚所达到的程度，甚至（依然在很多人中间）是令人无法接受的。伪造和剽窃，这些为法律所谴责的行为，以各种方式获得宽容，很多人甚至会毫不犹豫地以身试法。菲利普·约翰逊以渊博的历史知识闻名于世，但是，他也因为知识分子的不可一世而声名狼藉，正如他在一本为"新古典主义"辩护的出版物中所陈述的那样，"我不能不抄袭。"假使有一部《建筑版权法》存在，那么，当前很多抄袭和频繁出现的浅薄的历史主义实践行为，就都可以避免，或者至少建筑师不得不在他们的建筑的墙壁上挂一块牌子，为他们所引用的参考作品做上脚注（这些脚注最好让人们一眼就可以看到）。

相反，在对剽窃和抄袭的心态提出的警告当中，人们可能会提到巧妙构思的历史主义所具有的潜在的积极价值，这种价值不可能是别的，只能是折中的、包容性的历史研究。巧妙构思的历史主义方案（尤其是那些在工作室中诞生的方案）表明，学生的作品可以是严肃而又独创的、大胆而又现实的、原创而又原始的、多元而又贴近环境的、当代而又承袭历史的，因为在工作室里，人们可以试着把对历史的学习和对设计的训练整合起来。

原始的一切是构成创造力不可动摇的基础，对历史的学习在此时是很有帮助的，因为它可以把创造者带回他／她的本源，带回到人类的最初阶段。从这个意义上来说，如果人们像维科、卡西尔和米希尔·伊利亚德一样相信想象和创造源于"远古的神秘"，那么历史就能够带来巨大的帮助。

神话和原始这两个概念引出一系列话题，这些话题只有通过历史的（甚至历史主义－折中主义的）渠道，或者先例的途径才能够解决。人们在选择先例时应该使用哪些策略？需要注意哪些问题？当设计师在工作室里应用那些历史教训的时候，对待这些教训采取什么样的态度才是"健康的"（诚实的）？对教师、学生和建筑师一类人总的指导原则是什么？我个人认为，先例策略除了上面讨论的、狭隘的选择先例的建筑准则之外，还应该考虑到社会文化性质，以及当代建筑师的跨文化背景。

从社会文化的角度选择先例，应该考虑以下方面：

1. 学生群体的复杂性以及他们的文化差异。

2. 由于幻灯片、出版物的泛滥，以及照片的失真所带来的无法回避的困难，对教师提出了很高的要求，让他们不得不从事艰巨的编辑工作。

3. 早期对于立场的陈述，而又不考虑对"历史"、"历史主义"、"风格"以及最终相对应的"古典"和"当代"这些术语的理解，因为我们的建筑服务于我们所生活的时代（及未来），而不服务于过去。

4. 阐明教师自己对更广义框架（还有过去）的个人立场，以及需要证实的批判性争论，这些争论包括人们为什么要与一个特定的时期、一个特定的建筑思想阵营、一个特定的风格或者一种特定的偏见结盟。

在以下的讨论中，我们将详细陈述并澄清这些想法，希望我们的结论水到渠成。

跨文化的困境

当我还是美国（新墨西哥大学）一名年轻的设计教师时，我发现，在美国没有印第安村庄的测量图，这个国家的学生，并不把这片土地上的本土建筑，作为对建筑历史的任何深入研究的前提，这时，我真的困惑了。更让我大惑不解的是，校方的管理层热衷于组织师生去欧洲和世界其他地方旅行，却让他们的学生对本土丰饶的建筑视而不见。我想起我在希腊海岛上度过的美好时光，那时我还是建筑系的一名年轻的学生，我在岛上的城镇里为教堂、房屋和古老的修道院作测量和画草图，

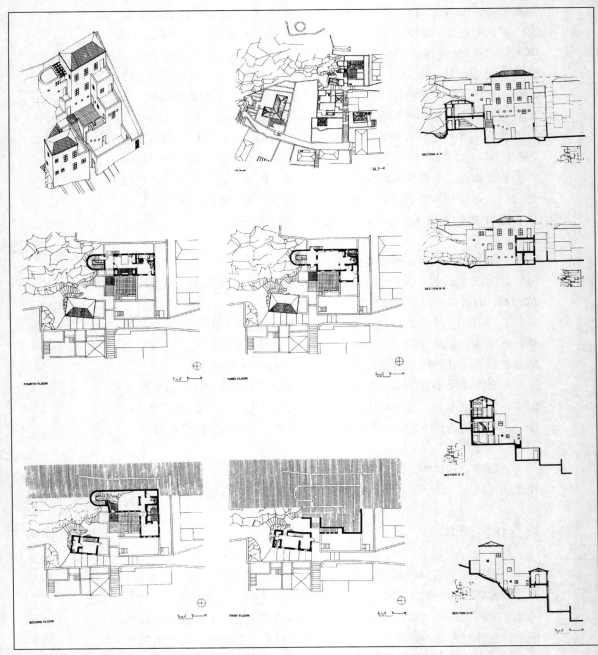

图 8-10 在"历史分区法令"所管制的地方（圣菲，新墨西哥州；伊兹拉岛，希腊）进行的设计项目给人们提供了机会，去思考如何"展现过去的面貌"，创造出仿佛一直就矗立于那里的建筑。汤姆·麦克斯韦尔为自己的总公司设计的最终表现图，伊兹拉岛，希腊；来自作者的第四年工作室，得克萨斯大学，阿灵顿，1988 年

沉浸在令人激动的建筑特有的温暖中。这些美好的回忆更使我愤慨。因为缺少这样的经历和回忆，我自己的学生要贫乏得多。

因为一个建筑师不学习本民族的传统和文化，这是不可想象的。同样令人大惑不解和难以想象的，还有去履行所谓的"先例的束缚"，强迫学生去接受来自一个（而且是唯一一个）国家的先例。

关于偏见

迈克尔·格雷夫斯是一位过分依赖历史和先例的建筑师，他经常在著作中坦诚地探讨这些话题，他认为，"建筑师通过偏见或特定的视角来观察他的先例。"他在使用先例时的全部方法，都是基于这种偏见。从某种意义上说，格雷夫斯巩固了人们头脑中跨文化差异的观念（心理学家从认知的角度，在很大程度上，已经证明了这种观念的存在）。

所以，不同的人，从同一个建筑中吸取的教训是不同的，认识到这一点非常重要。它取决于他们特定的偏见。这些偏见的形成，在很大程度上取决于建筑师所在的学校、学习的课程，以及成长的文化艺术土壤（或者缺乏某种土壤）。一个非洲学生对罗马的理解，就与一个美国或斯堪的纳维亚的学生截然不同，即使他的草图画得比其他人的都要好。如果设计教师能够参考那些针对文化差异的研究，借此不断充实自己，那将是有百利而无一害的事：教师应该把学生群体带来的文化中存在的例子吸纳进来。人是任何一种文化的基础，而建筑是为人服务的。只要回溯到每个先例的设计源头，教师就都能发现每一种文化的先例中所包含的"有益之处"。

在平衡使用各种先例的跨文化环境熏陶下，学生们会意识到，解决特定问题的好方法不只一种，他们应该致力于选择自己应该使用的方法，并且找到选择这种方法的原因。只有这样，学生才能够进行创造，而不仅仅是被动地接受或盲从。

如果人们接受了建筑包容主义的前提，那么，人们就应该接受跨文化地选择先例和跨文化地教授历史，以此作为进行包容主义指导的先决条件。然而，与先例资源的泛滥相比，这些理念使我们必须面对一些属于这个时代的特殊问题。只有早在1960年代以前，建筑师才是通过教师画在黑板上的草图学习他们的先例。在这种情况下，有一个"经济原则"。学生有足够的时间去吸收、储存和转化这些相对较少，但是由导师为他们精心挑选的例子。随后，一些建筑师开始旅行，依靠他们自己的眼睛和草图，追随勒·柯布西耶推荐的路线。但是今天，所有的一切都已经改变。你几平找不到一个学校，在那里没有持续改进和更新的幻灯片库。

虽然这是具有深远意义的大事，对于那些发达国家的学生来说更是独特的，但是，这件事既是福音，也是一种障碍。大量的幻灯片以及投影设备，对导师提出了特别的纪律（特别是建筑历史学家和理论及设计教师），也会给那些不断努力吸收的学生带来特别的问题。要遵守以前由黑板（区域的面积，绘制草图的能力和速度）以及导师手指上的粉笔灰所强加的纪律是困难的。另外的障碍还在于，媒介的内在特征很容易造成虚假的形象——照片很容易失真。

幻灯片把杂志的欺骗引入了课堂：精美的幻灯片（其中的建筑，教师并没有亲身体验过）可以很容易就把建筑的神秘化成永恒，或者可以在人们的头脑中勾勒出图像，而当你看到真正的建筑时，这些图像就被彻底地推翻了。当我去参观许多建于1970年代中期的辉煌迷人、上镜的建筑物时，我感受到了极度的"失望"。也许在参观位于东京新宿的Ichi-ban-kan这个建筑的时候，我感受到了前所未有的惊讶和不满，而这个建筑还是查尔斯·詹克斯（Charles Jencks）非常有影响力的著作《后现代主义建筑的语言》(The Language of Post-Modern Architecture) 前两版的封面。

所有这些都指出，幻灯片作为一种教授"先例"的方法，具有独到之处，也潜藏着内在的障碍。积极的方面有很多，最特别的方面是产生刺激和个人神话的可能性，以及富有想象力的学生可以对幻灯片进行诠释。只要一个富有感染力的形象就可以启发人们进行创作（而不管看到的内容是什么），这种创作可以是即兴的，也可能是在未来的某个时候进行，只要环境允许大脑释放这个形象。矶崎新在他的著作中提到了他对勒杜的情有独钟：在自己的脑海中保留着勒杜的一些设计，这些设计是他在1950年代做学生时看到的。

幻灯片丰富了大脑的视觉潜意识仓库的质量。教师有责任进行特别的训练，向学生全面包容地介绍先例（展示平面、剖面和室内图，而不仅仅是室外立面图），并且像启蒙老师一样清楚地释疑。他们必须从容不迫地享受在黑板上画出美丽草图的过程。

设计指导教师的作用

然而，设计指导教师必须把握住自己对历史大体的个人认识和信仰，这是最重要的方面。不假思索地加盟一个团体或另一个团体，或者认同某种方式或风格，并不能保证对教学工作有益。人们必须处理这些问题，并且要在探索自我的层面上非常认真地处理。在这方面，人们必须问问自己的本源、个人的立场以及与过去、现在和将来的关系。

设计指导教师应该以非常挑剔的眼光，来看待历史学家、理论家和美学家对各个建筑时代的质量所作的判断，特别是当这样的判断建立在不完整的信息和非学术的证据之上时，更应该如此。因为在某个历史阶段，所有的建筑时代都被不公正地贬得一无是处，而在另外某个历史阶段，一些时代被抬高了，取得了比其他时代优越的地位，这期间的著作中充斥着固执和狭隘的片面性。设计指导教师对所有这些问题都必须涉及，向学生展示包容主义的案例，非常清晰地阐明他／她自己在风格、著名建筑师、折中主义与包容主义、完美与缺憾等问题上的立场，对古典与当代的理解，对节制、限制的全面态度以反对无纪律倾向，对研究的态度，以及从事研究工作的习惯等等。

以下是我对这些问题的个人态度，它可以作为其他教师和学生采纳或者辩驳的基础。

关于风格的问题

乍一看，偶尔关于风格和各种建筑分类的争辩，都是围绕着古典这一核心概念展开的。历史学家、美学家和批评家花了不少笔墨讨论这一主题。1970 年代末 1980 年代初，许多建筑专业的学生指出了 20 世纪第三个二十五年里，许多人头脑中关于"古典复兴"的困惑，这是他们就古希腊建筑与意大利文艺复兴时期的建筑进行辩论时捎带关心的问题。学者（和他们的追随者）用极为狂热的词藻来描述这两个时代的著名范例，一些人热衷于其中一个时代，从而贬低另一个时代的价值。后现代主义的十年偏向于文艺复兴。倾向于文艺复兴的著作大量泛滥，概括而又深奥，而古希腊建筑的价值只能放在附加的说明当中。而且，这类著作把它们推崇的建筑师（维特鲁威、帕拉第奥、阿尔伯蒂）的经验看作理所当然的东西，而这些人没有哪一个真正目睹过古希腊建筑。另一方面，如果只看表面价值，而且毫不犹豫地相信维克多·雨果诸如"文艺复兴从真正的古代艺术中创造了虚伪的艺术"这样的言论，或者弗兰克·劳埃德·赖特类似的观点（他经常引用雨果的语句），这种做法也是非常危险的。

榜样建筑师和学者

健康的设计师所作的包容主义的历史探索，应该抛开上述这些态度。人们应该同样严格地倾听两方面的观点：维特鲁威、帕拉第奥、阿尔伯蒂应该不断地被马蒂拉·吉卡、弗莱彻（Fletcher）以及勒·柯布西耶这样的建筑师加以改进。

实际上，20世纪最优秀的建筑师潜心研究过这两种文化，他们精通古希腊和文艺复兴。他们也能够把这两者中最好的经验融入自己最出色的设计当中。在我看来，阿尔瓦·阿尔托是这方面首屈一指的楷模。

关于完美与缺憾

折中主义只在一种文化中出现，而包容主义则在人类所有的文明宝库中闪光。人类文明的每一次辉煌，创造出的所有最优秀的作品，都是全体人类的共同财富。但是，这并不意味着每个特定历史时期的创造都是完美无缺、好评如潮的先例。人们应该寻找独一无二的、高品质的细微之处；对专攻设计的学生产生持久影响的是例外，而不是规则。例如，人们不会轻易忘记，古希腊建筑的"完美"，大半归功于人们始终有意识和持续运用了一连串"缺憾"，这种"缺憾"确保作品永远显示出神秘的生命力，今天，这被认为是艺术作品的"潜在运动"。这种"缺憾"体现在立柱的发散状、凸肚状或突出状，帕提农神庙的弯曲，对权威装饰和图示表现法的背离，建筑群布局中的种种不规范，喷水口狮子头的轻微旋转，屋脊瓦的轻微倾斜等等。

人们发现，所有这些，都属于希腊院士罗迈欧斯（K.A. Romaios）所描述的"潜在运动"，这是关于古希腊艺术作品的特质和理论，与威廉·亨利·古德耶尔（William Henry Goodyear）的"潜在的独特性"理论颇为相似，在后者的基础上，帕纳约蒂斯·米凯利斯认为："在希腊艺术中，可塑性与独特性是一致的，"而且"通过辩证对照，一个结合体诞生了……"换句话说，他们通过观察发现，希腊古典建筑引以为豪、与众不同的生命力的源泉，就是有计划并且策略性分布的点点"缺憾"，这些人为施加压力的因素，与看起来中规中矩的秩序规则和文艺复兴的几何图形正好相反。

纪律和工作习惯问题

设计活动不仅需要理论知识和全面的文化素质，而且还需要工作习惯和诸如制图、绘画和制作模型这样的实践活动。在这些方面，历史同样可以为我们提供很多借鉴。我们应该不断充实自己的记忆：伯鲁乃列斯基（Brunelleschi）的艺术包容性和非凡的职业才华；米开朗琪罗（Michelangelo）制作模型的习惯；帕拉第奥和密斯·凡·德·罗各自从石匠和砖瓦匠起步这样的事实；对如何谋取设计任务的正确态度，也

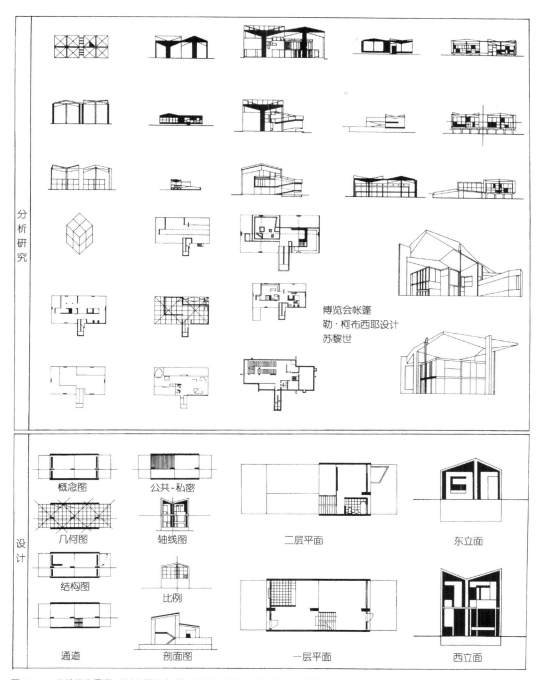

分析研究

设计

博览会帐篷
勒·柯布西耶设计
苏黎世

概念图　　公共-私密　　　　　　二层平面　　　　　　东立面

几何图　　轴线图

结构图　　比例

通道　　剖面图　　　　　　一层平面　　　　　　西立面

图 8-11　当代的先例和"以大师的方式"设计的方案。学生通过分析勒·柯布西耶位于苏黎世的博览会帐篷而作出的设计。Hanieh Waichek，来自 Andrzej Pinno 的第三年设计班，得克萨斯大学，阿灵顿，1987 年

是设计师的设计过程和作品质量的重要基础。

正因为以上这些事实，所以当我们在处理建筑史问题时，包容性就成为最重要的因素。例如，如果兼顾古希腊和文艺复兴，就可以得到一个更丰富的综合体。它是取得非凡成就的源泉，可以让我们像古希腊人一样，创造出带有看不见的和谐，而又无法一览无余的建筑；同时，它也可以在空间中为建筑注入活力，让其作品像文艺复兴时期的建筑一样，在模式上和比例上充满魅力。然而，这个工作说起来容易做起来难。它需要在理论上和实际的设计提高培训中学习，并且专心应用。而且，它还需要深刻理解影响包容性行为的相关元素。对"古典"的包容性评价可以用来阐述这一点，"古典"这个概念通常被认为是不言而喻的，但是实际上，它是复杂的，在环境上独立的、微妙的和动态的，并且最终是理解"当代"这一概念的前提条件。

古典和当代的概念

当我意识到某些学术研究在我们现在讨论的这个问题上的重要性，特别是约翰·萨默森（John Summerson）的《建筑的古典语言》（The Classical Language of Architecture，麻省理工学院出版社，1963年）和亚历山大·楚尼斯－勒费夫尔的《古典建筑：秩序的诗学》（麻省理工学院出版社，1987年）的杰出贡献，并且仔细考虑了我们已经考察过的资料之后，我决定再一次"移植"我自己，接受来自哲学和美学的帮助，并特别留意了波兰著名哲学家塔塔尔凯维奇（Tatarkiewicz）的著作。他的分析为我们提供了更具包容性的典范，所以，可以作为更具可信度的起点。

在塔塔尔凯维奇看来，如果作品的特征符合对"古典主义"这个术语的两个方面的理解，即整体理解和限制性理解，那么它就可以被认为是"古典的"。在整体理解中，"古典主义"应该代表某种更成熟的东西，以及一种文化最杰出的产品。公元5世纪是希腊的黄金时代，那时，伯里克利的作品被认为是最好地再现了古代的文化、它的价值和追求的一切，以及当时的技术水平；这些作品是对当时所有艺术门类的高质量的总结，是那个时代智慧的巅峰。同样，13世纪欧洲的哥特式教堂作为中世纪成熟的缩影，也是"古典的"（过去许多人认为哥特式建筑是低等的）。对"古典主义"的限制性理解（运用在所有的艺术门类当中），指的是带有某些特征的文化、艺术和诗歌，这些特征包括各个部分之间的节制、限制、和谐和平衡。"古典建筑语言"（希腊、奥古斯都时代的罗马，或者哥特式）指的是为找到可视元素而进行的讨论，其目的是为了明确这些元素。

好些学生已经发现了某些规则，遵循这些规则，可以在各个部分之间达成节制、限制、和谐和平衡，以及任何隐蔽的或者"潜在"的状态，特别是与希腊古典建筑有关的状态。节制与限制这两个因素的存在已经得到证实，没有疑问；而和谐与平衡这两个因素已经在许多层面上被研究过，它们的存在也得到了证实。

某个事物要想获得"古典主义"的称谓，它就必须符合对这一术语的两种解释，如果这样一个前提得到人们的承认，那么，对作品进行相应的研究和分类，就会变得容易一些。在这里，我们可以看到定义的好处，如果没有它们，我们就无法在美学和评论领域展开辩论，而这两个领域的辩论，对于进化过程都是必不可少的。出现分歧并不特别重要，重要的是有精心策划的辩论，以及想要提高、循环或者得出结论的欲望；因为这样或那样的原因，受到辩护的作品不一定是"古典的"，但不管它们是什么，我们如此判定的理由，都是我们所给出的定义。根据对古典主义的限制性解释，哥特式建筑就不是古典的，因为它没有表现出限制和节制。根据塔塔尔凯维奇的观点，同时符合对古典主义的两部分理解的时代，有奥古斯都统治下的罗马，查理大帝统治下的法国，以及美第奇统治下的佛罗伦萨。

显然，20世纪的建筑无论如何都不是古典的，人们可能会提出，太空工程艺术和计算机设计艺术满足对古典主义的第一种解释。这个时代的文化中出现了宇宙飞船和计算机，它们是这个时代的价值和技术的巅峰，代表了人类在这方面的最高成就。但是，人们没有谈及对古典主义的第二层解释；我们还远没有带着限制和节制走进太空，而宇宙飞船留给我们的东西，并没有给人类生活带来好处。

如果现在，我们把"古典主义"看作是进化曲线和艺术加工进入巅峰的状态，把它之前的一切都称为"原始的"或者"古老的"（采用艺术史上早期所使用的术语名称），把它之后的一切都称为"颓废的"（有保留的），这样做将会很有益处。重要的是要限制"颓废"，让它从怀疑中受益，这样，就把抽象定性的解释留给了未来的批评家们。

这些术语只能用在假设的共同文化当中；当文化改变的时候，可以运用另一种解释。当文化框架发生改变，对这时产生的新形象，还以过去在其他文化下产生的形象为基础而等同视之，或者嗤之以鼻，这样做最容易让人感到困惑。当某个文明或者某位艺术家，从其他文化的古典时代借用形式，而不是寻找可以表现他／她自己文化特征的原始形式，我们就会从中发现伪古典、古典主义者或者新古典主义的人工制品，而这些东西都远没有古典主义来得那么精致。

结论

对历史或者特殊先例的研究，允许人们对被审查作品的相对价值作出可靠的判断，并学习可能对自己的创作有所帮助的经验。但是，作品最终的决定因素是作者的个人道德，它允许他/她以"自己文化框架中的独创性"为目标进行创造，或是借用。显然，1980年代早期的个人道德判断之一，是该用什么来表现这个时代的巅峰。菲利普·约翰逊这样的建筑师承认抄袭复制；海伦·西林（Helen Searing）和后来的查尔斯·詹克斯这样的评论家，把自己对于古典主义的理解制度化。尽管这两位作家都努力阐明各自的古典主义概念，但是，他们都没有提到古典主义负面内涵的那些基本问题，而这些问题，在19世纪就已经广为人们所理解。人们一直认为古典主义是值得接受的，对其有效性没有什么争议，而我们似乎要在纯粹"伪"的或者谎言的负面环境这样的基础之上来详细阐述某个观点。我们所处的时代是全球性的"谎言时代"之一吗？我们想作其中的一个说谎者吗？有人会说，如果谎言被相信了，就不再是谎言。显然，每个创造者都应该有自己的回答。

当前对历史的强调会产生积极的影响。问题不在于是否参考某一段历史，而是要深刻地、诚实地、全面地参考和理解，而不是肤浅地、不诚实地、形式地、蜻蜓点水式地回顾历史。虽然一些例外的著作建议人们要反复斟酌人们对历史的评价是否经过深思熟虑，但是，在我们看来，许多宣称历史是创作活动之基础的人，都是浅薄无知的，这其中既有教师，也有建筑师。T·S·艾略特是一个例外，他为我们留下了健康的、富有创造性的历史评价。通过研究历史，人们可以树立一种历史感，在艾略特看来，"任何一个25岁以后还想继续当诗人的人，都不能没有这种历史感；历史感不仅要我们认识过去状态下的过去，而且还要我们认识现代背景下的过去。"

艾略特说的是诗歌，我们说的是建筑。两者都是诗学行为。历史感可以让建筑师更敏锐地意识到自己在时空中的位置，以及自己所处的时代。历史和历史主义是获得创造力的两条道路，打个比方，它们就好像两条悬崖峭壁边上的羊肠小路，可以把两类探险者带到一个未被发现的新领域。谨慎、坚定的探险者会利用他/她过去积累的全部经验，一路上警惕小心，去寻找传说中的香格里拉。心浮气躁、粗心大意的人可能一心惦记着香格里拉，错过了路，跌下悬崖，永远也到不了那个地方。这两条路都通向顶峰，但是，只有探险者才能登上顶峰。

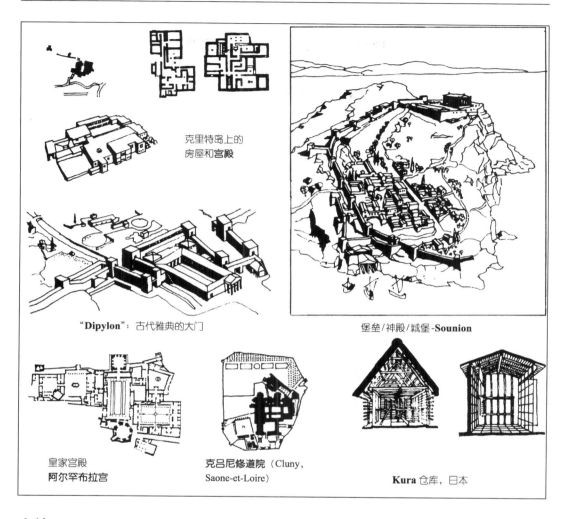

克里特岛上的房屋和宫殿

"Dipylon"：古代雅典的大门

堡垒/神殿/城堡-Sounion

皇家宫殿
阿尔罕布拉宫

克吕尼修道院（Cluny, Saone-et-Loire）

Kura 仓库，日本

小结

　　建筑史被认为是区分不同建筑师的定性参数。来自远古和近代的建筑先例是有教益的，可以改善设计过程。在本章我们讨论了历史和历史主义之间的区别，介绍了关于正确使用两者的争论。我们反对历史主义的"偏见"，定义了对历史的"包容主义"评价，探讨了正确使用历史的观念，建议人们选择正确的先例。而且我们强调每一个设计师必须进行个人内省，作为从历史主义向历史过渡的手段。在本章结尾，我们讨论了影响设计师借鉴历史的主要问题（比如风格），得到的结论是，有必要加强建筑师的"历史感"。

图 8-12 跟随学者对"值得称赞的历史先例"进行考古测量或者模拟重建之后，学生的临摹揭示了规划、密集程度和结构的秘密，即使亲自访问这些建筑，也不可能获得这些发现

参考书目

Antoniades, Anthony C. "Mount Athos: Historic Precedent to Arcological Post-Modernism." *A + U Architecture and Urbanism*, September 1979.

―――. "Cretan Space." *A + U Architecture and Urbanism*, October 1984.

Bouras, Charalambos. *Mathemata Istorias tis Architectonikes* (Lessons of Architectural History). 3 volumes. Athens. Vol. I, 1975; Vol. II, 1975/1980/1984.

Cassirer, Ernst. *The Problem of Knowledge*. New Haven and London: Yale University Press, 1950, pp. 217-225.

Curtis, William J. R. *Modern Architecture since 1900*. Englewood Cliffs, NJ: Prentice-Hall, 1987.

―――. "Toward an Authentic Regionalism." *Mimar 19*, Spring 1986.

Dean, Andrea O. *Bruno Zevi on Modern Architecture*. New York: Rizzoli, 1983, pp. 44, 48, 62.

Eliot, T. S. "Tradition and the Individual Talent" in *Perspecta 19, The Yale Architectural Journal*, 1982, p. 37.

Evans, Joan. *The Romanesque Architecture of the Order of Cluny*. Cambridge, Eng.: University Press, 1938.

Fanelli, Giovani. *Brunelleschi*. Scala Books, 1980, p.32.

Frampton, Kenneth. *Modern Architecture: A Critical History*. London: Thames and Hudson, 1980, 1985.

Grabar, Oleg. *The Alhambra*. Printed in the USA, Oleg Grabar, 1978.

Graham, James Walter. *The Palaces of Crete*. Princeton, NJ: Princeton University Press, 1962.

Graves, Michael. "Referential Drawings." *Journal of Architectural Education*, 32, 1 (September 1978), p. 24.

Ghyka, Matila C. *The Geometry of Art and Life*. New York: Sheed and Ward, 1946.

Isozaki, Arata. "The Ledoux Connection." In Jencks, *Free Style Classicism*, p. 28.

Harms, Martin. "Historic Precedent in the Studio: Projects for Venice." *Journal of Architectural Education*, 35, 2 (Winter 1982), p. 29.

Jencks, Charles. *The Language of Post-Modern Architecture*. Academy Editions, 1978.

―――. "Free Style Classicism." *Architectural Design*. London, 1982.

Kahn, Louis. "The Invisible City." *Design Quarterly*, No. 86/87 (1972), p. 61.

Le Corbusier. *Towards a New Architecture*. New York: Praeger, 1960, pp. 123, 124, 125, 129, 130, 141–151, 161.

Konstantinidis, Aris. *Dio Choria ap' te Mykono* (Two houses from Mykonos). Athens, 1947

———. *Ta Palia Athenaika Spitia* (Old Athenian Houses). Athens, 1950.

Michelis, Panagiotis A. *Aisthetikos.*Detroit: Wayne State University Press, 1977, pp. 18, 19, 21, 37, 42, 106, 285.

Papachadje, Nikolaou. *Pafsaniou Ellados Periegeses: Attica*. Ekdotide Athenon, Athens, 1974.

Porphyrios, Demetri. *Sources of Modern Eclecticism*. London: Academy Editions/St. Martin's Press, 1982, pp. 114, 116.

Samuels, Mike, and Samuels, Nancy. *Seeing with the Mind's Eye*. New York: Random House, 1975, pp. 239, 248.

Schildt, Göran. *Alvar Aalto as Artist*. Mairea Foundation, Villa Mairea, 1982.

———. *Alvar Aalto: The Early Years*. New York: Rizzoli, 1984.

———. *Alvar Aalto: The Decisive Years*. New York: Rizzoli, 1986.

Searing, Helen. *Speaking a New Classicism: American Architecture Now*. Northampton, MA: Smith College of Museum of Art, 1981, p. 35.

Summerson, John. *The Classical Language of Architecture*. Cambridge, MA: MIT Press, 1963.

Tatarkiewicz, Wladyslaw. *History of Aesthetics*. Warsaw: Mouton, PWN-Polish Scientific Publishers. Vol. I, 1970; Vol. II, 1970; Vol. III, 1974.

Teiji, Itoh. *Kura: Design and Tradition of the Japanese Storehouse*. Kyoto: Kodansha International, 1973.

Turner, Paul V. *The Education of Le Corbusier*. New York: Garland Publishing, 1977, p. 7.

Tzonis, Alexander, and Lefaivre, Liane. *Classical Architecture: The Poetics of Order*. Cambridge, MA: MIT Press, 1986, pp. 117, 119.

Venturi, Robert. *Complexity and Contradiction in Architecture*. New York: The Museum of Modern Art, 1966, pp. 1, 19.

Whitehead, Alfred North. *Symbolism: Its Meaning and Effect*. Barbour-Page Lectures, University of Virginia, 1927. New York: Capricorn Books, 1959, pp. 21–23.

Wittkower, Rudolf. *Architectural Principles in the Age of Humanism*. London: Alec Tiranti, Ltd., 1952.

第九章　模仿和直译

> 我追求的是希腊的原则，
> 而不是希腊的物品。
>
> ——霍拉肖·格里诺

　　神话说，在科林斯一位年轻女孩的坟墓上，放着一个石头覆盖、荆棘环绕的篮子，一位雕塑家从这个篮子获得灵感，设计了科林斯柱头。据维特鲁威说，一个女孩死后，她的奶妈在她的坟墓上放了一个盛满礼物的篮子，又在篮子上面盖上了一块四方的石头来遮蔽里面的东西。爵床莨苕（一种地中海植物——译者注）的梗从篮子四周延伸出来，碰上遮蔽篮子的石头四角便向上呈螺旋状生长。有一天，雕塑家卡利马科斯（Kallimachos）看到了这个情景，由此创造了后来举世闻名的科林斯柱头。

　　模仿意味着模拟仿造，在希腊美学中很早就采用了这个术语。根据塔塔尔凯维奇的观点，它最早被应用在舞蹈当中，表示"通过动作、声音和言语来表现情感及展示经历。"模仿这个概念在今天仍然存在；哑剧演员是特殊的表演者［如著名的马塞尔·马尔切安（Marcel Marcean）］，他们运用面部表情、动作、手势来模仿生活、情景和人的喜怒哀乐。在哑剧演员的感召下，观众们有了共鸣，这足以证明模仿的力量。从这个意义上讲，模仿作为一种情感表达的方式，是受人们欢迎的，因为建筑的目的是唤起情感，特别是情绪和精神上的情感，所以模仿也适用于建筑创造。

对待模仿的态度

　　在建筑上，有一个被广为接受的信条，即模仿不能产生创造。著名的希腊美学家帕纳约蒂斯·米凯利斯坚决不接受关于科林斯柱头诞生的神话，并且坚持认为维特鲁威误解了艺术创造的含义。

图9-1　建筑发展史上主要的模仿范例回顾

和模仿一样，诸如借用和衍化这些概念也一直存在争议——无论是在建筑史上，还是在纯粹的美学研究和批评论著里，都是如此。当然，抄袭的负面内涵，甚或应该受谴责的剽窃行为，对此人们没有争议。但是，模仿一直被普遍认为是一个肮脏的字眼。对于大多数现代主义运动的唯美主义者来说，通过纯粹的模仿进行创造，这在艺术上是低级的。在他们看来，同样糟糕的还有"折中"和"衍生"这两个术语，它们被看作是完全逃避的举动。

在霍拉肖·格里诺（Horatio Greenough）著名的著作《形式与功能》（Form and Function）里，重要的主题之一就涉及抄袭前人形象、风格这样的模仿及其合理性。在好些场合，他和勒·柯布西耶一样，认为形式的美就是用石头表现"修辞学"的潜力和技术，以及这种表现的结果。他写道："坐在急驶的马车和游艇里的人们，把移动简化成了最简的元素，这时，他们比那些要求希腊寺庙满足一切需要的人们，都更接近雅典。我追求的是希腊的原则，而不是希腊的物品。"也许他讲述的关于米开朗琪罗的故事，体现了他对（与模仿倾向相对应的）个人原创性的最强烈支持。米开朗琪罗启程离开家乡佛罗伦萨去往罗马，他要在那里完成圣彼得大教堂。当他回马注视着伯鲁乃列斯基设计的佛罗伦萨圣玛丽亚大教堂的穹顶时，他说："超越你，我做不到；模仿你，我不愿意。"

格里诺钦佩米开朗琪罗最终建成的圣彼得大教堂的穹顶，并且以教导的口吻总结道："绝对符合先例，将会打击和毁灭个性；违反先例，却又无法被理论和实践的结果所证明，使个性不能建立在令人尊敬和艳羡的基座之上。宝座就可能会变成颈手枷。"对待毫无意义的模仿，格里诺的回答是，艺术作品（包括建筑）应该是"……思想……和情感的体现"，或者理论的具体化，就像美第奇的陵墓体现了米开朗琪罗的理论一样。

我们认为，格里诺的态度是最有说服力的总结，这种总结可以被归结为关于这个主题的正统美术理论。这样的美学，以及追求这种美学的建筑师，都希望建筑作品是效仿内在精髓的成果，而不是重复表象的产物。人们不应在视觉或形式模仿以及外部特征的基础上进行创造，而应在真正理解内部需求、框架的结构、几何学以及自然的内在法则的基础上进行创造，这些因素有助于合理地设计特定的形式。

在正统的基础上，建筑或许是"美学欣赏的保守方面"，在某种意义上比其他艺术门类（比如戏剧）更贫乏，实际上，戏剧理所当然地被看作是对生活的一种模仿。根据亚里士多德的观点，古希腊悲剧的定义中就包含着"模仿"，这是其概念中的一个重要元素。"因为悲剧是对行为的模仿，是重要的、完美的"（亚里士多德，《诗学》，1944，9b，23）。

　　因为人们会同意正统美学的很多观念，所以，关于建筑创造力的理论，不应该排斥任何可能有效的创造方法，无论在开始时它们听上去多么地糟糕。人们也许能够在近代美学家的论点里找到安慰，比如鲁道夫·阿恩海姆（Rudolf Arnheim），在某种意义上，他为艺术品的欣赏提供了一个更自由的框架（我们相信这也是更丰富的框架）。他的态度是，我们应该把艺术作品作为生活这部演出的再现，这是一种健康的态度，完全符合我们自己的信念。在阿恩海姆看来，作为对生活中愉悦片断的模仿，"演出"（在艺术上）是可以接受的状态。在深入的阐述中，他宣布，当人们借用"悬念、刺激、斗争胜利的喜悦等，而又用不着接受造成这些情形的原因，以及它们所造成的伤害和痛苦"，在这样做的时候，他的在艺术中以模仿为目的的"借用"这样一个概念，就是其前提条件。在这个意义上，他区分了本质，及与之相对的纯粹视觉上的最终结果。借用"视觉刺激以及安逸平和的模式，同时又不承担与其意义并存的责任"，这是不能接受的。

　　阿恩海姆通过"演出"这种模仿行为，指出了艺术中模仿的不道德；在此情形下，"借用"这个相关概念是不正确的。他同样坚持反对相关的复制概念，发现它没有任何价值，甚至在现实再现上也是如此。他指出，"不存在对物理世界的忠实复制。"复制代替不了为理解和表现物体或形体的精髓而进行的思考。如果唯一的动机就是复制，那么人们"将会被片断观察中偶然获得的、关于形状和颜色的启示束缚住……得到的只是现实中众多丑陋的灵魂之一，既不属于科学，也不属于艺术。"

个性与共性

　　在考虑模仿的自相矛盾性，以及与此相关的概念时，从一个其他文献还没有涉足过的角度来提出并正视问题，这是很重要的。这个角度就是从跨文化范畴里提出的个性（个体）与共性（群体）的问题。某些文化格外重视个性，要求万事万物、万形万象都有属于自己的个性和精神，并且可以及时地显露出来或被人发现，使旁观者叹为观止。而在某些文化中，当人们认出那些对于全体成员来说都非常普遍和熟悉的标志、符号及形式时，他们就会觉得心安理得。

　　建筑师，无论是教师还是学生，在这个问题上都会有自己的取舍：一些人可能相信个性，而其他人可能相信共性。然而，人人都应该认识到，如果他／她选择模仿这条路线，就要承担在取悦了一些观众的同时，会让另一些观众失望的风险。

在历史的氛围下工作，我们注定（或者迫于现存的规范和法令）要求助于对作品的模仿。首先，这些法规的存在定然明确指出，我们面对的是一个集体意识高于一切的群体（如新墨西哥州的圣菲；希腊的伊兹拉岛／米克诺斯）。人们在进行创作时不得不假设，创造性的产品必须依赖于模仿形态元素，甚或是过去在当地发展起来的风格。在这些情况下，任务会变得异常艰巨；对于关心真理的建筑师来说，它会成为一种自我探索，对于赞同个性和独特性至上的建筑师来说，它的难度会呈指数级级增长。

我们曾经以为，在古建筑高度密集的地方，遵循当地的古建筑保护规范的要求，按照前代的风格进行建设，这样做是不道德的。而今天，我们视这样的状况为挑战，而且我们相信，对心思缜密、才华横溢的建筑师来说，这也许是最大的考验。设计师要考虑客户的部署，要通过研究客户和项目所在的社区，来适当兼顾个性和共性，最终创造出的作品，将超越视觉特征上的简单模仿。甚至当建筑的外部元素被规定了（官方强迫的模仿），仍然可以用这样精妙的方式彼此相互联系，从而建成新的综合体。

古建筑密集区的"敌人"，是那些遵照法令强制而模仿过去的人，也就是回避问题的建筑师，或者大包大揽的"蹩脚"的建筑师，他们丢给客户简单复制的外壳，而不考虑激活其中的内容，也不会为推陈出新作任何努力。世界当然是不完美的，人们不可能总是随心所欲地改变它。模仿对于个性来说肯定是无益的；但是，人们能够，而且应该能够在必要的时候对其加以运用。人们应该尽力赋予"建筑"更大的使命。就像灵感四射的《建筑之道》(The Tao of Architecture) 一书的作者阿莫斯·张 (Amos Chang) 所说的那样："创造无非就是有意避免重复，或者下意识地寻求真理。"建筑师的任务就是，在迫于上面的压力不得不模仿性地重复某种风格的情况下，找到真诚的答案。人们可以创造一种综合体，重复将最终消失，或者在"新"作品整体品质的映衬下，显得微不足道。

包容、模仿和相关概念

围绕模仿（及相关概念）产生了异常复杂、引发争议的困难，这些困难的实践和理论方面，支持了我们目前所持有的怀疑态度，同时，它们强化了我们的自由放任和包容主义倾向。所以，即使外部模仿不能在批判性审阅之后取得满意的成果，它仍然为进一步支持正统的立场提供了具体的宣言。许多新东西都是通过冲破正统规则，通过反抗和探究异端，或者通过包容现有的、更自由的态度发展起来的。

所以，建筑专业的学生应该受到鼓励，埋头于对模仿、衍化和折中的练习里，切莫为教条所左右和禁锢，无论它在今天是否符合逻辑。当然，我们也抱有同样的态度，认为抄袭是不可接受的，剽窃应该受到谴责。但是，"用某些大师的方式"尝试着练习，进而了解其中的秘密，并从比较中进行学习，这不是一种"罪过"——只要他们能够抱着认真的态度，清楚地开列出参考资料，并且对自己灵感的源泉致谢。

直译

作为提高创造力的手段之一，照原样呈现（直译）——也就是说，通过参考特殊概念所产生的特殊形象，以此进行模仿——不应当被排除在外置之不理，但我们在应用它的时候，要格外地小心，因为它存在的问题多多。在这方面，我们有许多臭名昭著的例子，比如像船、大象或热狗一样的建筑，或者根据其他更为抽象、更难以模仿的图像来修建的建筑，比如雅马萨奇修建的像人脸一样的建筑，布雷为一位考古学家修建的住所（其形状像断裂的立柱），以及勒杜修建的一系列臭名昭著的象征阴茎的建筑。以上这些建筑，其中许多的创作初衷往往是出于人道主义的考虑，这种考虑本身是值得保留的，但在大多数情况下，它们只不过是进行创造的天真的尝试，由于找不到其他更相关的方法，就只有求助于直译和视觉模仿这样的小把戏。

直译贬低想象。采纳原样呈现或者直接进行视觉模仿的建筑师，他们低估了大脑的能力，其实，大脑可以从建筑的局部，或对局部的抽象里，感知和创造更广泛的概念。正像弗兰克·劳埃德·赖特指出的那样："通过毫无疑义的模仿，人生正在遭受欺骗"；他所指的正是格里诺致力解决的、美国建筑中运用经典时所面临的问题。

直译的种类与形式

直译包含两个方面：视觉的和意义上的。正如阿恩海姆所说，"就像和就是"。从字面上讲，"像"和"是"是重叠的，也就是说，视觉形象是对事物内容的明确陈述。这样的形象无需大脑再去发现或刺激。这

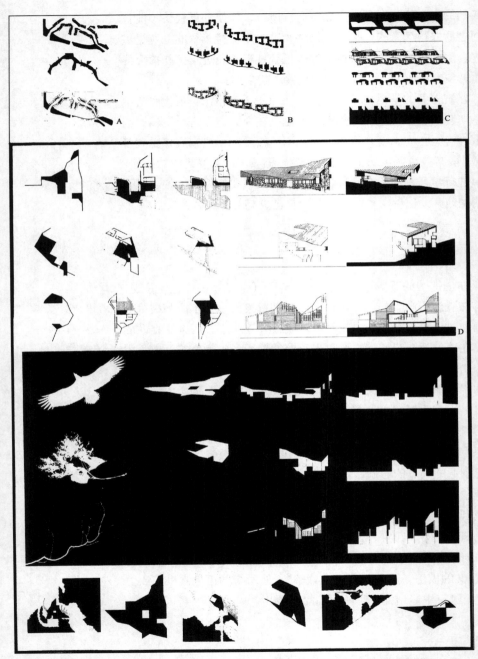

图 9-2 马丁·普林斯的学生从大自然中获得灵感设计的作品。A.学生宿舍：罗素·克拉克斯顿、罗伯特·美克费舍尔；B.学生宿舍：罗恩·豪顿；C.位于达拉斯的住宅：兰德尔·伯德、凯文·克拉普勒；D.对三幢房屋的建议方案：建筑师，马丁·普林斯。马丁·普林斯设计展："Miten Luonto Muovaa"（自然是如何形成的），芬兰建筑博物馆，1983年

个观点不应该与人们在"阅读"或认知绘画及建筑模型时遇到的巨大困难相混淆；在建筑最终建成以后，直译的害处才得以显现，也只有在建筑建成以后，大多数人才可能"读懂"和理解建筑。甚至到了这个时候，仍然有人"看"不见任何东西，虽然在潜意识的作用下，直译已经对他们产生了负面的影响。直译的负面效应，会扩大死气沉沉、缺乏想象力的人群。正因为如此，建筑师们应该避免使用它。

模仿和直译，依靠灵感的源泉可以创造出很多形式。模仿古代的先例，可以产生历史主义和折中主义，模仿大自然，可以产生"浪漫主义"；反之，如果模仿的是受人尊敬的建筑大师的作品，结果就会背上抄袭甚至剽窃的罪名。如果灵感来自周围环境的事物或形式，那么，据此创作就是极为危险的，因为作品可能会存在比例上的问题。人们应该充分考虑这些陷阱，通过不断地质疑直译，并把内在的问题转化为教训和创意，来避免陷入这些陷阱。

如果人们把通向建筑创造力的各种渠道进行分类，可以把它们分为积极的渠道和消极的渠道。在消极的渠道当中，原样呈现和通过视觉模仿进行创造（和其他一些依靠衍化和过分参考过去或他人作品的方法一样），是非常低级的。原因在于，所有这些方法都要依赖他人的作品，所以排除了"真正原创"的可能性。相反，他人的某些作品或形式可能给我们带来启发，即使这种启发始于纯粹的视觉和形式上的参考。

正是因为如此，作为获得建筑创造力可能有效的工具，直译和模仿

图9-3 直译模仿的应用：简单直译。位于得克萨斯州加尔维斯顿的船型轮廓："S·S·加尔维斯顿"汽车旅馆（照片由迪米特里斯·维拉提斯提供）

图 9-4 直译模仿的应用：高级直译。巴黎菜市广场（Forum of Les Halles）上的莲花天篷

图 9-5 直译模仿的应用：高级直译。作为雕刻作品的房屋：的确是一件大型雕刻作品，具有房屋的尺度和功能。罗伯特·布鲁诺，房屋的主人-雕刻家。拉伯克，得克萨斯州，在建项目

图 9-6　直译模仿的应用：超越型直译。立柱形似分枝的树，启示我们，即使直译，也可以被升华为高尚的艺术。斯德哥尔摩大学图书馆，建筑师：拉尔夫·厄斯金

不应该受到排斥，有直觉的设计教师应该注意到它们的可能性。许多建筑师都曾受到过自然景象、动物、树木的形状、物体等等形象的启发。当然，这些都是发生在过去的建筑旅行家身上的事，他们从景观和异域环境中学习，也从他人的方法或画作中学习。

建筑师与直译

阿尔瓦·阿尔托也曾受到自然的影响。他观察自然，并且绘制了大量素描，在这个过程中，他研究过的很多形象，都转化成了决定他建筑形式的普遍因素。同样这么做的还有雷马·皮耶蒂莱和约翰·伍重；他们两人都没有排除通过模仿山脉、云朵和自然现象进行创造的可能性。实际上，伍重正是从天鹅的轮廓获得灵感，设计了一套庞大的、可以展开的家具。其中沙发的横切面，看上去就像是天鹅。

设计老师中受到过以上这些原创者影响的人微乎其微。我们研究

过的人当中，也只有极少数人的作品出类拔萃。马丁·普林斯是得克萨斯大学（位于阿灵顿）的设计老师，他在这个领域可谓首屈一指；他个人的作品，以及他学生的设计方案，都是从自然元素中汲取灵感，如飞鸟、草原上的动物、地上的落叶、树干的一部分等等。这些设计方案中的一部分如图9-2所示，这些都是大手笔的建筑，庞大的建筑群和可塑的形状，把建筑与景观融合在一起，同时，以表现主义的手法，抽象出从自然衍生出来的形式，这些作品都是建筑界前所未有的创造行为所产生的结果。

　　毫无疑问，这样的努力也存在问题。人们必须格外当心的问题之一，是"实用性"和"视觉效果"之间可能存在的矛盾。尽管几乎没有什么视觉效果是不可以建构的，但设计的可操作性和可建造性，是对这些建议正确与否的最终检验。我们不应该因为实现转化具有难度，因而就排除了这种可能性；但是这些问题必须予以解决。解决方案可以产生于项目建设的额外工作当中，产生于对标准化细部的额外思考当中，以及产生于对预算的额外规定当中。我们鼓励为此所作的努力，谴责那些不利于生产的、虎头蛇尾的景观设计，因为它们不会正确对待，也不会花费必要的时间来解决实际困难。所有可能带来灵感的东西，我们都应该探索，好的建筑流派，为任何创造方法的使用都留有空间，并且游刃有余。

　　坚持设计过程的现实结果，是在挑战想象力的过程中拥有自由的关键所在。一个有现实倾向的建筑师，在必要的时候，会进行额外的训练，以及花费额外的时间，去解决所有的问题，这反而可能把最大胆的视觉效果变为现实。而不守纪律的建筑师，几乎注定要失败。阿尔瓦·阿尔托就是守纪律的最佳范例，而雷马·皮耶蒂莱则是我们力求避免的、表现主义直译的典型。过分强调细部，使他设计的第玻里学生会大楼（这是他设计的一系列表现主义建筑当中的第一个）变得非常复杂；除非整个国家愿意投资一个前所未有的、复杂且奢侈的项目，或者试图通过完成一个不可能完成的建筑，以此来吸引全世界的目光（如芬兰总理的府邸，皮耶蒂莱设计），否则，它就是我们应该避免的典型。

　　正是为了检验那些当前社会认为"遥不可及"的东西，以创新为目标的教育机构和人们，就不应该排斥任何事物，并且在进行创作时，尽可能地宽容和大胆。如果这样的创造性努力是发自内心的，如果学生或建筑师确实迫切地渴望深入到大自然当中（或其他地方），去获得

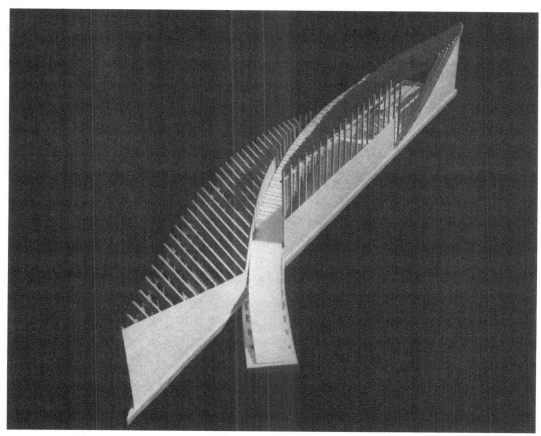

图 9-7 "超越型直译"：乘风破浪的船，它的姿态仿佛回应了多种力量，如风、水的压力、波浪的影响等等，从而把这些念头影响下的建筑提升为一件艺术品。卡麦隆·波特设计的海盗博物馆，来自马丁·普林斯的设计班，得克萨斯大学，阿灵顿，1988 年（照片由马丁·普林斯供稿，版权归克雷格·库勒所有）

灵感和创造性的表现方法，在这种情况下产生的结果，定会有益。如果情况正好相反——也就是说，如果衍化表现主义或者照原样照搬，抑或任何此类的方法，是通过客户的简报或指导教师分发的材料，由上面传达下来的——那么，这时的体验一定非常令人灰心丧气，得到的结果，也一定不是人们不断的探索和智慧的结晶。它可能是权威指示下的创造。当然，这就是为什么在那些有非常严格的建筑许可要求，并且执行相应官僚程序，以此来保持美学控制和颁布建筑许可的国家里，总是充斥着这样单调、呆板、"令人厌烦"的建筑。不幸的是，随着计算机和计算机化的问题解决法的兴起，创造性的表现主义受到挫折，为数不多的理想主义的表现主义者，受到了许多人的批评。人们在非常挑剔的同时，也应该兼备宽广愉纳的胸襟。

工作室里的模仿和直译

当老师发现他的某个学生可能与众不同，可能想要把建筑设计成葡萄叶形或者展开双翅的小鸟形状，如果他自己不同意这些想法，或者不足以在这个方向上指导这名学生，他也不应该试着去阻止这名学生，或者去证明其尝试将会徒劳无功。如果他的同事中没有人持有异议，或者正好有人与这名学生的想法不谋而合，那么，他就应该让这名学生继续留在工作室，并且在这名学生发起的领域里挑战自我；学生的想象，与老师的经验和知识相结合，可能产生对双方都有利的成果——也许是一个表现主义的、又可以建造的设计方案。

创造性的设计指导老师，应该比哲学家－美学家更具包容性；他／她应该和美术家中的"自由主义者"站在一起，因为只有自由主义可以滋养艺术和想象。人们不应该否定通过模仿、衍化甚至折中主义来进行设计探索所可能具有的价值。目标是应该把建筑艺术提升到与其他模仿艺术——比如戏剧艺术，它是对生活本质的真正模仿（和自我反映）——同样的高度，从而避免浅薄的直译和衍化带来的不利影响。

小结

本章介绍了模仿、直译以及与它们相关的概念（仿效、衍化）的起源、定义，还有不同学者与美学家对待它们的针锋相对的态度。人们在运用这种渠道进行创造时，应该非常慎重，在运用模仿和直译取得优秀成果的同时，要本着"可操作"的态度以防止滥用。此外，我们对使用这种渠道的建筑师们的作品进行了评论，从正反两个方面强调了对他们各自成果的争议。同时，我们建议创造一种氛围，以利于尽可能多地运用这些方法，来挖掘思路和提高创造力。在练习中使用这些概念，可以改善设计教学的效果。

参考书目

Aalto, Alvar. *Sketches,* ed. Göran Schildt. Cambridge, MA: MIT Press, 1979, p. 19.

Antoniades, Anthony C. "Traditional vs. Contemporary Elements in Architecture." *New Mexico Architecture,* November–December 1971.

Arnheim, Rudolf. *The Dynamics of Architectural Form.* Berkeley: University of California Press, 1977, pp. 110–124, 133, 134, 148, 153.

Butcher, S. H. *Aristotle's Theory of Poetry and Fine Art.* New York: Dover Publications, 1951.

Chang, Amos Ih Tiao. *The Tao of Architecture.* Princeton, NJ: Princeton University Press, 1956, pp. 60, 62, 63.

Ferrault, Claude, trans. *Vitruve, Les dix Livres d'architecture.* Paris: Les Libraires Associées, 1965, p. 72.

Greenough, Horatio. *Form and Function.* Berkeley: University of California Press, 1947, pp. 19, 22, 26, 28, 29.

Le Corbusier. *Towards a New Architecture.* New York: Praeger, 1960, pp. 101, 121.

Martemucci, Romolo. "Mimesis and Creativity in Architectural Design." In *Fostering Creativity in Architectural Education,* ed. James P. Warfield. Champaign: University of Illinois Press, 1986, pp. 88–91.

Michelis, Panagiotis A. *Thrile gia ten archaea Ellenike Architektonike* (Myths concerning the ancient Greek Architecture). In *Aesthetica Theoremata* (Aesthetic Theorems), Vol. III. Athens, 1972.

———. *Aisthetikos.* Detroit: Wayne State University Press, 1977, pp. 189, 191, 216.

Plato. *Republic* (tenth chapter) and *Timeos* (fifth chapter).

Price, Martin. *Miten Luonto Muovaa* (How Nature Forms). Exhibit, Museum of Finnish Architecture, Helsinki, 1983, p. 6.

Simmons, Gordon B. "Analogy in Design: Studio Teaching Models." *Journal of Architectural Education,* 31,3 (month, year), pp. 18–20.

Tatarkiewicz, Wladyslaw. *History of Aesthetics.* Warsaw: Mouton, PWN-Polish Scientific Publishers. Vol. I (1970), Vol. II (1970), Vol. III (1974). Vol. I, pp. 16–17.

Wittkower, Rudolf. "Imitation, Eclecticism and Genius." In *Aspects of the Eighteenth Century,* ed. XX Wasserman. New York: Columbia University Press, 1949.

Wright, Frank Lloyd. *A Testament.* New York: Bramhall House, 1957, p.21

———. *In the Cause of Architecture,* ed. Frederick Gutheim. New York: Architectural Record Publishers, 1975.

第十章　几何学与创造性

　　线条和图形可以用两种方法描述：（1）通过数学中的分析方程（代数）来描述；（2）在几何工具的帮助下，进行直接的几何描述。在第一种方法里，线条和图形通过参考坐标系而被描述、绘制和重新绘制。显然，这是个难题，既浪费时间又不精确：人们经常在测量中犯错，标错点的确切位置，或者画错轮廓图。在数学公式的基础上，把线"画"在地上，就更是难上加难的事。

　　由复杂、随意的线条组成的图形，显然很难描述。不太复杂的线条和图形，描述起来就要容易得多，甚至借助几何工具，就可以很精确地画在地上，而不需要数学方程。直线、圆和等边三角形是最明显的例子。在描述一个特定的圆时，只需要确定圆心的位置和半径长度就可以了；只要这两者确定，你完全可以放心，你总会得到一模一样的圆，而不是别的什么东西。具有确定要素和精确度的图形，也可以通过数学公式进行描述，但是，那些必须执行施工方案的人们，往往更信任几何工具的直观性和精确性，而不是抽象的数字和方程。所以，和数学相比，几何学对于人们的吸引力更大一些：

- 几何学赋予我们轻而易举地认识几何构图的能力；
- 它赋予我们精确描述形式的能力；
- 它可以通过几何图形所呈现的确定性和完美，使人人都欣然体会到一种神圣感；
- 它解决了几何形状内在的问题，所以为我们提供了多种现成的、可以按照不同方式进行复合操作的形式。

　　如上所述，整个建筑史，可以被看作是线条和图形实现其可能性的两种方式。那些沿用数学方法的人们，寻找着数字的抽象，描述数字的公式，以及数字之间的优雅关系。这是文艺复兴时期建筑师们的态度。另一种态度，是把建筑决策建立在对图形和立体（三维中的立体图形）

的运用之上；它所选用的几何图形的规则和其内在的空间特点，意味着某种精确性，它追求的正是这种神圣的精确性。

　　一个正方形就是正方形，不会是别的什么形状。

　　一个圆形就是圆形，不会是别的什么形状。

　　一个长方形，就是从边与边的关系衍化出来的特定的长方形。

　　关于正方形和圆形没有什么争议；但是，对于长方形边与边之间的比例关系，和由此产生的特定长方形所具有的相对的吸引力，就可能纷争迭起。我们可以确定地说，美学是从长方形起步的；几何图形越复杂，描述就越详细。有多少个人，就有多少个关于人的观念；人们所使用的图形越是远离那些本身具有不可否定的形式要素的图形，就越会使得征求广泛认同的工作变得冗长乏味。但是，正方形、圆形或者其他其本身的比例关系具有普遍、确定（独特）性质的几何形状，就不存在这些问题。

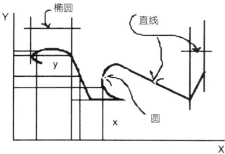

复合线：由其他已知代数方程所描述的线复合而成的线。点的位置是可以预知的

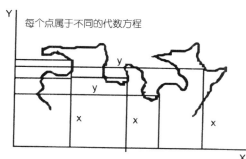

随意的线：每个点都需要通过没有明显代数连贯性的独特坐标进行描述

图10-1　复合的和随意的线

　　形式上的确定性，无论是内在的还是人为的，从古至今一直都是哲学家、建筑师和美学家讨论的核心主题。它代表着人类对自然的征服，更是对神圣品质的征服。柏拉图是讨论内在"确定性"以及几何体规则的第一人。后来，它们就以他的名字，被命名为柏拉图几何体。其他的比例关系，则与当地的居民一道湮灭了；没有人知道是谁发明了"神圣分割"，或者"黄金分割"。

　　从解析的角度来讲，不存在随意的图形；人们总是可以描述任意一条线上的任何一个点。但是，我们倾向于将那些不遵守同一解析方程的点所组成的线条或图形，称为"随意的"。"随意的"，就意味着这些线条可以通过不同的数学方程或几何工具进行描述，而不遵守方程序列中任何显然的理性或者秩序。

　　向右的"线"是一条随意的线，一个表面上毫无逻辑的复合线；它需要更多的解释来传达这种构形的理由，以便说服我们接受它的存在。为什么是以这种特定序列来移动，而不是其他形式的移动？为什么是这样，为什么是那样？当然可能有很多种答案；传统居住地的不规则地形，迫使人类调整他们的住宅，去适应地势，去迁就地形轮廓线和地势的不规则，这就是其中的答案之一。人类有足够的智慧，可以用非常简单的线条，来建造个性化的建筑，并且同样明智地去迁就地势。个性化建筑最突出的特点，就是精心构思的几何比例，而城镇有时则是复合的结果，是一系列"随意"（经常由自然条件、地形等决定）和偶尔神圣（Hippodamean网格、广场等等）的组合。地中海和意大利的丘陵城镇属于前者，如，米利都、普列耶、比雷埃夫斯、罗得岛，而萨凡纳（佐治亚州）和费城的城镇属于后者。

　　所有这些观念——数学与几何、确定的与随意的——在进行绘画、建造和设计时，已经成为我们关注的焦点。然而，几何学具有无与伦比的独特魅力，它的魅力如此之大，使其成为一种获得建筑创造力的独特的渠道。下面，我们要探讨其中最重要的一些方面，以便达到对几何学的包容性欣赏。

几何学的魅力

　　自从远古时代以来，人们就迷上了几何学。柏拉图、毕达哥拉斯、阿基米德这样的哲学家，托勒密（Ptolemy）这样的国王，还有建筑师伊姆贺特普（Imhotep）、伊克提努斯（Iktinos）、安提米乌斯（Anthemios）和伊西多洛斯（Isidoros）等人，都是伟大的数学家和几何学家。几何学被祭司和法老们看作维持其统治别人的一门科学、一笔财富、一种"秘密武器"。他们可以用它来测量土地，测量星星之间的距离，或者用于航海。早期的几何学工具就像武器一样，只有少数人了解如何使用它。除了实际用途，它还能给那些知道它秘密的人一种心理上的优越感。它成为某些修道院秩序（耶稣会会员）全力专注的东西，他们质疑它的假设，通过提出新的解释而永垂于世；他们提出解决问题的新方法，进而怀疑先前被普遍接受的观点。一直以来，建筑师都是几何学的热忱爱好者和实际应用者。他们在欧几里得的几何学里，发现了一个完整的规则和真理的体系，他们可以在这个系统的基础上做出实际的决定，并最终构造建筑。几何学也因为有好多原因吸引了建筑师。

1. 它为他们提供了一套符合理性的、不可否定的图形（这些图形本身就包含了证据，可以证明其形式存在的理由）。

2. 它使他们在使用图形的时候感到舒服，这些图形在必要时可以复制和重复，且又不必担心在实践中犯错。

3. 它为他们提供了异乎寻常的自由，即使受制于预先选定的形式也不例外（长方形可以根据比例的不同，做出无限的解释；其他任何图形也是如此）。

4. 它为他们提供了关于世俗的秩序，同时，当他们运用具有普遍的不可否定性的图形（正方形、圆形、球形）时，它向他们提供了通向神和神性的比喻的可能性。

5. 它提供了心理保障，同时，它允许通过不同情感产生种种心理刺激，这些情感产生于各个图形的不同比例。

6. 它提供了一种力量，统一了那些了解它秘密的人们之间的交流，因此是一种辨识的方法，一种社会和职业区分的方法。

7. 它为他们提供了更多的时间，去思考和探究如何处理并最好地利用预先选择的图形，而不是每次都浪费时间去发明新的图形。

几何形式

我们从建筑的角度区分了三类几何图形：（1）"神圣的"形式，其存在是"不可否定的"；（2）"自由的形式"，其存在建立在建筑师的个人选择基础之上（没有明显出处的曲线，不被人熟悉的图形）；（3）组合形式，几何图形由部分"神圣"的形式和部分"自由"的形式组成。

我们在这里，没有必要重复柏拉图在《蒂迈欧篇》中的论述，《蒂迈欧篇》是关于宇宙的对话，他在其中探讨了神圣图形的特性、美和不可否定性；关于神圣图形，读者应该参考原稿中的具体内容。

关于自由形式，总结如下就够了：

1. 它是不可预言的。

2. 它是难以证明的。

3. 它经常是难以绘制的，更是难以建构的。

4. 它不具备统一人群的力量，因为它是绝对"个性化的"，并且由于缺乏明显的逻辑，而倾向于疏远和分化人群。

组合形式把"神圣的形式"和"自由的形式"结合在一起，以便适应不时出现的建筑问题的复杂性。

上述几何学形式，各自都有更适合其应用的某些建筑类型。它们被应用在以下的类型当中：

1. 在单一功能的、被看作是大规模几何行为的建筑当中。

2. 在综合性建筑类型当中（这些建筑类型，是由已知的几何图形和各种组合连接构成的、我们熟悉的几何域综合而成）。

3. 在自由形式与神圣形式的直接组合当中，在单一功能或者多功能的建筑群当中。

4. 在随意的组合当中。

无论是在二维还是在三维的角度，上述每一个几何类型，在建筑构成的各个方面都有分支。几何学的某一特定运用，可能对整个建筑作品产生较为重要的影响，而建筑的结构组织、视觉和谐以及规模比例都属于这些影响之列。所有的批评，都集中在不顾包容性的形式至上这一点上。下面，我们将要探讨这些分支中的一部分，希望读者能够注意一些重要的建筑师，以及他们的作品。

几何学和单一功能建筑

在历史上，单一功能的建筑一直伴随着人类。中央大厅、金字塔、庙宇、露天运动场、长方形基督教堂、飞机库、花房和吊桥，这些都是

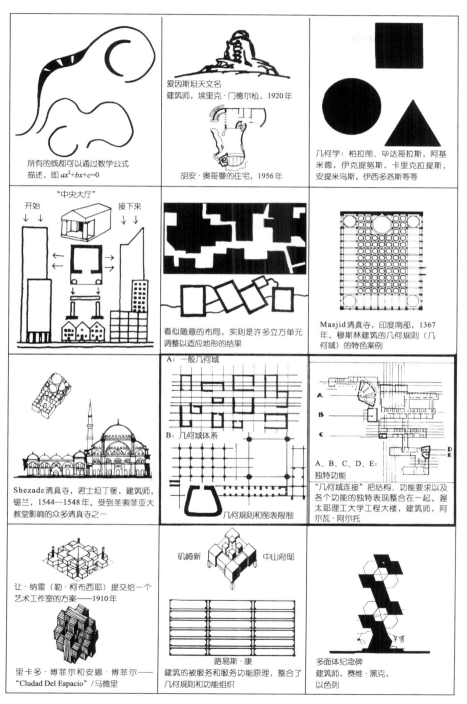

所有的线都可以通过数学公式描述，即 $ax^2+bx+c=0$

爱因斯坦天文名
建筑师，埃里克·门德尔松，1920年

胡安·奥哥曼的住宅，1956年

几何学：柏拉图、毕达哥拉斯，阿基米德，伊克提努斯，卡里克拉提斯，安提米乌斯，伊西多洛斯等等

"中央大厅"
开始　接下来

看似随意的布局，实则是许多立方单元调整以适应地形的结果

Masjid清真寺，印度南部，1367年。穆斯林建筑的几何规则（几何域）的特色案例

Shezade清真寺，君士坦丁堡，建筑师，锡兰，1544—1548年。受到圣索菲亚大教堂影响的众多清真寺之一

A：一般几何域

B：几何域体系

几何规则和图表限制

A、B、C、D、E：独特功能
"几何域连接"把结构、功能要求以及各个功能的独特表现整合在一起。渥太耶理工大学工程大楼，建筑师，阿尔瓦·阿尔托

让·纳雷（勒·柯布西耶）提交给一个艺术工作室的方案——1910年

里卡多·博菲尔和安娜·博菲尔——"Cluded Del Espacio"/马德里

矶崎新　中山府邸

路易斯·康
建筑的被服务和服务功能原理，整合了几何规则和功能组织

多面体纪念碑
建筑师，赛维·黑克，以色列

图10-2 各种线条和几何形状，以及它们在历史上的应用

单一功能建筑类型的生动例子。学者和美学家经常注意到这些建筑类型；而几何学建筑师，偶尔还有工程师，则善于运用它们。

中央大厅使用的是最简单的线条、直线以及最不容否定的自然法则——万有引力定律。有了柱和梁结构，它成为世界上大多数实用建筑参照的古代先例。高层建筑是古老的中央大厅的直系后代；两者都从直线的神圣中获得了力量。

显然，三角形出现在金字塔当中，而圆形、正方形、长方形、圆柱形、球形和半球形则出现在基督教堂（拜占庭式的、哥特式的、罗马式的）和穆斯林建筑当中。在所有这些例子中，几何形式的"一般思想"，都是出于象征主义的原因（天空、宇宙、十字架）而首创的。根据所选择的特定几何图形的不同，结构和象征主义提供了一种合适的补充。所以，美学家的讨论不是集中在所使用形式的正确性上，而是集中在偶尔应用时的精妙上。人们注意的主要方面，是这些建筑的视觉元素，立面图的次要元素，以及局部与整体的"一致"（或不一致）。

如果一条规则被建立起来，一种模型或局部与整体的比例协调，这种组合就被认为是交响乐式的组合，在其中，各个部分都与其他部分协调，局部和整体也遵守同样的规则，反之亦然。从阿基米德时代开始，交响乐式的组合这一概念，就已经作为建筑的一种积极品质，获得了人们的认可；他也是第一个使用此术语的人。这样的建筑从音乐比喻的角度被审视；其立面受到详审，其比例受到质询；实体和空间之间，模块之间，或者结构元素的大小与表面及材料的"搭配"之间的种种比例关系，都是从音乐的节拍、音调、间隔和韵律等角度进行审视的。

古典建筑美学和文艺复兴时期建筑的所有争论，都离不开单一功能建筑和交响乐这一概念。在文艺复兴时期，从帕拉第奥到塞利奥，在20世纪，从马蒂拉·吉卡和威特科尔（Whittkower）到亚历山大·楚尼斯和利亚纳·勒费夫尔，争论一直都围绕着局部与整体的微妙关系，以及交响乐式的完美成就展开。所有讨论的主旋律，一直都是比例序列这一主题。虽然这类文献是每个建筑师的必读书（学习设计的学生必须读这些作家的某些著作），但它们对建筑和几何学的涉猎只是管中窥豹，并没有把建筑看作一个整体。

现代建筑，把借助机械技术来建造更经济的建筑物看作是当务之急，为单一功能的建筑去掉了立面的微妙细部，转而关注整体的几何结构。这种做法产生了某些后果：进行建筑创造而不考虑人的尺度。结果就是频繁出现的单调，要么是过分重复结构模型的同一个拍子，要么就是只使用唯

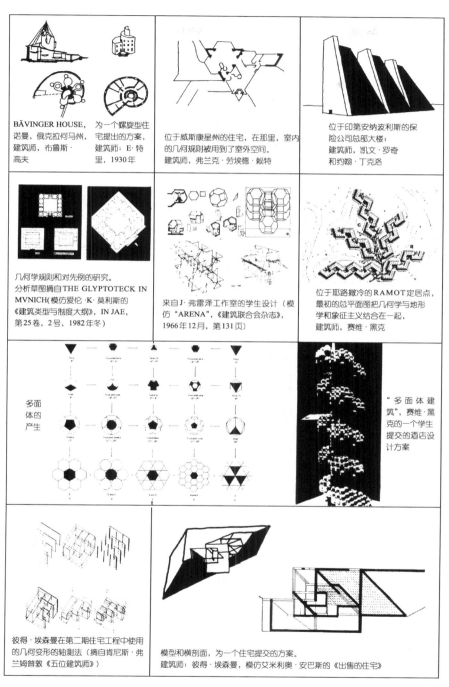

BÄVINGER HOUSE,
诺曼，俄克拉何马州，
建筑师，布鲁斯·
高夫

为一个螺旋型住
宅提出的方案，
建筑师：E·特
里，1930年

位于威斯康星州的住宅，在那里，室内
的几何规则被用到了室外空间。
建筑师，弗兰克·劳埃德·赖特

位于印第安纳波利斯的保
险公司总部大楼；
建筑师，凯文·罗奇
和约翰·丁克洛

几何学规则和对先例的研究。
分析草图摘自THE GLYPTOTECK IN
MVNICH(模仿爱伦·K·莫利斯的
《建筑类型与制度大纲》，IN JAE，
第25卷，2号，1982年冬)

来自J·弗雷泽工作室的学生设计（模
仿"ARENA"，《建筑联合会杂志》，
1966年12月，第131页)

位于耶路撒冷的RAMOT定居点，
最初的总平面图把几何学与地形
学和象征主义结合在一起，
建筑师，赛维·黑克

多面
体的
产生

"多面体建
筑"，赛维·黑
克的一个学生
提交的酒店设
计方案

彼得·埃森曼在第二期住宅工程中使用
的几何变形的轴测法（摘自肯尼斯·弗
兰姆普敦《五位建筑师》)

模型和横剖面，为一个住宅提交的方案。
建筑师：彼得·埃森曼，模仿艾米利奥·安巴斯的《出售的住宅》

图10-3　独特的几何应用（高夫），在几何应用中规模和尺度的诸多方面（罗奇），使用多角系和
多边系（赖特、高夫、黑克）；为表达非欧几里得几何学所作的努力

一存在的一个拍子。现代建筑中，许多单一功能的建筑成为"物品"，有时是用雕塑装饰的，而且充满了吸引力，有时则不然。那些在几何构造上具有结构不可否定性的建筑（棚屋、露天运动场）的确很吸引人的眼球。但是，尽管它们具有雕塑的魅力，却不具备人的尺度，而且经常带来心理上的负面影响。放大几何形式，而又不去解决规模尺度问题，这样的做法是不恰当的——也就是说，需要提供为人们所熟悉的元素，以便使他们能够和自己的空间范围进行比较，从而建立起对建筑规模尺度正确的感觉。如果抛开这些，而是在现代单一功能建筑中运用几何学，这样做至少说过分简单了。一些工程师在这方面非常擅长，因为他们所运用的几何形式的神圣不可否定性，遏制了许多争论。瑞士人罗伯特·马亚尔（Robert Maillart，1872-1940年）和法国人尤金·弗雷西内（Eugène Freyssinet，1879-1962年），以及他们的桥梁和那个既可以作为展览大厅、也可以作为停机棚的水泥框架结构，与皮埃尔·路易吉·奈尔维（Pier Luigi Nervi）及他的露天运动场一道，都是这种例外中的主要例子。

大规模的单一功能建筑，无论是高层的办公大楼，低层的横向建筑群，都是图表式的，充斥着单调、厌烦和盒子状的负面内涵。一般说来，与几何学有关的著作，就是关于单一功能建筑的著作。对比例系统进行的实验，对立面图清晰度的深入探究，以及对交响乐式建筑的持久辩论，一直都是这类文献关注的中心。如果人们要避免枯燥的、比例失调的单一功能建筑，马蒂拉·吉卡划时代的论文《艺术和生活的几何学》（The Geometry of Art and Life）中对长方形比例特征的总结表格，以及对这个经典的直接引用，应该是一个里程碑，可以为交响乐式建筑这一重要主题带来源源不断的灵感。

多功能建筑与几何域

当代建筑的特点是功能复杂；因为运作及经济原因（土地成本、建筑成本），建造集多功能于一身的建筑已经是大势所趋。大学校园的行政建筑或者市区的办公／商业／娱乐建筑群都是这样的例子。几乎没有哪一种当代的建筑类型不要求功能的多元化、结构（空间跨度）的多样性，以及复杂的通道和机械设备。同时几乎所有当代建筑的局部，都要求具备专门功能（如声学）。由于这种专门化，使人们为"几何学组合"建筑和"几何域"建筑的利弊所进行的辩论，增添了一个额外的维度。这些方案可以通过许多策略进行处理，例如：

1. 在总的立体下（属于城市街区的维度）适应多功能的要求。设计师必须特别注意的主要问题是功能／结构的和谐与比例。路易斯·沙利文设计的芝加哥礼堂（1887－1889年），以及丹下健三设计的位于大阪的电通大厦（1960年代），都是很好的例子。两者都位于大城市，都以紧凑的方式满足了人们功能多元化的需求，两者的多元化，都体现在他们适当的结构和形式连接当中。

2. 根据每种特定的功能要求，把不同的功能区明确分开，根据每个使用者个人的功能要求来进行几何布置，并且正确表达作为整体结构之一部分的每一个几何元素。在这种情况下，必须注意统一性的相对等级。结构模型也许并不是达成整体统一性的方式之一，因为它们可能会根据不同的结构要求发生变更。在这种情况下，材料和质地可能是达成统一的途径。

对于设计师来说，在这种特殊情况里出现的两个主要问题是：一、要确定是否融入，并为某种特定用途的最佳表现效果，而向外界展现了一个适当的形式（例如，在一个独特的圆形剧场里，表现"声学的"立体效果）。这和玩建筑积木非常相似，只是建筑师必须确定每个"积木"要与其功能效果绝对适合这一点例外。二、不表现这些方面，而是把具有最佳功能效果的整体融入更为丰富的笛卡儿立体里，通过室内设计（如吊顶）来满足特别的要求。大多数实践者偏爱使用更大容量的直线空间，然后才去考虑各种特殊要求。事实证明这样做更有效率，特别是在对建筑未来的使用期限和用途尚不确定的阶段。

现代主义运动支持由实现不同功能的各个独立实体相连接，以此来构成多功能建筑。今天的建筑师已经明白，功能专门化是一个危险的命题；出于关联性或纯粹构成方面的考虑，专注于统一性、规模尺度、节奏，以及建筑综合体可视部分之间的对话等等各个方面，显得要重要得多。就和过去单一功能建筑的立面一样，复杂的大型现代建筑，已经成为谱写城市交响曲最适合、最美妙的音符。几何域的概念对于实现这样的目标将会有很大的帮助。

几何域

Hippodamean网格是个直角的几何域。曼荼罗模式（mandala patterns）则是多边形几何域。人们也可能论及包含直角和圆形成分的组合几何域。这些域可能是单调的（或单一组合的），或韵律的（多个

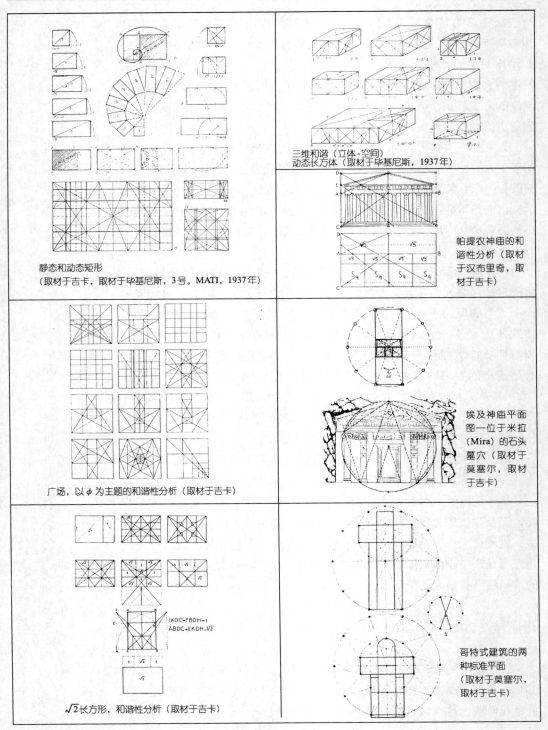

三维和谐（立体-空间）
动态长方体（取材于毕基尼斯，1937年）

静态和动态矩形
（取材于吉卡，取材于毕基尼斯，3号。MATI，1937年）

帕提农神庙的和谐性分析（取材于汉布里奇，取材于吉卡）

广场，以 ϕ 为主题的和谐性分析（取材于吉卡）

埃及神庙平面图—位于米拉（Mira）的石头墓穴（取材于莫塞尔，取材于吉卡）

IKDC=FBDH=1
ABDC=EKDH.√2

$\sqrt{2}$长方形，和谐性分析（取材于吉卡）

哥特式建筑的两种标准平面（取材于莫塞尔，取材于吉卡）

图10-4 马蒂拉·吉卡的几何学基础总结。根据最初的法语原著，吉卡，1931年

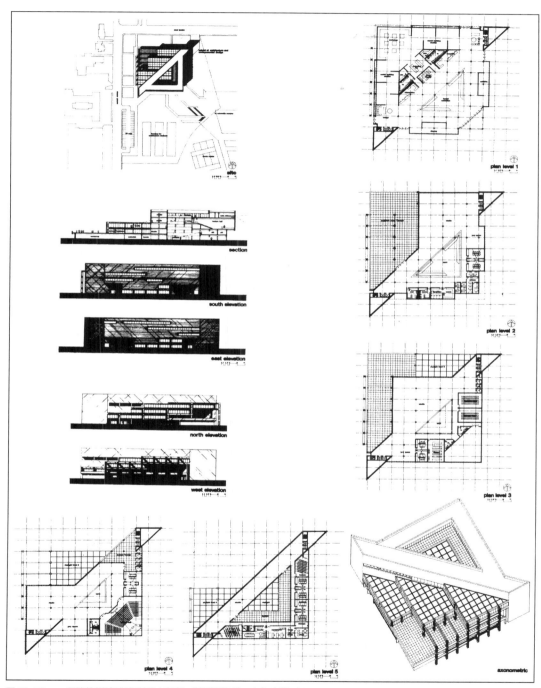

图10-5A 一所建筑学校的校舍设计方案，基于克雷格·布拉克蒙（Craig Blackmon）的几何渠道。作者的第四年设计研究室，得克萨斯大学，阿灵顿，1978年春

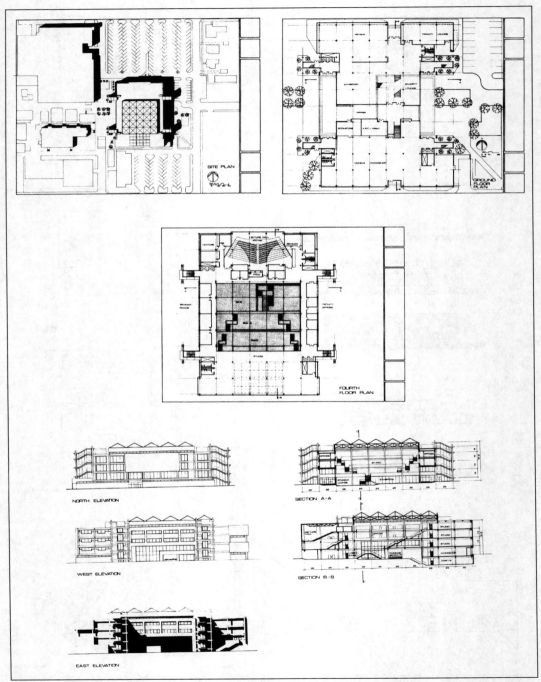

图 10-5B 一所建筑学校的校舍设计方案，基于约翰·弗雷德里克森（John Frederickson）的几何渠道。作者的第四年设计研究室，得克萨斯大学，阿灵顿，1978年春

组合的）。单一组合式建立在单一模度的基础上。韵律领域包含具有模度分母的多个模度；它们能适应各种面积。

几何域包含着获得秩序、争取统一性（所有领域的内在特征）和节奏的各种诱人的可能。它们从古代起就吸引了建筑师，某些建筑流派在这方面独领风骚。穆斯林建筑就是如此。它吸收了单调的几何域，从而取得了功能上的"均势"和"普遍性"，同时抓住建筑材料的匮乏大做文章。清真寺就是一个例子：它是一个具备多种功能的通用空间（祈祷者的一席之地、夜间留宿、商业活动），这些功能由安置在多边形水平拉杆和直角形水平拉杆上的石头及同心圆来实现。在许多清真寺里，格栅的单调特征成为一种财富，而不是累赘。它的影响如此之大，以至于通过格栅的遮蔽统一性，可以自行创造一种空间氛围。科尔多瓦清真寺便是一例。但是，在处理当今建筑的多功能要求时，单调的格栅可能不仅会带来单调感，而且会带来功能上的问题，所以，人们在使用时必须慎之又慎。

穆斯林建筑，通过许多历史先例以及通过希南设计的清真寺，还在这方面给我们指明了方向。希南是杰出的建筑师，他在16世纪首创了多角清真寺。位于伊斯坦布尔的苏莱曼清真寺是高级几何域中最具代表性的建筑。为了确保方位（例如：位于伊斯法罕的大清真寺），为了迎合地域特征（格拉纳达区域的整体规划是自由与不规则的组合），或者是为了创造一种空间对话，几何域受到了扭曲和颠覆。由约翰·伍重主持设计的、位于沙特阿拉伯利雅得的议会大厦，是一座卓尔不群的当代建筑综合体，它源于节奏感十足的正统几何域。为了争取一种纯粹性，它兼顾了几何学的宁静祥和与当代技术的热烈奔放，最终营造出一种绿洲的氛围。使用几何域的现代主义建筑师还有：路易斯·康、摩西·萨夫迪（Moshe Safdie）、阿尔多·范·艾克（Aldo Van Eyck）、马里奥·博塔（Mario Botta），以及两位以色列建筑师阿尔弗雷德·纽曼（Alfred Neuman）和赛维·黑克（Zvi Hecker）。后者一直是多边几何域和多面体坚定不移的信徒。黑克设计的贝特亚姆市政厅（Town Hall of Bat Yam）和耶路撒冷Ramot定居点，都是从鲍林的化学方程式和阿富汗的穹顶获得灵感创作而成的。

布鲁斯·高夫（Bruce Goff）是运用组合几何域的大师。尽管偶尔会过分拘泥于细节，但他是一位巨匠，能够成功地应用和组合各种几何图形，又不会为了实现几何设想而影响建筑的功能。高夫能正确调整并组合几何学体系，以便按照功能整合它们。尽管有人慷慨地评价了赖特在运用几何学方面的出色表现，但是人们普遍认为，布鲁斯·高夫在运用几何学方面比弗兰克·劳埃德·赖特更胜一筹。我们认为，赖特偶尔因其常常倾向于把几何域推向极端而上当受害，作各项建筑决定，从不向几何学的抽象要求妥协，常常是为了抽象的几何学预想而牺牲舒适和功能。位于俄克拉何马州巴特尔斯维尔市的普林斯塔（Price Tower）就是一个例子，在这里，60°的规划用地影响了建筑的每个元素，包括家具和室内布局。最终诞生的，只能是极不舒服的座椅和工作区布局。

组合几何域的一个特色案例，是建筑师约翰·波特曼（John Portman）为自己设计的私人住宅。那是一个把正方形、圆形和相连的长方形组合在一起的域。路易斯·康运用的几何域，绝大部分是不常见的严谨的域，主要是直角的域（他只在达卡政府大楼的设计中用到了三角形和组合域）。他把很难相容的"两个"域组合起来，并且把广泛的功能分配给其域内的各个元素（规划的被服务和服务性元素）。但是最终，这种努力结出了"非凡的"硕果，而且我认为，位于得克萨斯州沃思堡的金贝尔美术馆（Kimbell Art Museum），正是这个方面的杰作。

阿尔多·范·艾克设计的位于阿姆斯特丹的儿童之家（Children's Home in Amsterdam），是一个展示了自由度及空间可能性，从直角几何域取得高度包容性，并有节奏状态的原型。对于许多当代的建筑项目来说，它是一个值得借鉴的先例。康、伍重、艾克以及他们设计的建筑，已经达到了我们所谓的"最高级的几何包容性"。擅长直角的马里奥·博塔和擅长多角的赛维·黑克，都没有在整体性上获得如此高的评价；他们经常为了形式上的权宜，而牺牲整个建筑意义上的方案。

所有这些建筑师，都是在以我们所谓的"传统的欧几里得式的态度"来运用几何和几何域。近来，彼得·埃森曼努力尝试着质疑欧几里得框架，并通过对目前未知几何学的研究获得新的认知经验。埃森曼域号召对几何学的整个哲学框架及宇宙的复杂性进行进一步的阐述。这些是我们以后将要探讨的问题。

几何域提供了纪律和自由。然而，人们总是面临着对该领域俯首称臣，以及为了几何形式主义而牺牲舒适和功效的危险。只有采取几何学包容主义的态度，形式的问题才能够避免；另一方面，几何学的内在品质，会大大加强最终的设计。

几何学包容主义

在结束本章之前，有必要就建筑设计中如何最全面、最自由、最正确地使用几何学，讨论一下我的理解，当然，这种讨论不是抽象的总结，也不会得出优雅的理论。这就是"几何学包容主义"，它是一种态度，而不是一种教条。

它是"几何的自由"与"几何域"的结合。它体现在阿尔瓦·阿尔托的几个代表作当中，如渥太耶理工大学工程大楼（Otaniemi Engineering Building）、芬兰大会堂（Finlandia Hall）、塞伊奈约基图书馆（Seinäjoki Library）等等。所有这些建筑都显示了建筑师有权利把所有理性的、表现功能的几何学秩序家族集中在一起，同时又实现功能上的自给自足（如：图书馆的横切面在其内部和外部都发挥着作用）。

设计师需要详尽地探索，才能这样运用几何学，因为它的目标是：在平面中的几何秩序与剖面中的几何秩序之间达成一种和谐，同时解决建筑物多种功能之间的结构协调问题，又不忽略建筑的外在魅力（通过统一、补充和对立），以及获得适当的规模尺度。阿尔瓦·阿尔托对微尺度、质地和细部的使用有所依赖。阿尔托成熟时期设计的建筑，堪称高度规则的组合几何秩序的典范。对于非原创来说，它可能显得"随意"，但是如果仔细观察，就会发现它是受到严格控制的、完整的。显然，这样的建筑拒绝了域的图表调节，因此建设起来更加昂贵，在绘制施工大样图和建设过程中更需要一丝不苟、格外小心。它们表现了一个愿意为可塑性和优雅安详不惜血本的社会，而这两种品质可以在某些自然的形式，以及对几何的自然运用中发现。

自然是不懂得抽象的；它是几何组合的终点。虽然"自然的形式"的概念经常被滥用，但我认为，运用几何规则构想的"自然的形式"，与视"自然"为随意现象之产物的人们的"浪漫"观念之间，存在着天壤之别。我们认为有必要在此阐述一下这个问题，因为"随意的"东西仍然是几何学探查的一部分，只不过它是如此古怪，极不适合一般意义上的建筑实践（不管为了什么目的），以至于应该在实践中避免它。

随意的东西一定具有负面的内涵；它是时时演进而又无法证明（或者是难以证明）的自由形式；形式的几何学演进，其种种细节是不为人注意的，即使它们受到了重视，对整体的影响也是微乎其微的。它是个性化的几何学冲动，一般来说是高深莫测的——也就是说，为此进行的努力是得不偿失的；在木工制作上存在着各种各样的问题（随着材料的增加，问题更是层出不穷）；还造成了结构／功能协调上的困难；因此，除非进行有说服力的论证，并且准确地表现，否则，是不会得到广泛认同的。

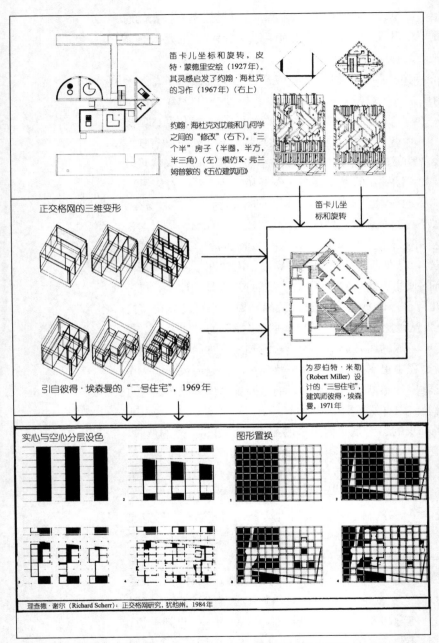

笛卡儿坐标和旋转，皮特·蒙德里安绘（1927年）。其灵感启发了约翰·海杜克的习作（1967年）（右上）

约翰·海杜克对功能和几何学之间的"修改"（右下）。"三个半"房子（半圈，半方，半三角）（左）模仿K·弗兰姆普敦的《五位建筑师》

正交格网的三维变形

笛卡儿坐标和旋转

引自彼得·埃森曼的"二号住宅"，1969年

为罗伯特·米勒（Robert Miller）设计的"三号住宅"，建筑师彼得·埃森曼，1971年

实心与空心分层设色

图形置换

理查德·谢尔（Richard Scherr）：正交格网研究，犹他州，1984年

图10-6　几何域：从皮特·蒙德里安（Piet Mondrian）的抽象主义作品到约翰·海杜克（John Hejdak）的习作，和从彼得·埃森曼（Peter Eisenman）早期作品到里奇·谢尔（Rich Scherr）设计工作室。皮特·蒙德里安设计的"狐狸小跑"被认为是约翰·海杜克和他的追随者的早期理性主义习作的初始冲动，详情参阅肯尼斯·弗兰姆普敦（Kenneth Frampton）《五位建筑师》里的《正面描绘和旋转》，纽约，牛津大学出版社，1975年

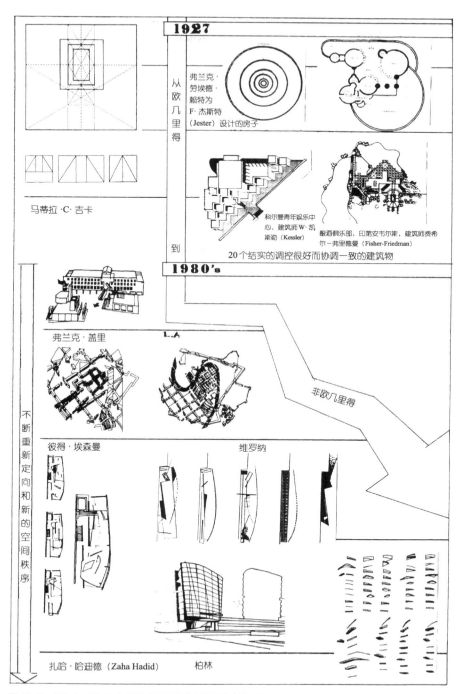

图 10-7 从吉卡（Ghyka）和欧几里得现代主义运动演算到非历史主义派别后现代主义先驱们"明显的"非欧几里得的探索，由埃森曼、盖里（Gehry）、哈迪德（Hadid）设计

图10-8　渥太耶理工学院，建筑师：阿尔瓦·阿尔托。几何域服务于多功能建筑的典型

在这方面，没有比位于芬兰赫尔辛基的渥太耶市校园中的第玻里学生会大楼更好的例子了。出自同一建筑师的类似作品，还有芬兰的首相官邸和位于印度新德里的芬兰大使馆。当然，皮耶蒂莱从没有宣称几何学是他建筑的基础。他的概念起点是比喻的、象征的，是基于能够带来灵感的自然和自然形式。如果整个城市环境都要兼顾第玻里所具有的、由自然引发的随意性，那么人们当然会有所保留，正如在一种缺少神圣的认同感，并且缺乏清晰可辨的区域与不可否认的存在这样的环境当中，人们不可能认识自我的意义和方位一样。如果整个环境都是用一种截然相反的策略，通过单调的域（网格体系，赖特永无止境的"广亩城市"）无休止地演进所建立起来的，人们同样也会有所保留。这两者代表了几何应用的极端，也暗示我们，更理想的切入点，存在于其他的地方。我认为这个"其他的地方"，就是阿尔托的几何学包容主义，以及交响乐的精神。

近来的努力：超越欧几里得几何学

整个欧几里得几何学，特别是认为两条平行线永远不能相交的第五公理，不断受到挑战，尤其是在近二百年来更是如此。我们的时代已经挑战了所有的数学和几何学知识，比以往更加深入地钻研了几何学和数学的新领域。很少有建筑师熟悉非欧几里得几何学的概念及其应用，这就是我们这个时代几何学这门艺术的现状。也许，如果人们重新审视几何学——特别是今天的几何学——人们就会陷入焦虑和茫然之中，同时也会充满建筑的活力，去关注和探索新领域，到达新境界。

然而，人们必须了解基础；如果人们不了解欧几里得几何学，就不可能挑战它。不幸的是，对基础的注重已经变得如此含糊，以至于像马蒂拉·吉卡所著的《艺术和生命的几何学》这样的经典著作，也已经从设计课的课程表中消失了；在这本书中，作者指出几何学"……远没有限制艺术家的创造力，而是在交响乐创作的王国里，为他提供了无限多的选择"。我们相信，吉卡的书，应该被再次用来启发未来的建筑师们；因为只有在基础部分理解并打下坚实的基础以后，人们才能够开始掌握"想象的几何学"，才能够达观地探索空间上朦胧的、目前无法理解的东西。的确存在一个全新的领域；在"想象的几何学"领域中一定有建筑，这个领域即波里亚（Bolyai）和罗巴切夫斯基（Lobachevsky）的非欧几里得几何学。

至于我自己，我对这些我仍然无法理解的途径所带来的种种发现和可能性充满了敬畏。我赞成这样的观点，认为某种非正统的几何学（非欧几里得几何学）可能存在。当我第一次亲身造访了弗兰克·盖里设计的、位于洛杉矶的洛约拉法学院（Loyola Law School）时，我进一步坚定了这种信念。我在早期训练以及所具备的条件和经历之上，形成的那种对欧几里得与笛卡儿式的正统观念的亲近感，受到了这个方案的视觉冲击力的考验。我通过不断地访问和思考，并努力地进行理论总结和"领悟"，最终成功地读懂了卡尔·弗雷德里希·高斯（Carl Friedrich Gauss）写给他的朋友亚伯斯（Olbers）的信中包含的一个观点。高斯是18世纪最著名的数学家之一，他影响了非欧几里得几何学的思想（高斯影响了波里亚），在这封特殊的信中，他宣称他知道自己在追求某种东西，但是他不能证明它。"我曾经更加确信，"他写道，"几何学对于我们的必要性不能够获得证明，至少不能被人类的理解所证明，也不是为了人类的理解而被证明……也许来世我们将洞悉空间的精髓，而目前这一切是遥不可及的……"人们也许可以用"建筑"这个字眼来解释和替换"几何"："我曾经更加确信，建筑对于我们的必要性不能够获得证明……"这使我再次采取了自己青睐的态度——从怀疑的思考中受益，即怀疑可能存在和可能就在那里的东西（实际上，一些人可能相信它真的就在那里），以及由于知识或努力不足而很难追随的东西。同时，我们必须特别小心；建筑师必须经由想象几何学的种种领域，才能够毕业。

我们提出，在1950年代末1960年代初，对几何学的强调是经过深思熟虑的。各个流派应该更加认真地回顾和学习那个阶段，以此作为迈向

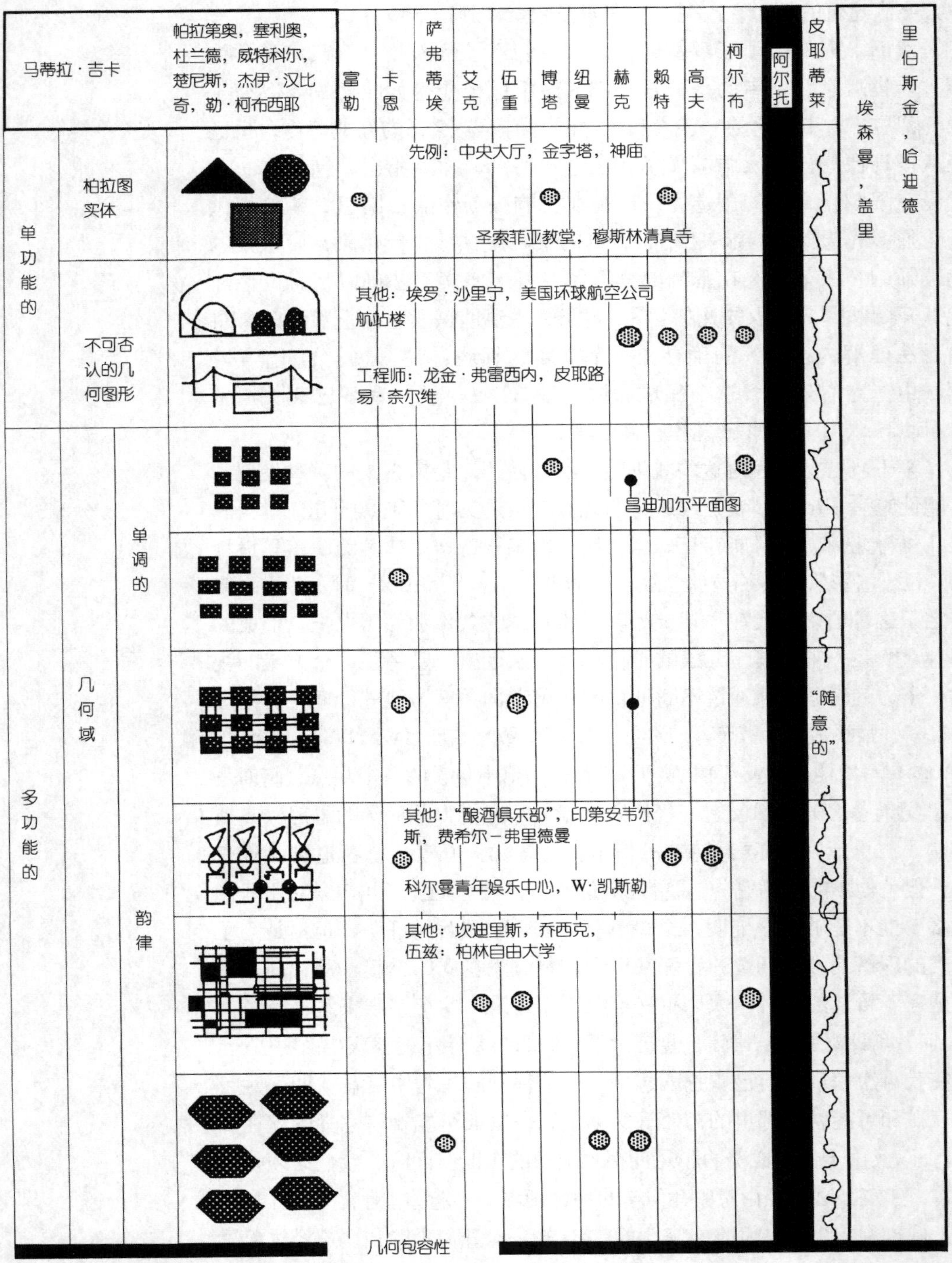

马蒂拉·吉卡

帕拉第奥，塞利奥，杜兰德，威特科尔，楚尼斯，杰伊·汉比奇，勒·柯布西耶

富勒　卡恩　萨弗蒂埃　艾克　伍重　博塔　纽曼　赫克　赖特　高夫　柯尔布　阿尔托　皮耶蒂莱

埃森曼，盖里

里伯斯金，哈迪德

单功能的

柏拉图实体

先例：中央大厅，金字塔，神庙

圣索菲亚教堂，穆斯林清真寺

不可否认的几何图形

其他：埃罗·沙里宁，美国环球航空公司航站楼

工程师：龙金·弗雷西内，皮耶路易·奈尔维

多功能的

几何域

单调的

昌迪加尔平面图

韵律

其他："酿酒俱乐部"，印第安韦尔斯，费希尔－弗里德曼

科尔曼青年娱乐中心，W·凯斯勒

其他：坎迪里斯，乔西克，伍兹：柏林自由大学

"随意的"

几何包容性

图10-9　不同的建筑师应用几何学的方式总结

更高等、更复杂阶段的第一步。在那个时代，建筑师中流行的社会意识，以及他们对钻研技术和预制组件的关注，促使他们去寻求由预制的立体框架所构成的分子／立体的可重复组织（一般几何域）。许多流派参加了研究，可重复几何和立体的设计方案，是那个时代最直观、最进步的成果。伦敦建筑师联合会在这方面的先驱作用，与诸如约翰·弗雷泽（John Frazer）、克里斯·唐森（Chris Dawson）和亨利·赫茨博格（Henry Hertzberger）这样的先驱导师相得益彰。练习的主要目标之一，是要证明几何学必须满足人体测量学、结构、装配、可塑性等等要素这样一个观念。人的尺度和几何学必须是互补的。技术和几何学应该为人类服务。在1960年代，是奈尔维这样的伟大工程师在为建筑技术和工程施工服务的时代，正是在他的挑战和建议的指引下，建筑师们像他们的哥特式前辈一样，再次涉足精确的几何域。正是在另一位工程师奥古斯特·科默坦特（August Komendant）的影响和协助下，路易斯·康深入研究了几何学，并把它作为结构、秩序和节奏的规则，从而成就了他的主要建筑。

近年来，除了荷兰人赫尔曼·赫茨博格（Herman Hertzberger）这个著名的另类之外，几何学作为一种可以建构、重复、取得经济效果、预制模块，以及获得重复性实体的方法，已经被忽略了。工作室中使用几何学仅仅是为了锦上添花，成了一种取得可塑性的工具。最近，另一种对几何的使用，已经是纯粹抽象的了，这是对几何域的两维可能性以及缺少功能或社会目的尝试性创作。尽管几何和立体中的抽象练习必定是有益的，但它们对于实现建筑的目标也可能毫无建树，因为建筑还必须考虑功能和技术的维度。然而，更密切地接触和关注现在的几何学，可能会在未来取得极为显著的创造性成果。也许这始于对几何哲学的学习，它和重温美学、形态学一道，将提升建筑师与几何学的关系（这一次是时代的几何学）。通过有针对性的学习，人们会发现，今天的整个几何学体系——无论是欧几里得几何学还是非欧几里得几何学——整体说来，都像包容性建筑一直渴望的那样，在概念上具有包容性。即使是那些对欧几里得和笛卡儿体系顶礼膜拜的教条主义设计师们也会发现，其他因素，诸如时间、经验、运动，甚至身体和身体接触等等，都曾经是过去的几何学体系所关注的问题。诸如"无限深的表面"、"无限宽的线"、"无限维度的点"这样的概念，早在18世纪就耳熟能详了，也许正是它们，孕育出了今天"现实的虚无"、"虚无的现实"之类的建筑概念。这两者传达的正是彼得·埃森曼所发展和追求的建筑品质，它们应该受到足够的尊敬和重视，因为它们可能构成了万物的起源，而这是我们今天还无法理解的。

图10-10　弗兰克·盖里：迈向新几何学。一个还不被人们广泛理解的实验。A. 洛杉矶太空博物馆（Aerospace Museum）；B. 洛杉矶的洛约拉法学院

一旦人们在各自的事业里，运用几何学规则再次接近建筑，就如同把建造中游戏的成分重新引入了创造过程当中一样。这种游戏的成分通过自身产生的自信，增强了创造力。

几何学作为建筑师进行建造的玩具，是一个强大的通向创造力的渠道，因为无论发生什么，立方体或圆柱体以它们实实在在的存在和稳定性，带来了各个年龄阶段的"孩子"都可以感觉到的自信。人们只需要拾起这些立方体，重新排列它们，就可以让生活更加轻松。孩子拥有更多的时间去考虑新的排列，建筑师也是一样。人们可以插上想象的翅膀，去探寻新的变化，去进一步提升预先选择的"成品"的品质。几何学把自己的成品提供给创造力。它作为一个创造力渠道，应该受到鼓励，因为建筑师只有通过几何学，并且辅以成熟和经验，才能够进入"想象几何学"的王国，达到包容主义设计的境界。

设计课程

设计课程应该涵盖几何探索各个方面的练习；然而，复杂程度应该循序渐进，随着设计师批判才能的增强而逐渐提高。让年轻的设计师陷入车轮式周而复始的练习，肆意破坏那些偶尔指定的领域中的规则，没有清晰的理性，对于精确计算的必要性和"阅读"建筑的能力所具有的心理影响缺少坚实的基础，这些做法结果都会适得其反。学生会养成为了复杂性而接受空间复杂性的坏习惯，沉迷于制作精巧的三维模型。一些模型的"美"是惊人的，特别是在工作室的大力支持之下，因为工作室本来就特别强调模型的制作；但是，如果学生不能学会把它们看作是人们生活、行走以及发现自我的空间，这些模型就是欺骗性的，贻害无穷的。人们的目标应该是把几何学视为建筑，去运用它，而不是成为其形式的受害者。因为几何学可以像蜘蛛的网，但与蜘蛛不同的是，第一个受害者将是织网的建筑师：众所周知，是建筑师使人们和功能陷入了死气沉沉的建筑当中。

为建造一座"圆形"或者"三角形"的建筑，而把复杂的功能压缩进预先构想的几何图形里，这绝非易事，虽然这应该被视为古代建筑师的雄心壮志，因为他们只有建成了圆形的，或其他受到严格限制的建筑，才会欣喜若狂。学生应该尝试这样的练习，通过这样的尝试，他们将懂得，人们不可能随心所欲地驾驭每件事，除非所选的几何图形的内在性质和功能要求之间完全契合，否则，抽象叠加起来的形式是不能够发挥作用的。

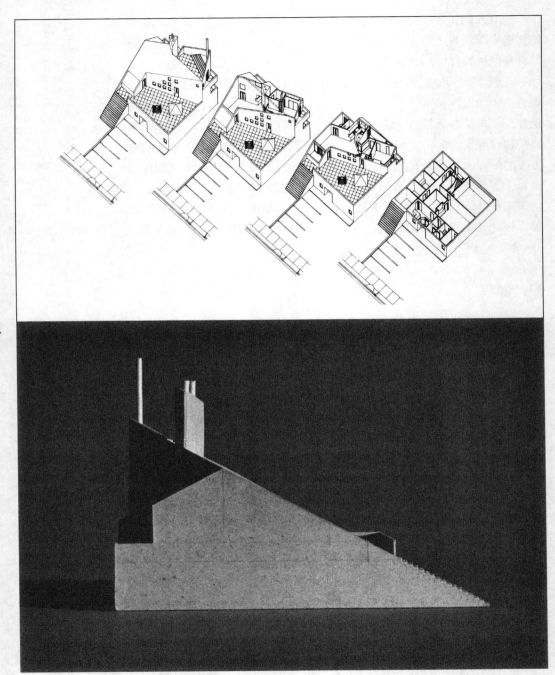

图10-11 位于新墨西哥州阿尔伯克基的医疗诊所，在这里，非常基本的几何要素和微小的几何冲突，创造出了最基本、最俭省的"空间多样性"。建筑师：安托万·普雷多克（照片来自罗伯特·瑞克）

几何域是最容易掌控，也是更适用于今天的复杂建筑形式，它更有保障，也更具有指导意义。这样的练习，可以和偶尔对于单一功能建筑的练习，以及"交响乐式组合"（以马蒂拉·吉卡作为主要参考对象，研究各种比例的系统）的问题联系起来。我的目标是帮助学生在几何包容主义的态度方面"毕业"，在这种态度里，几何学提供机会，重申了对于创造性的争论——这种争论在自然和艺术的渠道中也会遇到——最终导致了可以施工建造的建筑，避免了浪漫的和"随意自然"的情形。确切说，它们是改造自然的建筑行为，是源自人工的神圣。

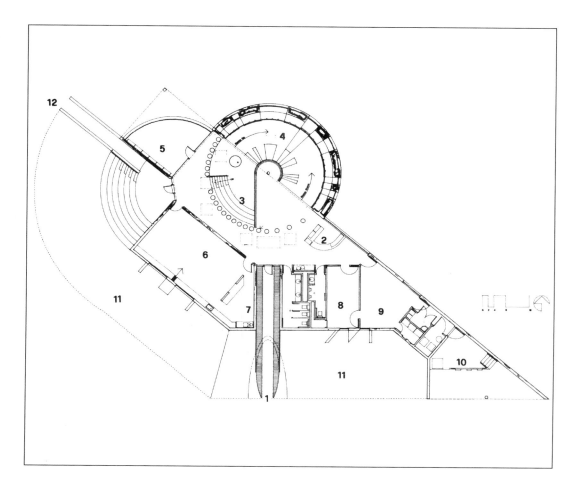

图10-12 如果连接恰当，同时兼顾地形和整体环境的局限，基本的几何练习，也可以产生具有非凡魅力的建筑。格兰德河自然保护中心（Rio Grande Natural Conservation Center），建筑师：安托万·普雷多克

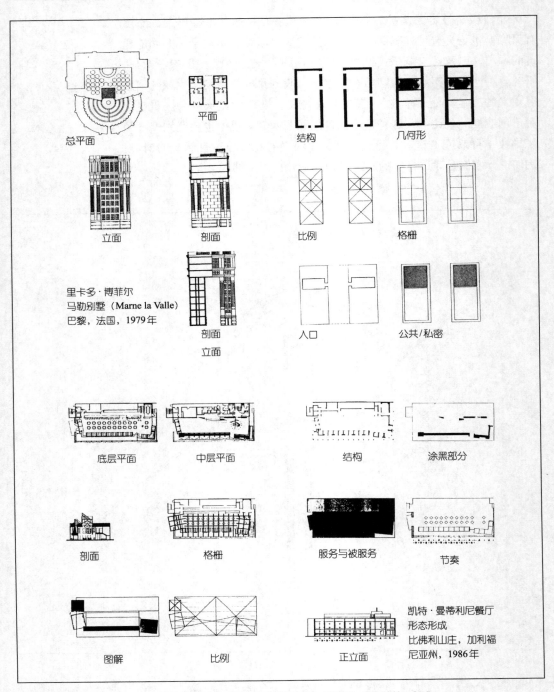

结构　几何形

平面

总平面

比例　格栅

立面　剖面

里卡多·博菲尔
马勒别墅（Marne la Valle）
巴黎，法国，1979年

剖面
立面

入口　公共/私密

底层平面　中层平面　结构　涂黑部分

剖面　格栅　服务与被服务　节奏

图解　比例　正立面

凯特·曼蒂利尼餐厅
形态形成
比佛利山庄，加利福
尼亚州，1986年

图 10-13　学生对近来一些新建项目的"几何"属性所作的分析练习。来自李·赖特的第三年设计班

小结

本章论述了几何描述相对于解析描述的优越性，分析了千百年来几何学独具魅力的原因。早期美术对于几何学的强调是片面的，强调的是立面、比例系统以及"交响乐式组合"的概念。我们讨论了各种建筑类型的关系，并且通过历史范例和当代多功能的建筑类型，剖析了它们与几何学和"几何域"概念的匹配。值得注意的是，如果片面强调形式，而不是采取包容性的态度，几何学就有可能被滥用。目前"新几何学"悄然兴起，但是欧几里得几何学的基本要素，仍然是几何学包容主义态度的基础。

参考书目

Billington, David P. *The Tower and the Bridge*. New York: Basic Books, 1983.

Derrida, Jacques. *Edmund Husserl's Origin of Geometry: An Introduction*. Translated, with Preface and Afterword, by John P. Leavey, Jr. Lincoln and London: University of Nebraska Press, 1989, pp. 127, 128.

Doxiadis, Constantinos A. E. "Theories ton armonikon charaxeon es tin Architectonike" (Theories of harmonic proportioning in architecture). *3° Mati,* 7–12, 1937, p. 218.

Cook, Jeffrey. *The Architecture of Bruce Goff*. New York: Harper & Row, 1978.

Coulton, J. J. *Ancient Greek Architects at Work*. Ithaca, NY: Cornell University Press, 1977, pp. 26, 117.

Eisenman, Peter. *House X*. New York: Rizzoli, 1982.

Frampton, Kenneth. "Frontality vs. Rotation." In *Five Architects*. New York: Oxford University Press, 1975.

Ghyka, Matila C. *L'Aesthetique des Proportions dans la nature et dans les arts*. Paris: Gallimard, 1931. Also published as *The Geometry of Art and Life*, New York, Sheed and Ward, 1946, 1962, (1962 pp. 5, 124, 126, 127, 128, 129, 154, 174).

Kepes, Gyorgy. *Structure in Art and in Science*. New York: Braziller, 1965, p. 96.

Komendant, August E. *18 Years with Architect Louis I. Kahn*. Englewood, NJ: Aloray Publishers, 1975.

March, L., and Steadman, P. *The Geometry of the Environment*. London: RIBA Publications, 1971, p. 24.

Pinno, Andrzej. "Between the Ends and Means of Architecture." *Proceedings of the Seventy-sixth ACSA Annual Meeting,* Miami, March 1988.

Plato. *Timeos.*

Torretti, Roberto. *Philosophy of Geometry, from Riemann to Poincaré.* Dordrecht, Holland: D. Reidfel, 1978, pp. 55, 64.

Tzonis, Alexander, and Lefaivre, Liane. *Classical Architecture: The Poetics of Order.* Cambridge, MA: MIT Press, 1986.

Valéry, Paul. "Eupalinos ou L'Architecte." In Oeuvres II, édition établie et annotée par Jean Hytier. Paris: Gallimard, 1960, pp. 82–147.

Wittkower, Rudolf. *Architectural Principles in the Age of Humanism.* London: Alec Tiranti, 1952.

注：特别的是，虽然几何学在建筑的形式结构和韵律精髓中占有重要地位，但是，除了 March 和 Steadman 以外，近来很少再有人从建筑师的角度对几何学进行公正的讨论（在过去，这样的讨论曾经有过一些）。马蒂拉·吉卡的著作仍然是基本设计训练最好的参考书；它是关于这个主题的经典参考书。对近来解构主义建筑师出于本能而去追求的"非欧几里得几何"空间而言，迄今为止还没有哪一本教科书能提供一个言简意赅而又令人心悦诚服的观点。

第十一章　聚焦材料

　　即使是在今天，在希腊的伊兹拉（Hydra）岛上，建筑材料也必须是用骡子才能运到工地上。大量美仑美奂、保存完好的古建筑群，以及当代少数与"进步"绝缘的地区，也都是以这样的方式建造。人们恐怕找不到比这些地方的艺术家和地方承包人更好的项目经理了。他们要根据许多未知因素去协调一切：肆虐的狂风可能会影响货船靠岸和水泥运输，倾盆大雨可能会把动物困在陡峭的山坡上，邻居可能想要确保不被飞溅的石灰和泥匠的歌声所打扰。这样的环境对大多数人来说也许是陌生的，但这一切对于20世纪的伊兹拉、埃及或者阿富汗的石匠，又是那样的真实，他们在选择材料时流露出的智慧和思考，以及他们对材料的运输和合理使用，都对确保这些工程获得成功具有至关重要的意义。

　　材料的稀缺，绝大部分材料尽量就地取材，以及如何按照观察和经验中学到的方法处理这些材料，是历史沿革下来的为数不多的印记。

　　值得高兴的是，现在人们开始注意到前人在运用材料时表现出来的勤奋、谨慎和匠心。阿纳塔西奥斯·奥兰多（Anatasios Orlandos）生前撰写的讨论施工方法、材料运输等问题的两卷本著作，在专一性、学术价值、视觉表现的原创性、旁征博引其他学者的观点、阐述个人设想等诸多方面，都独树一帜。作为希腊学会的会员，以及雅典理工大学的建筑史学教授，奥兰多在这部题为《古希腊的建筑材料：根据作家、铭文和遗迹》（Construction Materials of the Ancient Greeks, according to Writers, Inscriptions, and Monuments）的伟大著作里，把他对前人匠心的体味，书写得淋漓尽致。法语读者也同样会被早期关于这个主题的专题论文所吸引，由 J·F·布隆代尔（J.F.Blondel）发起，后来由 M·帕特（M.Patte）接手完成的巴黎美术学院建筑系列丛书第五卷中的图表，更是这个方面的佼佼者。

　　信息和快乐的另一个源泉，是阿尔伯蒂的阐述，人们可以找到它的英译版。阿尔伯蒂醉心于对普林尼（Pliny）、狄奥多罗斯（Diodorus）、德奥弗拉斯特（Theophrastus）、海希奥德（Hesiod）以及其他大师的研究，而

图 11-1　向希腊诸岛艰苦的、难以接近的施工地点运送材料，以及在那里使用的建筑方法

建筑工具——制图和施工工具

古代木匠（上）；古代建筑工具（下）

古代人利用精巧工具，制作的木工制品

为位于以弗所的阿提米斯神庙运输沉重建筑组件的工具

从潘泰利向帕提农神庙的工地运送沉重的大理石

在海上运送材料的精巧装置（取自奥兰多）

三角架：提升机械
参考来自亚历山大的贺伦

帕提农神庙地基主体石块的安放（取自奥兰多）

四角架：提升机械
参考来自亚历山大的贺伦

在古希腊神庙的建造过程中所使用的各种提升建筑材料的方法

早期多立克神庙的木质结构（上）；石头结构（下）（取自DURM）

帕提农神庙塑像的金属支撑（取自奥兰多）

图 11-2 古代人所使用的工具、材料、材料运输的方法和处理材料的技术，根据阿纳塔西奥斯·奥兰多和其他学者的研究（奥兰多，1958 年）

正是他们最早把材料作为主题，写进了自己的著作当中。若论愉悦和动人，没有哪本书可以和阿尔伯蒂的《建筑十书》中的第二书相提并论；树木、砍伐它们的最好时间、它们的果实和浆汁；石头，可以生长的石头，不适合与水泥粘合在一起的石头；大理石以及大理石最佳产地；同样还有砂子和石灰、石头和砖，以及古人所用的全部材料——人类已经书写了一整套关于建筑材料的神话。阿尔伯蒂赋予它们以魔力和生命。他以人类学家的方式对待无机物：材料有生命，会成长，有反应，呼应着季节的更迭，它们会萎缩和枯竭，抑或持久坚韧，可以为我们所用。人们应该在月亮盈亏的特定时段砍伐榆木，否则就可能会变成秃头；人们应该确保不要"……在月亮压抑或者脾气不好的时候剪指甲和头发。"希腊的蒂诺斯（Tinos）和意大利的卡拉拉（Carrara）因为出产大理石而闻名于世；罗马则是以石灰著称；那不勒斯附近的波佐利（Pozzuoli）盛产一种石头粘合剂白榴火山灰（Pozzolana）；希腊的奥罗普斯（Oropus）和奥利斯（Aulis）以海水冲刷的化石产品闻名；印度以鲸鱼的肋骨闻名，根据阿尔伯蒂的研究，它们被用来建造宫殿（阿尔伯蒂，1965）。

材料及其使用，体现了人们的性格特征、对来世和不朽的态度，以及对自然、对其他人和对"美好事物"的热爱。很多的纪律、耐性、智慧和建造者的整个价值体系，都可以通过材料的使用和选择来讲述。在这方面没有可供遵循的简单原则。一个小心谨慎的工匠，无论给他／她什么样的材料，他／她都知道怎样使用并且得心应手；一个粗心大意的工匠，无论使用多么精致的材料，都会搞得一团糟。例如，弗兰克·劳埃德·赖特和阿尔瓦·阿尔托无论选用什么样的材料，都可以建造出无与伦比的杰作。

论施工的道德

德国建筑师埃贡·埃尔曼（Egon Eiermann）在教授建筑设计方面是独一无二的。他能对许多创造力渠道驾轻就熟，无论这些渠道是可感知的，还是不可感知的。他惯于思考适合在任何级别的设计课上指导的任何规模尺度的任何方案。一个尚有疑问的博物馆方案绝对不可能通过论文评审，但哪怕是仅为5m×5m的小屋，只要是精心设计、比例协调，也一定足以成为获得硕士学位的论文方案。埃尔曼主要强调的是正确理解和使用材料，协调好与所用材料的尺寸相关的工程的比例。例如，一座由混凝土砌块建造的房屋，只有当它的长度和高度，以及窗子和其他开口处的尺寸，正好是混凝土砌块的倍数时，才可以为人们所接受。

虽然在许多建筑教师中普遍存在一种倾向，即不考虑材料和细部这些建筑构思过程中最基本的东西；更有许多著名的建筑大师，虽然他们的整体创造非常出色，但在处理材料和建筑细部上却非常欠缺（例如鲁道夫·辛德勒，勒·柯布西耶），尽管如此，但恰恰正是能否正确使用材料，才决定了一座建筑是长存于世，还是很快就寿终正寝。

对材料的正确使用，把真正的建筑与"作为摆设的建筑"区分开来。材料不但有面积和厚度，还有强度和"声音"。敲击石头与敲击纸质仿石——它们发出的声音不一样；敲击灰泥粉刷的石头墙壁，然后敲击2×4的石膏板制成的灰泥墙——所发出的声音也不相同。如果没有灰泥，而是在胶合板上抹上其他涂料和颜色，声音效果听起来就更糟了；这样一来，墙壁看上去像石头，但是，在被触摸或者受到其他物体的挤压时，就会发出嘶哑的鼓声。

近年来，许多历史主义建筑都是这样，使用不相称的材料来模仿过去的形式。迈克尔·格雷夫斯设计的位于圣胡安的图书馆，就是一个典型的例子。你可以沿着看起来富丽堂皇的柱廊散步，但是空洞的胶合板立柱发出的声音，却把你无情地拉回了"伪造现在"的真实世界里，而那些具有相似设计的古代建筑，则充分表现了历史的真实与诚恳。令人大跌眼镜的是，美国建筑师学会把1983年度的一些最高奖项，颁给了

图11-3 圣胡安图书馆，加利福尼亚州。建筑师：迈克尔·格雷夫斯

后现代主义倾向的建筑，如设计师塔夫特设计的位于休斯敦的基督教女青年会（YWCA），而这座建筑仅仅伫立了一年，就已经开始裂缝。水顺着膨胀的接缝处流下来，而这些接缝，恰恰是作为一种手段，被用来分隔立面上所使用的不同材料而留下来的。

人们必须随时考虑不同国家的具体情况，包括建筑师的实践、建筑技术以及那里的人们所采用的标准。技术水平越高，人们对细部和装饰方面的精品期待值就越高；材料的数量越多，挑选的过程就越复杂，初始成本也必然越高。材料的丰富，以及对客户充满诱惑力的产品推广杂志，让其中一部分问题变得更加复杂。45年前，大约有100种建筑材料可供发达国家的建筑师选择；现在，这些建筑师面对的是100多万种可选的材料。而技术不发达国家和第三世界国家的建筑师们，仍然只有少量可用的材料，这个事实一针见血地指出这两个建筑师群体之间的天壤之别。从这个意义上讲，人们可以说，除非考虑到材料的类型、性能、数量和使用方法，否则，人们就不能够探讨广泛意义上的建筑。因此，我们可以把建筑技术和材料当作一般的决定因素，并以此为基础，因而在空间属性以及结构和节奏的广泛问题之外，对建筑作出比较、区分或者一般性总结。

材料使用的结构和美学层次

对于一般的建筑而言，两大类材料会产生举足轻重的影响：(1)可能影响结构体系和功能组织的材料；(2)可能影响建筑微观尺度、室内和室外环境的材料，以及修饰和完善细部的材料。前者会影响建筑的整体特色，影响建筑的结构组织、比例、节奏品质（实心与空心）及重量；后者会大大影响建筑的整体造价，也许它可以作为建筑成本效益的指示器。

人们在选择第一类材料时，不一定有困难；在特定领域里的基本实践和工作经验，以及对特定建筑类型进行的基础研究，可以帮助人们作出优选方案。在这方面，结构咨询师当然是必不可少的。人们恰恰是在微观尺度的材料选择上，遇到了更大的困难。无论在室内还是室外，这个尺度上的材料选择，都会影响建筑的整体环境、建筑对阳光的运用，以及建筑在视觉上的细微效果。而且，这些材料彼此之间的兼容性，以及它们与更重的结构性材料之间的兼容性，会直接影响建筑在不同时间和受到风化之后的视觉效果，以及抵御各种天气和气候条件的能力。最终，它们将会有助于降低或者增加能量的消耗。

建筑师对材料的态度

对于如何正确使用材料，建筑师们可谓仁者见仁，智者见智。无论是在宏观尺度（结构）还是在微观尺度上，20世纪许多最著名的建筑师都在对材料的驾驭上存在困难。保罗·鲁道夫提醒人们注意，弗兰克·劳埃德·赖特偶尔也会忽略正确使用材料的重要性，有时，建筑师们不得不在材料的空间品质与美学品质之间做出抉择。鲁道夫总结了西塔里埃森的结构规划，认为赖特对材料的感情"……更多地表现在他的著作中，而不是在他的建筑里。"

勒·柯布西耶和鲁道夫·辛德勒因为他们在微观尺度上运用材料所存在的问题而声誉不佳。保罗·鲁道夫也再次说："勒·柯布西耶花费了25年的时间去学习材料的秘密"；而鲁道夫·辛德勒尽管在建筑的诸多领域有非凡建树，但是，在微观规模的处理上，却一直差强人意。辛德勒的拉弗尔海滨住宅（Lovell Beach House），不仅是众多被忽略了的、但却是现代主义运动中真正称得上杰作的建筑之一，更值得称道的，是他所使用的钢筋混凝土的特性，并且证实了客户—建筑师进行良好合作的可能性，但在另一方面，它也是特定案例中不正确组合材料的典型例子。

虽然建筑师们可能急切地盼望能够看到他们概念的、空间的、背景的、诗意的杰作，但是，与建筑朝夕相处的，是住在其中的客户，应付风化和渗漏的是客户，由于工艺不当和运作效果不佳而带来的额外开支，为此付费的，还是客户。然而，在建造过程中，为了把建筑成本控制在预算范围内，或者为了满足客户的需求，建筑师的确会使用许多替代品（经常是在施工现场这样做），而且对这些决定既不深思熟虑，也不详细检查制图板。同样，建筑师们为了迎合客户的愿望，可能也会作出令人追悔莫及的决定，其后果可能会在第一个冬天到来之际就显现，并随着时间的推移而增强。在选择材料，特别是装饰材料的时候，设计师需要运用经验、深入的研究以及非凡的魄力去说服客户。"艺术渲染图"和立面图是远远不够的；只有对材料进行完整的、诚恳的、多层次地合理化，才能够最终说服客户，从而创造出建筑精品。

阿尔瓦·阿尔托的作品，展示了美妙的细部与空间及艺术魅力之间的完美结合。路易斯·康的作品因为在材料和装饰上无可挑剔而名声大噪，而这些优点，为他的建筑最终所具有的形式和美学效果，立下了汗马功劳。无论是运用石材（如水泥和砖），还是对其他材料（如铁和木头）的使用，康所表现出来的对材料的关注和了解，都是20世纪的其他建筑师们所望尘莫及的。

提到使用材料，人们在后现代主义建筑中，几乎找不到任何有价值的线索。实际上，我认为材料使用上的差别，构成了这两类建筑的主要分水岭。简洁地表现材料并且严格控制其用量，同时放弃奢华的装饰，这是现代主义建筑的主要标志。后现代主义的标志，同时也是后现代历史主义的标志，是立面材料的混合、胶合板和贴花以及伪材料的使用、对原创的模仿、细节上的比例失调，以及木工和装饰的滥用。尽管我们对赖特建筑的富丽堂皇提出了批评，但是，在真实地表现材料的本质和内在特征上，他仍旧是一位大师，一位领袖。我们只有在后现代主义的"大师"群体中，才能找到材料运用的反面例子。

建筑师范例，以及现代主义与后现代主义建筑

在我看来，就所谓正确和协调的建筑（包括材料的正确使用）而言，亨利·霍伯森·理查森（Henry Hobson Richardson）、弗兰克·劳埃德·赖特和路易斯·康，是进行这方面创造的主要设计师。理查森设计的承重墙，是对暴露在自然状态下的切割石材进行的中规中矩的慎重表现；墙上的开口服从了石材的整体协调性，这些石材往往暴露在外，坚固地立在房屋的四周，它们不仅看上去牢固稳当，而且对墙的重量或者墙上面承载的建筑而言，也是坚实可靠，巍然不动。新材料的使用，丰富了人们对结构的内在力量所持有的感情。

理查森在表现不同建筑元素的微观尺度时，使用了罗马式的标识，这些元素包括：墙、屋顶、屋檐、室内和室外的平面、烟囱的关键部分、出挑的阳台或者地板、开窗法或屋顶的组件；而弗兰克·劳埃德·赖特则打破了这些标识。他的考夫曼流水别墅（Kaufmann Fallingwater house），是他用钢筋混凝土搭建起来的第一个住宅建筑，这个建筑堪称是由"组件"搭建起来的辉煌诗篇。赖特的大部分作品，清晰地展示了他在运用材料时遵循的语法规则：他从不在用一种语言说出的话中，夹杂来自另一种语言的单词；他从不在特定的建筑实体（如墙）中，混杂与这个建筑实体格格不入的材料。赖特在试验中从不畏首畏尾。实际上，他的发明是独一无二的。混凝土块和他为自己设计的几幢房子发明的加固方法，以及他对于使用工业生产的新材料所持的态度，显示了一个建筑师海纳百川的胸襟，以及解决更多问题的热望，对于他来说，材

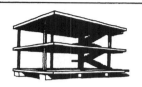

多米诺住宅，钢筋混凝土框架，
勒·柯布西耶

通过钢筋混凝土的"单调性"来筑就的
结构的动态表现主义。
鲁道夫·辛德勒设计的新港海滨住宅

"节日"，冲绳岛那霸市，
建筑师，安藤忠雄

充分突出材料，在服从万有引力定律以及材料内在应力的基础上建造的结构。只使用了一种主要材料

路易斯·沙利文，理查森式。
礼堂建筑的墙，
芝加哥，1886—1889年

起居室—西塔里埃森，
F·L·赖特，1938年

摩尔斯和史提校区，耶鲁，
建筑师，埃罗·沙里宁

直截、静态地按照材料的原始用途合理地使用它们

法古斯工厂，1911年
沃尔特·格罗皮乌斯和阿道夫·迈耶

张伯伦府邸，
沙伯里，马萨诸塞州，1939年
沃尔特·格罗皮乌斯和马塞尔·布劳耶

悍马剧院，俄克拉何马城，
约翰·约翰逊

使用那个时代的新材料和"高科技"来表现兼容性、合作和低能耗

政府大楼，巴西利亚。
建筑师，奥斯卡·尼迈耶，1956—1960年

饭店，花乡，墨西哥城，
菲利克斯·坎德拉和奥瓦尔兹·欧德
尼兹，1958年

悉尼歌剧院，1970年
建筑师，约翰·伍重

把结构技术推向极限。新建筑形式表现了新结构技术（即外壳）的潜力

图11-4　关于材料的广泛讨论，以及现代主义运动、后现代主义运动的建筑师们各自的态度

"54扇窗"或"东京布基伍基"。
石井和纮，1975年

医学院学生宿舍。
卢申·克罗尔，鲁汶大学，布鲁塞尔，1977年

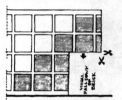

克洛画廊/泰特画廊。
詹姆斯·斯特林，迈克尔·威尔福德，伦敦，1986年

试图超越结构表现主义，甚至挑战万有引力定律的努力。复合使用了多种材料

泰恩河畔纽卡斯尔的拜克墙。
拉尔夫·厄斯金，1968年

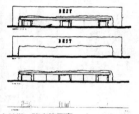

卡特勒·瑞奇陈列室，迈阿密，佛罗里达州。"西特"，1979年

位于新德里的芬兰大使馆。
瑞利和雷马·皮耶蒂莱，1983-1986年

对材料的使用过于复杂，甚至"扭曲"，被特别应用于"结构"材料、"扭曲"的剖面和超大体量的建筑当中

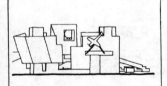

位于洛杉矶的航空博物馆。
弗兰克·盖里

汤姆·格龙都纳的克劳蒂亚面包店——霍顿广场/圣迭戈，1985年

"花瓣屋"——洛杉矶。
建筑师，埃里克·欧文·莫斯

使用"高科技"产生的强迫关系，材料连接处的内在压力，频繁发生的材料不兼容和虚伪的表现

Atet大厦，纽约，菲利普·约翰逊/约翰·伯格

波特兰市政大楼，建筑师，迈克尔·格雷夫斯（取材于迈克尔·格雷夫斯）

"输水管道"——圣康坦—昂的住宅扩建，里卡多·博菲尔

表现结构技术之艺术状态的"新"形式，其发展出现贫乏态势。人们抛弃了结构，转而强调使用"装饰"

图11-4（续）

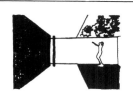

巴塞罗那竞技场，细部。
密斯·凡·德·罗，1929 年

朗香教堂，礼拜堂。
勒·柯布西耶，1955 年

草图，爱因斯坦天文台。
埃里克·门德尔松，1919-1921 年

石头材料在结构上的运用，在此基础上平面或者材料的可塑性

赛于奈察洛市政厅。
阿尔瓦·阿尔托，1952 年

莫里斯商店，旧金山。
弗兰克·劳埃德·赖特

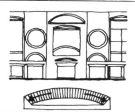

印度管理学院，艾哈迈达巴德。
路易斯·康，1963 年

合理使用砖，其他建筑元素的连接在结构上合理，允许静态调整力的分配。"拱"仍然是"拱"，但受力的
却是过梁（如路易斯·康的设计）

皮尔斯为
S·C·约翰
逊父子公司
的行政大楼
绘制的剖面
图，哈辛，
威斯康星州
F·L·赖特，
1936-1939 年

旋转一角，菲利普·约翰逊，玻璃屋，
新迦南，康涅狄格州

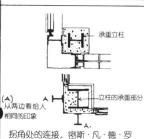

拐角处的连接。密斯·凡·德·罗

在表现结构组成部分，甚至是"装饰"时的发明，通过正确处理建筑的各要素，总是加强着稳定、真实的感觉

哥本哈根附近的鲍斯韦教堂，
建筑师，约翰·伍重

鲍斯韦教堂的内部空间

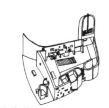

从上俯看朗香教堂时的三维切面
图，勒·柯布西耶，1965 年

通过合理搭配材料，来优化可用材料的能力，并实现高度的可塑性。丰富的内部空间可以带来真实的空间感。合
理、完备的细部设计

图 11-4（续）

"西特"为最好的产品链所设计的第一批
建筑之一。据称，对传统的建造方式进行
的解说，但却是正确的形态学

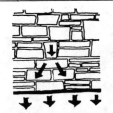

在遵守重力原理的情况下，砌体结构
正确的形态学

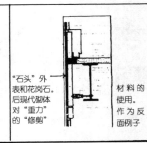

"石头"外
表和花岗石。
后现代砌体
对"重力"
的"修剪"

材料的
使用。
作为反
面例子

挑战材料的逻辑。"解构"作为"结构"的反面。在无意义而又不承重的外层，用石头材料来做贴花。外层表面上的砌体元素
与真实起作用的结构性砌体之间的对比

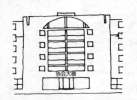

协会大楼，罗伯特·文丘里与丹尼斯·斯
科特·布朗，1960—1963 年

未封闭的砖砌拱顶，因而不是真正的拱顶，即使
是出自罗马尔多·朱尔戈拉（Romaldo Giurgola）
这样的建筑师之手，也于事无补

"摇摇欲坠"
的砖清晰可
见入口洞穴

Ransila 办公大楼。卢加诺，瑞士。建
筑师，马里奥·博塔，1985 年

"结构上合理的形式"（例如拱顶）的欺骗性使用。用砖来做贴花（或者绝缘层），并且不适当地表现它原始的结构潜力。
特别提示：为了容纳"结构上看似合理"的非结构性视觉效果，真实的结构不可或缺。挑战"拱顶"——"剪力"的形态学

明尼阿波利斯建筑师协会办公楼，两个建
筑师事务所合而为一——风格的混合

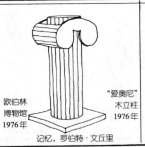

欧伯林
博物馆
1976 年

"爱奥尼"
木立柱
1976 年

记忆，罗伯特·文丘里

意大利广场，新奥尔良，查尔斯·穆
尔，1977—1978 年。
（合作者，斐尔逊，皮尔兹，希尔
德，厄斯基）

过量使用常见和不必要的结构性元素。使用伪材料，与结构性目的风马牛不相及（例如，看上去"古色古香"的石膏立柱，或
者塑料做的"立柱"等等）。是对真诚和合理性的"嘲弄"

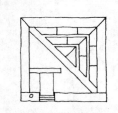

"反居住"的盒子住宅，由
MONTA OZUHA-HOKKAIDO 设计，1971 年

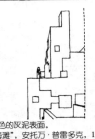

着色的灰泥表面。
"海滩"，安托万·普雷多克，1985 年

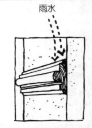

雨水

罗伯特·斯特恩住宅上的支撑物

为了表现设计意图，而被用作"图样"装置的材料，常常是非功能性解决方案中不必要的细部（"功能"：也就是说，这个细部
会起到某种作用）。缺乏可塑性，但反而可以产生大规模的装饰性结果

图 11-4（续）

料是解决问题的最根本有效的方法。对于低成本住宅以及高效率的施工所面临的问题，使用钢筋混凝土，就是他为我们提供的答案。

赖特对新材料的试验是非常小心翼翼的。他尽可能少选择新材料，所以减少了因为使用的材料繁多而引发的连接问题。他的钢筋混凝土建筑——或许也是他试验方案中最闪亮的地方——实际上具有理查森式的单一性，创造了与传统的地方乡土建筑类似的表达方式。他在这方面的试验具有现实性和普遍的有限性，与近来后现代主义的试验态度形成了对比，如弗兰克·盖里用多种材料（胶合板、沥青屋面板、锁链、清漆）进行了试验，这些材料之间可能存在的不兼容性，给试验带来了风险。

弗兰克·劳埃德·赖特的非试验性的颜料，慎重地只选择了能够兼容的材料。这些材料也必须是在建筑物施工的地方就能找得到。从这个意义上讲，他的建筑，也是对材料组合进行决定性选择的过程，这种组合由建筑师提出来，并且总是由他本人进行控制。所以，弗兰克·劳埃德·赖特奉行的"地方主义"，并不是一味追求本地的东西而去否定技术——比如像建筑师哈桑·法赛（Hassan Fathy）所做的那样——而是一种创造性的地方主义，是通过选择过程来实现的，这种选择的目标，是创造出由兼容组件来建造的、适应本地区的作品。从这个意义上讲，赖特指出了一条开放的道路，这条道路并没有否定技术，但最终必须以纪律原则为特征，以"最优语法"原则为特征，只要这种最优已经被发现，或者被认为已经发现了，就应当如此操作。

基于所有这些原因，我认为在使用材料上，弗兰克·劳埃德·赖特仍然堪称典范，因为他对新技术和新材料的开放态度，为解决更多问题带来了希望，而浪漫的地方主义态度，以及对现有一切不容置疑的依赖，可能会使我们对问题永远都束手无策。正是基于上述一些原因，所以，路易斯·康也是一个重要人物。和赖特相比，他对材料的选择更加中规中矩。他也不太倾向于试验，所以，在材料的广阔天地里，他不是最好的领袖；但是，在协调材料与建筑的整体形象方面，他也许仍然是20世纪能够把富有表现力的真诚和完整，发挥得最为淋漓尽致的建筑师之一。

路易斯·康设计的、位于沃思堡的金贝尔艺术博物馆，是这方面的杰作。通过对大量建筑研究的回顾，他显示出对于"和谐"的关注，只有经典名著（特别是古希腊经典名著）的完美性，才能与这种"和谐"相媲美。康使用工具和机械来完成建筑；他运用它们创造由多个部分组合而成的建筑，这些部分无论彼此之间，还是相对于整体而言，都保持着完全的协调一致。康的所有建筑，都展示了他在运用材料方面的天赋。他在不同造价的建筑中都创造了完美，无论这些建筑是最朴素的普通建筑，还是最恢宏的巨制。他的Trenton浴室，是低成本项目的最佳范例，而各个博物馆及位于达卡的孟加拉国首都建筑群，则是后一类建筑中的经典。他的拱门曲线的巧妙处理，混凝土过梁末端的连接方式，以及对砖的完美运用，都把他自然而然地提升到了多立克和（对于那些可能喜欢它的人而言）罗马神学的层面。

我们不认为勒·柯布西耶在使用材料方面有太多值得借鉴的地方，例外之处只有他对新事物的热情，他对运用在汽车、飞机、火车中的材料的痴迷，或许还有认为与建筑的观念层面相比，细部设计处于从属和次要地位这样的观点。

早先讨论过的美国建筑师的欧洲同行是阿尔瓦·阿尔托。除了阿尔瓦·阿尔托和大多数斯堪的纳维亚的建筑师以外，现代主义运动及以后的欧洲建筑师们，在使用材料方面，都无法与他们的美国同行相提并论。他们当然也被后现代主义时期的日本人所超越，特别是黑川纪章、矶崎新、石井和纮与筱原一男这些人，更是走在前列。然而我认为，阿尔瓦·阿尔托是正确使用材料的经典范例。他是善于博采众长的建筑师，同时，对他那些杰出的同事，他也有着不可否定的影响力。打个比方，我们可以把阿尔托视为关于如何正确使用材料的"知识过滤器"。赖特的、北欧的和东方的知识，通过他解决问题的能力，以及他在最具包容性的细部设计方面的独到之处，得到了转化和提炼。阿尔托把材料作为最终通向赏心悦目、感情丰富、诗一般作品的途径。对于他来说，材料也是建筑的开始和结束："一块普通的砖……一个最初的作品……如果它的制作方法正确，用该国出产的原材料精心加工出来，如果它被合理地使用，在整体中被置于合适的位置，那么，它就会成为人们最有价值和最壮观的纪念碑当中的基本元素，同时，也是国泰民安的大环境所赖以建立的基本元素"（阿尔托，1979，第127页）。

谈到后现代主义建筑，我们可以放心大胆地下结论，从材料的角度而言，它可以说是彻底失败的。即使在某些案例中，客户不惜血本给予了慷慨的预算，允许建筑师去尝试"狂野"的材料组合，但仍然损失惨重，令客户追悔莫及；夸大的细部和装饰线条，适用于过去各种风格的物件，被运用于庞大的现代版本当中，还有过量的材料组合，都是这些建筑所呈现的特点。这类建筑的"杰作"，包括查尔斯·穆尔（Charles Moore）设计的意大利广场（Piazza d'Italia），菲利普·约翰逊设计的位于达拉斯的克里森特（Crescent），以及由乔恩·捷得（Jon Jerde）设计的位于圣迭戈的霍顿广场（Horton Plaza）。

材料与全面综合

到目前为止，我们一直都在强调材料的重要性，而把其他事情全都放在了第二位。但是，我们一定不能忽视建筑师的责任，这种责任就是整体的设计。只有在更广泛的包容性框架之下，材料或任何关于材料的思考才有意义。所以，在包容性设计教学当中，我们在提出材料的使用方法之前，必须考虑建筑师和批评家对此的态度。

那些卓有成就的建筑师和批评家，对材料的看法似乎各有千秋。建筑师，特别是"艺术家－建筑师"（不同于"建筑师－工程师－商人"），把他们的精力主要集中在空间和更广泛的目标上，因此，很快就会抛弃低效率的材料和施工方法，转而采用经济有效的途径，从而使他们可以规划出更加广阔的蓝图。正如戴维·杰哈德（David Gebhard）所说的那样，鲁道夫·辛德勒"已经容忍了非永久性的东西……以此作为实现他形式的方法。如果他的客户预算有限（经常是这样），他会将他的结构简化到极点，以获得他所追求的形式和空间效果。"这就要求经验丰富的批评家们，还有那些态度强硬而又颇有诚意的客户，应当在最初设定的框架内，来给建筑师提交的方案下定论，并充分考虑建筑师为达到预算要求所付出的加倍努力。但不幸的是，建筑师在设计之初为符合预算要求所作的努力，常常被人们所遗忘，如果出了错误，如果某个特定的细部或者建造方法失败了，他们的作品就会得到否定的评价，这已经

图11-5　钢筋混凝土的单一性。拉弗尔海滨住宅，加州新港海滩。建筑师：鲁道夫·辛德勒

成为一种普遍现象。因此，这就需要建筑师们，特别是艺术家－建筑师们，要立场坚定，坚决强调他们的设计所优先考虑的东西，因为只有这样做，才有助于提升建筑的包容性。

仅从最终有限的性能来审视材料和建筑方法，而忽视了更广泛的建筑目标框架以及"建筑美学的经济性"，结果只能是弊大于利。这样的态度已经导致了建筑的贫乏。另一方面，缜密的思考已经证实，最终的技术革新，往往始于艺术家－建筑师偶然的失败，他们冒险去探索新材料，即使新材料在第一次应用时不一定奏效，但他们还是坚持走下去。鲁道夫·辛德勒在使用灰泥包裹的木构架时，发现了四足模系统；弗兰克·劳埃德·赖特发明了钢筋混凝土和地热传导系统；保罗·鲁道夫创造了波形混凝土板和他所谓的"20世纪砖"，这是砖的终极比喻，这种砖是预制活动房屋的基本单元，可以被叠放和安置在某一地点，以便建造低成本的房屋。虽然这些努力中有一些没有成功，如保罗·鲁道夫的试验，但是，这些理念是有效的。工业界把它们捡起来，进行投资和研究，早期的试验在普遍实践中得出了新的解决方案。那些富有开拓精神的建筑师一直在实践毕加索的格言："我们最先来做，其他人则把它完善。"对于建筑，人们应该说："我们最先尝试，而其他人推广实施。"

如果要得到正确的模型（和细部），就需要最初诗意的景象，广泛的包容性理念，以及对整体的综合，从而证明一般模型的合理性。相反，工程机械和"效能"并不能确保成功；通常，它可以创造出单独使用时工作良好的组件，但是，当组装到一起时，可能就无法和谐地工作。如果建筑要成为一门艺术，材料就必须为诗意的景象服务。

教育环境与材料的使用

我认为，对材料以及建筑技术的使用，是目前建筑设计教学中主要的不足之处，在发达国家更是如此。这里有大量"优秀"的建筑，尽管它们之中的大部分并不那么光彩照人，但是在正确使用材料方面进行了革新，它们是复杂结构的产物，与大学里的学术研究或试验毫无关系。人们可以说，美国的材料实验室中进行的是责任明确的大规模实践。大公司和繁忙的建筑师们在使用新型高效材料方面具有领先的知识。然而，他们在运用这些知识的时候，并没有非常关注整体设计的优劣，这一点很少有例外；人们的注意力似乎产生了分化，一部分人关注的是整体设计事务、理论和空间的诸多方面，而另一部分人关注的是建

筑技术。建筑学院似乎关注前者，而大规模实践似乎关注的是后者。这
种情形非常的糟糕，因为它剥夺了学生对两者进行有机综合的机会，这
种综合应该在设计态度形成的时候进行，也就是说，应当是在学校学习
期间产生。对这些事物的整体综合所具有的反感，以及认为进行综合

A

B

图11-6　新材料，新"自由"，新形态（或者是
添加了新技术的旧形态），新成本，新责任。建
筑师要兼顾以上的种种考虑，使这一角色变得越
来越困难。A.奥海尔机场的联邦航线候机大楼的
弯曲钢断面，芝加哥。建筑师：赫尔穆特·扬；
B.结构和材料的自由以及"体育馆"，劳埃德大厦
（Lloyds Building），伦敦。建筑师：理查德·罗杰
斯合伙人事务所（Richard Rogers Partnership）

是学校的工作，而"施工图"（以及为此使用的材料）是办公室的工作，这样的态度削弱了对未来设计师的教育。

材料成为教学内容的一部分，这并不意味着各个建筑学校应该变成实验室；当然，如果一些建筑学校能够结合实验性的设计室工作，而成立这样的试验室，并且对它的发展予以赞助并进行严格的管理，将是大有裨益的。所有的学校都应该收集和展示那些与他们所在地区兼容的材料。但是在这里，我们关心的是设计教师们更广泛意义上的态度。我个人认为，不断地回归基础知识，努力找出简洁的、合乎逻辑的方法，并且参考诸如理查森、赖特、康和阿尔托这些大师们的作品，此外，还针对材料的使用经常进行练习，这对于教师和课程都是有好处的。参考基础知识应该包括经验法则，以乡土建筑、地区建筑作为范例。对于异域和多元文化性质的实践，会带来形式和搭配上的问题，特别是对科技发达国家的学生更是如此。如果一个人被抛进了"财富"的汪洋大海，又不知道如何把握财富，那么，除非他已经参与了财富的创造，否则，他就被剥夺了创造更多财富的机会。在这里，"重新发现车轮"并不危险，危险的是"为发现车轮所付出的代价"。

我经常听到的有关材料的法则，是"在任何建筑中都要避免使用三种以上的基本材料"。当然，这个法则包含的逻辑是，材料的热胀冷缩性质不同，所以，材料之间可能会相互挤压，从而产生裂缝或建筑张

图 11-7　超越功利的材料。穆拉特萨罗（Muraatsalo）：阿尔瓦·阿尔托退休后的家庭工作室

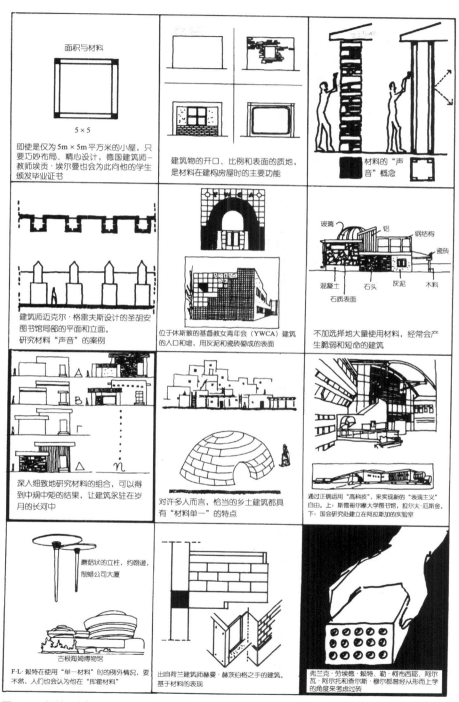

面积与材料

5 × 5

即使是仅为5m × 5m平方米的小屋，只要巧妙布局、精心设计，德国建筑师－教师埃贡·埃尔曼也会为此向他的学生颁发毕业证书

建筑物的开口、比例和表面的质地，是材料在建构房屋时的主要功能

材料的"声音"概念

建筑师迈克尔·格雷夫斯设计的圣胡安图书馆局部的平面和立面。研究材料"声音"的案例

位于休斯敦的基督教女青年会（YWCA）建筑的入口和墙，用灰泥和瓷砖砌成的表面

玻璃　铝　钢结构
瓷砖
混凝土　石头　灰泥　木料
石质表面

不加选择地大量使用材料，经常会产生脆弱和短命的建筑

深入细致地研究材料的组合，可以得到中规中矩的结果，让建筑永驻在岁月的长河中

对许多人而言，恰当的乡土建筑都具有"材料单一"的特点

通过正确运用"高科技"，来实现新的"表现主义"自由。上：斯德哥尔摩大学图书馆，拉尔夫·厄斯金。下：国会研究处建立在阿拉斯加的实验室

蘑菇状的立柱，约翰逊制蜡公司大厦

古根海姆博物馆

F·L·赖特在使用"单一材料"时的例外情况，要不然，人们也会认为他在"挥霍材料"

出自荷兰建筑师赫曼·赫茨伯格之手的建筑。基于材料的表现

弗兰克·劳埃德·赖特、勒·柯布西耶、阿尔瓦·阿尔托和查尔斯·穆尔都曾经从形而上学的角度来考虑过砖

图11-8　总结：有关材料使用的教诲

图 11-9　过度使用材料。鲁汶大学的学生宿舍，比利时。建筑师：吕西安·克罗尔（Lucien Kroll）

A

图 11-10　就连建筑大师偶尔也会遇到材料的问题，尽管他们一般都会把问题成功地解决。A.楼梯扶手的末端用铜代替木头，这样，在触摸到扶手末端时，可以分辨出这种不同，从而平稳地着地，并对此心存感激。B.失败：破裂的大理石薄板"包裹"着赫尔辛基的一幢写字楼。
两个方案的设计者都是阿尔瓦·阿尔托。

B

力。在昼夜温度或季节温度变化剧烈的气候环境中，混合使用材料产生的问题是显而易见的。

这就是之所以传统智慧与地方经验都规定使用非常有限的材料，并且一般都只使用一种且唯一一种材料的原因，而且这种材料通常都是易于获取的——也就是说，这种材料是周边地区生态和气候的一部分。这就是新墨西哥采用以土砖为基础的单一材料的建筑产生的原因，因为该地区的昼夜温差非常大（白天炎热，夜晚寒冷），这也是爱斯基摩人的建筑只使用一种且唯一一种材料（冰）的原因。

如果人们想在极端的气候条件下使用多种材料，就必须掌握使材料"屈服"和"宽容"的特殊技术。虽然存在这样的技术，但是，它们的成本很高，而且无法在建筑学校中学到。在这种情况下，建筑师的顾问就应该是太空和空间工程师，他们是目前唯一有资格处理极端气候的人。如果正确地使用材料，建筑看起来就会焕然一新，朝气蓬勃，就会呈现出前所未有的新气象。这就是国会研究处（CRS）最近建立的位于阿拉斯加的实验室之所以表现得如此大胆前卫而又赏心悦目的原因，因为它的形式传达了其存在的不容否定性，回应了阿拉斯加极端恶劣的气候，还能够吸收阳光辐射，融化冰雪。

气候以及由于材料的组合使用而形成的建筑物独特的外表，最终成为痴迷于拼贴的后现代主义者整个生命中一个强大的元素，特别是在那些缺乏经验的年轻建筑师手中更是如此。另一方面，在那些心甘

图11-11　赫尔曼·赫茨博格设计的位于荷兰鸟得勒支的商业步行街/交响乐厅

图 11-12 合理地使用材料：手法精湛，运用恰当，为建筑的各个功能部分提供了可以识别的标志。拉尔夫·厄斯金，来自学生会建筑的细部，斯德哥尔摩大学

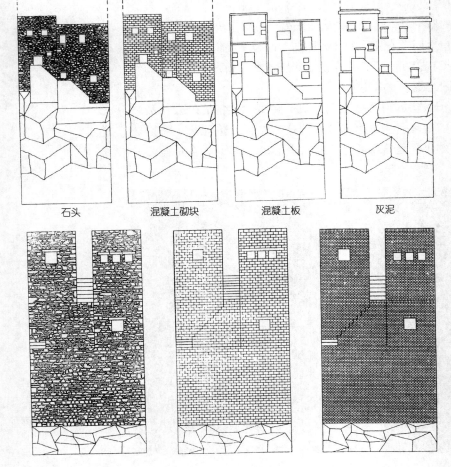

石头　　　　　混凝土砌块　　　　混凝土板　　　　灰泥

图 11-13 建筑师从他们研究的一开始，就要把探索各种材料的有意识的训练，当作当务之急。
来自作者第二年工作室的材料探索（基本设计）

情愿的投资商和财大气粗的客户手中，它可能会产生"新"的形象，但前提是已经对搭配、木工和连接等问题进行过深入细致的研究。在这方面，由埃里克·莫斯设计的位于洛杉矶的花瓣屋，是一座与众不同的建筑。莫斯以他的智慧，凭借着从见多识广的建筑师和承包人那里获得的建议，以及一笔慷慨的预算，创造出一座由多种材料组成的、生机勃勃的诗意拼贴画，把花瓣屋与周围独特的柑橘属果树融为一体。虽然工程项目不是产生于对材料的关注，而是孕育于追求比喻灵感的创造性渠道，但是，要不是合理地和建设性地使用材料，工程绝不可能实现，也不会拥有表现出来的品质。

在教学中，教师可以分发针对材料的设计方案，特别是在早期设计工作室中，更适合如此教学。它们的性质可以放在气候条件的背景下进行讨论。然后，教师可以进一步提供在连接和防水板等细部设计上都非常成功的建筑的横剖面。教师可以让学生依据材料探索的独立原则，去尝试正式的探索和实践性的解决方案。针对由材料引发的一系列设计问题进行学习，不仅可以深入理解建筑的基础原理，而且可以在现实中找到一席用武之地——这也许是教学中最贴近现实的部分。如果设计教师想要利用这样的练习来培养学生，那他们本人也需要对他们所谈论的话题具备个人素养和实用知识。他们必须愿意让自己教授的关于技术和材料的课程与时俱进，他必须对优秀的范例亲自进行研究。学生也应该虚心学习包容性建筑师的经典之作，这些作品告诉我们如何正确地使用材料。赫尔曼·赫茨博格和拉尔夫·厄斯金的作品应该作为参考。前者也许是目前最成功的大师，他的建筑着重于正确使用和表现材料。他用混凝土板、混凝土结构和玻璃板的组合，建成了多功能的建筑，这些建筑从施工的角度（赫茨博格成功地处理了大部分细部）来看是可靠的，而且不论在空间、经验还是美学上都是富有魅力的。赫茨博格已经突破了材料使用上的简单规则，把建筑提升为需要综合考虑的多层次的复杂事件。

厄斯金做得也同样地出色，他特别擅长低成本和高技术的建筑。他设计的位于纽卡斯尔泰恩河畔的拜克墙（Bycker Wall），是具有代表性的多功能综合体，它展示了设计者在材料使用上的天赋；整体结构和方案的"一点一滴"，都是通过对工艺中搭配、结构、兼容性和艺术性的集中研究获得的。在这个设计中，某些砖墙具有刺绣般的效果——自从拜占庭时代结束以后，这种表现方法就很少见了。厄斯金设计的位于斯德哥尔摩大学的图书馆，则是他在另一个方面的经典之作，体现了高科技的美学。

　　正是因为在当代有赫茨博格和厄斯金这样的建筑师，他们在坚持基本和"原生"的同时，设法在"艺术"和"建构"之间达成了平衡，使得人们总是用怀疑的眼光打量其他那些倾向于忽视材料的建筑师。我认为，如果勒·柯布西耶（他曾经坦言："当我把一块砖握在手中，它让我感到恐惧，它的重量把我吓呆了。"）的富丽堂皇，能够达到赫茨博格或厄斯金整体的综合解决方案的高度，就将得出我们渴望的更为理想的模型。当然，这也是"批判地方主义"建筑师中最优秀的那些人最喜欢的模型，肯尼斯·弗兰姆普敦（Kenneth Frampton）就以此来结束他的现代主义建筑批判性历史的第二版。安藤忠雄、季米特里斯和苏珊娜·安东纳卡基斯（Dimitris Suzanna Antonakakis），是从现代主义运动中汲取营养的典型建筑师（阿尔托是安藤忠雄学习的主要范例，而密斯是66年工作室尊崇的对象），但是，他们严格服从了材料和它们所在地区的整体环境，最终通过材料的运用而创造出具有革命包容性的作品。在这些建筑师当中，我们还必须加上安托万·普雷多克，他也许是当今美国最出色的建筑师，他体现了现代主义（在整体组合的控制上）与后现代主义（在使用比喻和叙述上）的和谐交融，同时还包容了地方因素，并把它们整合成具有最佳材料、结构和概念吸引力的综合体。

　　然而，为了实现整体的综合，在像普雷多克那样成功地把形而上的因素和形而下的因素包容地糅合在一起之前，人们应该为认识形而下的实在事物打下深厚的基础，并且充分意识到实在事物的存在和功用；忽视了材料实实在在的特征和尺寸、砖与钢筋混凝土板的尺寸，是对设计原则和设计自由的巨大障碍。所以，当人们为了材料而参考大师们的作品之前，人们应该先知道砖和钢筋混凝土板的尺寸。顺便提一句，查尔斯·穆尔是一位高产的、创作精力旺盛的建筑师，具有讽刺意味的是，他却屡屡在使用材料上受挫，他曾经对我说："我要让我的学生知道的第一件事，就是一块砖的尺寸。"努力用再简单不过的砖头和混凝土过梁搭起一座5米×5米的小屋，并且让它完美无瑕、浑然天成，难道这么做不值得吗？

小结

　　材料是建筑的血肉、骨骼和肌肤。长期以来，正确选择和使用材料，成为建筑师们的心结。对材料的使用以及对其相对性的强调，把不同的建筑师和建筑区别开来。现代主义和后现代主义运动在材料标准上的差别，犹如"白天"和"黑夜"，后现代主义在这方面遭遇了彻底的惨败。我们的讨论集中于诸如 H·H·理查森、弗兰克·劳埃德·赖特、路易斯·康和阿尔瓦·阿尔托这样一些在材料使用方面非常成功的建筑师。我们也讨论了那些在这方面存在缺憾的建筑师，虽然相对于他们出类拔萃的艺术天赋而言，这些缺憾还是微不足道的。在讨论的结尾，我们提出，把材料融入设计工作室的工作中，这种对材料的特别强调，可以大大丰富设计教学的内容。

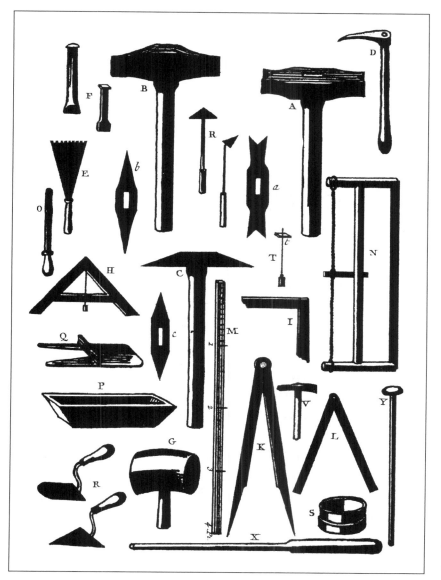

图 11-14　根据 J·F· 布隆代尔的研究，石匠的工具 [伦纳尔多·皮特里（Renaldo Petrini）博士供稿，来自他珍贵的藏书]

参考书目

Aalto, Alvar. "Art and Technology." In *Sketches,* ed. Göran Schildt. Cambridge, MA: MIT Press, 1979, p. 127.

Alberti, Leone Battista. "Book II." In *Ten Books on Architecture*. London: Alec Tiranti Publishers, 1977.

Billington, David P. *The Tower and the Bridge*. New York: Basic Books, 1983.

Coulton, J. J. *Ancient Greek Architects at Work*. Ithaca, NY: Cornell University Press, 1977.

Fathy, Hassan. *Architecture for the Poor*. Chicago: University of Chicago Press, 1963.

————. *Natural Energy and Vernacular Architecture*. Chicago: University of Chicago Press, 1986.

Frampton, Kenneth. *Modern Architecture: A Critical History*. London: Thames and Hudson, 1980, 1985.

Gebhard, David. *Schindler*. New York: Viking, 1971, pp. 69, 90, 99, 117.

Moore, Charles. Conversation with the author and a group of students. ACSA Conference, Asilomar, California, March 1982.

Orlandos, Anastasios K. *ta Ylika Domes ton archaeon Ellinon kata tous sygraghis, tas epigraphas ke ta mnemia*. Part A. Athens: Library of the Archaeological Society, no. 37, 1955, 1958.

Rudolph, Paul. "To Enrich Our Architecture." *Journal of Architectural Education,* 13,1 (Spring 1958), p. 12

————. *The Architecture of Paul Rudolph*. London: Thames and Hudson, 1970, p. 218.

Sarnitz, August E. "Proportion and Beauty—the Lovell Beach House by Rudolph Michael Schindler, Newport Beach, 1922–26." *Journal of the Society of Architectural Historians,* 14,4 (1986), p. 383.

Suckle, Abby, ed. *By Their Own Design*. New York: Whitney Library of Design, 1980, pp. 47–66.

Wright, Frank Lloyd. *The Nature of Materials*. New York: Duell Sloan and Pearce, 1942.

————. *The Natural House*. New York: Horizon Press, 1954.

————. *A Testament*. New York: Bramhall House, 1957, p. 231.

第十二章　自然在建筑创造中扮演的角色

对艺术家而言，与大自然交流
仍然是最本质的先决条件。
艺术家是人，他本身就是自然的；
他置身于自然空间当中，
是自然的一部分。

——保罗·克里

　　自然无处不在。它影响着对创造力的每一次探索，并且贯穿其始终。人类一直在模仿自然。他们从树木那里学会制造砖坯；他们借用野花的景致为立柱设计柱头。大海的波浪为他们的造型和装饰细节赋予了主题，自然是模仿的主要对象。显然，自然是比喻的中心，或许也是它们之中最伟大的比喻。自然是各种比喻的源泉，虽然这些比喻的价值各不相同。自然的特点和不同的组合，引发人们对于宁静、坚固和崇高的思考——大海的静谧、海浪的欢歌、土地的轮廓以及不同季节里涌动的情绪。

　　自然从诗人笔下流淌出来，在每个诗人的作品中都能看到它的身影。任何显得"真实"的事物，都是以它的名义（"自然的"、"自然主义的"）存在；它是情感、情绪以及时空光环的源头。自然激发的许多情感都是无形的；自然元素的色彩、群山和天空、云朵滤过的光线、月亮和夕阳，都昭示了时光的流逝，分秒的变幻。所有这些都是不可捉摸的，人们可以通过观察，或者因为受到有形自然元素（群山、天空、大海、山谷、动物、有机物）的影响，而感觉到它们的存在。

　　从某种意义上讲，自然是不可细分的，因为它无所不包，它带来了生命的气息，是万物存在和生长的前提。它是每一次变迁的原因，同时也是朦胧的藏身地、未知事物的大森林。它既是可感知的，也是不可感知的。因为自然的"永存性"和"不可分性"，围绕它展开的讨论，必然涵盖有关创造的所有话题，无论这些话题是可感知的还是不可感知的。

另一方面，在视觉、空间和建构意义上，自然作为教学启发途径所具有的潜力，使得人们有可能单独处理它，把它归于可感知渠道的名下。

在这里，我们关注的正是自然的可感知方面，虽然对自然的任何探索，都不可避免地要对这两者（可感知的和不可感知的）进行处理。正是因为事关教学和价值评判，所以我们决定单独讨论自然，并且通过可感知的镜头来聚焦它。我们认为特别需要重新关注自然可感知的组成部

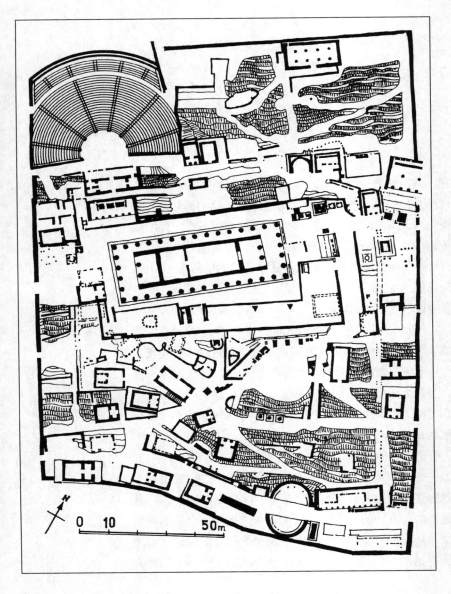

0　10　　　　50m

图 12-1　特尔斐的圣殿：古希腊城镇的最佳范例，规划中运用了"建筑的阿提卡对流层"的策略：人工的结构和建筑体系可以按照自然的变化进行自我调整，以达到最好地利用地形、轮廓和动物足迹的目的

分，因为我们希望参与探索的建筑师能够抓住情绪、感情和气氛，并通过它们，合成一服纠正当前疏离状态的良药，近年来，建筑师和建筑创造的环境，一直都处于这种疏离状态当中。

自然的原始影响

若论手工艺品从自然获得的灵感，世界上没有哪个地方比古希腊更丰富更有价值。希腊人崇拜自然。他们举行仪式庆祝季节的交替，并且把一年一度的庆祝和节日，变成他们生活中不可缺少的一部分。在他们看来，无论是森林、大地、天空、水还是生育，都是由主神和副神掌管。缪斯，假想中的灵感女神，把她们的共同名字给予了音乐和永恒的创造力，她们就住在希腊的小溪或茂密的森林这样的自然领地里。

自然可以与人类对话，人类也可以与自然对话。年轻的男女被转化为自然的元素。希腊神话中充满了这样二元呼应的传奇故事。

> 群山呼喊，橡树回应，
>
> 哦，伤悲，伤悲，为那阿多尼斯（Adonis）。他已死去。
>
> 回声哭答，哦，伤悲，伤悲，为那阿多尼斯。
>
> 爱人们为他而泣，缪斯们也因之伤悲。
>
> ——埃迪·汉密尔顿（Edith Hamilton）

阿波罗神掷铁饼的时候，失手杀死了他的朋友，年轻的雅辛托斯（Hyacinthus）。这个男孩死后，化为一株风信子。宁芙女神、缪斯女神，还有别的野花都为他哭泣。在古希腊神话中，那西塞斯、雅辛托斯、季米特拉、帕尔福涅、美神、恶神、地球、四季、生与死以及人与自然之间变换着角色，互相依赖，密不可分。奥维德（Ovid）在他的《变形记》（Metamorphoses）里，把它们转化成一首诗（史诗）。海洋世界、海里的波浪和海豚、章鱼和贝壳所具有的几何形状，被用来装饰克里特岛上和迈锡尼古城中的宫殿。根据神话，野花和荆棘幻化成科林斯柱头；螺旋，这种均衡的、生命延续的自然形式，成为爱奥尼柱头的形象。

古老神殿的自然美是无与伦比的。这些神殿坐落于树荫遮蔽的喷泉旁，橄榄树遍布的山谷里，宏伟群山的臂弯中［德尔斐（Delphi）］，或者是奔流而下的河流边［奥林匹亚（Olympia）］，或者依靠着海岸［苏尼翁角（Sounion）］眺望着落日，简直是无所不在。奥林匹斯山

(Olympus) 被比喻成古希腊诸神的家，它是希腊境内最高的山；帕纳萨斯山 (Parnassus) 是另一座以美丽倾倒众生的山，它离人们更近一些，因为对诗人来说，这里就是他们的家园和永恒的栖身之地。

在古人眼中，自然具有双重性格："感官的"和"宇宙的"。第一方面包括他们能够看到、感觉到和经历到的一切事物。他们在自己能够看到和感觉到的环境中进行创造、游戏并且陶陶然乐在其中，他们向自己的神祈祷，崇拜每个"自然美的图腾"和每个独特的自然形式。第二方面是遥远的宇宙，他们努力用头脑去理解它，并且用艺术去表现它。

第一种是有形的欣赏，他们在建造的同时尊重可感知的自然。他们保护它，为农业和生计完整地保存下自然中最好的部分，而用社会通用的、经济的和节能的方法，在平缓的山丘和山峦上，沿着地形轮廓建造房屋。他们遵守节省能量和最小浪费的自然法则。他们向自己的山羊和绵羊学习，沿着它们踩出来的足迹开辟道路。他们非常认真地选择自己的居住地，以便能看到东方和西方的圣景，并且相应地布置他们神圣领域内的重要建筑。"建筑的阿提卡对流层"(Atticos tropos of building，也就是说，他们在阿提卡省建造房屋的方法，阿提卡是雅典所在的省)是一种尊重自然建筑法则的方法，而同时又表示了对雅典宇宙观和神圣性的敬畏。由于帕提农神庙和雅典卫城的选址经过了仔细的斟酌，它们东面的伊米托斯圣山 (holy Mount of Hymettus) 的美景因而被小心翼翼地保留了下来。达西阿德斯 (Daxiades) 通过测量发现，"建筑的阿提卡对流层"是一个普遍的设计实践，它依赖于通向多功能的公共建筑或者神庙建筑群的重要桩柱。大多数建筑历史教科书都是以这些特殊的话题开篇的。最感观也最全面包容的例子，当属文森特·斯卡利 (Vincent Scully) 所著的《大地、神庙和诸神》(The Earth, the Temple and the Gods)。

然而，也许正是对自然的不可感知方面的关注，成为了古希腊人最伟大的荣誉。有时，他们通过可视的元素，如星星、月亮和太阳去想象它；有时，他们感觉它，把它理解为纯粹的灵魂，经常为它陶醉。埃尔彭罗 (Elpenor) 是尤利西斯的伙伴之一，在美丽星空的蛊惑下丢掉了自己的性命。他从睡觉的土砖建筑的平坦屋顶上摔下去，再也没有回到他深爱的岛上，永远成了克尔克 (Circe) 岛的俘虏，为崇拜天国的证言献身。科学和哲学就诞生在这些无法解释的人们当中。整个文明起源于人们为了交流和理解自然中不能轻易理解的部分而进行的努力。可以说，人类发展和进化的整个过程，都是热爱自然的结果。人们努力地与自然的普遍原则和法则进行交流，通过这些原则和法则，人类之间才能够互相交流。

自然的力量

美学快乐的精髓，就是艺术作品所具备的某种能力，这种能力可以在人们心中激发相似的情感和情绪，并且帮助他们与艺术作品进行交流，进而通过艺术作品来和艺术家以及其他所有的人交流。如果人们承认这一点，那么，自然最终就一定是美学力量之间的交流。

因为光的存在，以及对自然的注意，人们对可视世界的认知才成为可能。随后，它催生了艺术。莱昂纳多·达·芬奇（Leonardo Da Vinci）相信并且崇拜自然。他用和但丁相似的句子写道："绘画是自然的子孙。"他认识到自然的永恒持久性，甚至指出："绘画是经久不衰的（因为它直接来源于自然），而音乐在演奏之后就死去。"这表明他更加狂热地崇拜自然，这种狂热的崇拜，经常是那些用理论术语公开维护自然利益的人所表现出来的个性特征。对于莱昂纳多·达·芬奇来说，艺术应该与自然相吻合。他的创造力概念，是一种"确保忠实于自然前提下的独创性"。

这种态度很重要，因为历史后来采纳了这种态度，由此产生了自然主义探索和抽象探索两极对立当中的一极，即带来艺术演变的辩证法。把认识自然的能力，与赋予艺术家去"看"的能力结合在一起的，是感觉（眼睛和大脑）的概念。这两者（眼和大脑）都是人类鉴赏自然辩证法的过滤器。

人们建构了完整的理论，提出促进两者（眼睛和大脑）发展，特别是心智（mind）全面健康发展的方法，有人指出，当我们分别用大脑的不同半球来感觉事物时，得到的结果完全不一样。眼睛和大脑的感觉能力哪一个更强，这一问题在艺术家中间一直争论不休，并且经常影响到他们的工作习惯、他们学习和临摹自然的方法，以及最终的创造过程。对于莱昂纳多（达芬奇）和米开朗琪罗而言，虽然手是最终完成艺术创作的工具，但他们一致认为，眼睛和大脑都比手更重要。米开朗琪罗写道："人们用大脑绘画，而不是用手，"他认为"艺术的准则不在普遍的公理之中，而在独特的原理之中，在眼睛的具体判断之中。"他总结道，只有经过多年的研究和努力，艺术家才能够在石头上表现他的思想。

许多艺术家都认同大脑的力量，事实上除了实物本身可以直接激发创作外，在工作室里完成的大部分工作主要归功于对眼睛观察力的训练和大脑在一定时间内储存和携带景象的能力，以等待最终表达时机的到来。瓦西里·康定斯基（Wassily Kandinsky）在谈及他的童年时，提到了这一点，他说他能够用大脑去观察和看。他只有在大脑中成功地看到并且记录下整个页面，才能够通过统计学考试。他把这种技艺运用到对自然的学习中；他热爱自然，徜徉其中，观察并把它储存在头脑里："多年以后，我成功地在工作室里通过记忆画出了一幅风景画，比在乡间盯着这些风景时画出来的效果要好得多。"

我们完全赞同这些态度，认为人们应该让自己只是去"看"，并且总是努力"解释"看到的东西。正是我们对事物的个人感知和个人解释，最终帮助我们进入到更高层次和更广泛的美学讨论。对于建筑而言，我们必须学会去看最令我们感兴趣的东西：外观，各种自然实体的形成，光线，以及它滤过各种环境后呈现的效果，材料，等等。这里引用的才华横溢的建筑师和艺术家们，都已经把自然看作是他们直接情趣和财富的一部分。我们完全可以说，在当今这个时代，电影摄影师比其他艺术家更具有包容性，因为过滤透过大气的光线，也许比米开朗琪罗时代的大理石还要重要得多。

米开朗琪罗认为，艺术家赋予他材料的形式，不仅预先存在于艺术家的脑海里，也预先存在于材料当中。所以，艺术家正在与自然的形式和秘密进行超自然的斗争，这场斗争是中规中矩的发现过程，在这个过程中，他／她努力寻找存在于他／她头脑中，以及隐藏于材料当中的形式的共同点。也许这就是弗兰克·劳埃德·赖特在阐述这个问题时想说的全部。只是，赖特虽然特别热爱自然，但却从来没有像米开朗琪罗那样，找到材料特别的自然属性。尽管他宣布自己理解，但是偶尔也有失败。也许，因为法则的特殊性，建筑师注定要失败。建筑师必须要处理很多的材料，相对而言，雕塑家只需要处理一种（或者很少几种）材料。然而，赖特以及其他许多想要从自然中学习的建筑师们，了解了它的很多秘密：自然对建筑将要建造的地方所施加的诸多影响，建筑物的布局，它的朝向，热力和气候反应，有时甚至是建筑形式方面的起源。

浪漫的概念

人类（特别是原始人）与自然的相处之道充满了智慧。艺术、诗歌、文学和建筑的一些伟大作品，一直表现着我们对自然毫无保留的热爱，以及我们与自然和谐相处的愿望。有些时候，这种热爱采取了文艺运动的形式，正如在艺术史和文学史上广为人知的浪漫主义运动所表现的那样。必须小心处理这些事件，因为作为一种设计渠道，自然的教益和有效性，有赖于对浪漫镜头深思熟虑的鉴赏，而不是我们所采取的拙劣肤浅的欣赏。

公元2世纪、15世纪和19世纪，我们都经历了艺术上的浪漫主义态度——文学、诗歌和音乐，同样还有建筑，都沉浸于面向遥远异域和古代辉煌的艺术感受当中——人们对新奇和陌生的东西津津乐道，而对现在的、与生活密切相关的和熟悉的事物却不屑一顾。艺术家崇尚过去、崇尚新奇、崇尚异域。总而言之，不管是在欧洲也好，还是后来在美国也好，所有浪漫主义运动都对古希腊推崇备至，人们也采取了一种面向自然的态度。

要反对浪漫主义是易如反掌的，特别是在权宜之计和流行事物的基础之上。然而，也许是对妥协和当前实际的解决方案不满，导致人们脱离现状和它的运行轨道，促使他们到其他地方、到更早的时期去寻找答案，那时的一切都总是"更好一些"，要理解这一点，恐怕更难。如果人们想说今天的不尽如人意之处，简单地比较一下古代雅典的美好和今天雅典的现状就可以了，人们可以由同情而树立起一个有利于以前和现在所有浪漫的人的坚定观点。然而，人们也可以指出浪漫主义主张不切实际，这些主张在本质上是好古癖，容易导致使现实受制于已消亡事物的危险，并在此基础之上，树立起一个同样坚定的反对浪漫主义的观点。即使我们对上述观点都有所认识，然而，我们还是宁愿认为，浪漫主义是对粗野行为和微不足道的琐碎事物加以慰藉的安抚剂，偶尔也是一把保护伞，为那些一直追求更美好、更诗意和更理想世界的人们提供庇护。

我们把各种浪漫主义运动，看成是坚持不懈地反对那些浅薄琐事、妥协的专业人士、严格的构想和片面的观点等等的运动。任何一个和我的信念一致的人，或者说与卡西尔和维科一样，认为人类的创造力，在很大程度上都依靠于神话和原始的东西，这样的人一定是某种意义上的浪漫主义者。任何相信建筑应该首先满足情绪的人，都是某种浪漫主义者。从这个意义上讲，所有的浪漫主义者和浪漫主义运动，特别是在建筑领域当中，都扮演着一个特殊的角色，要把建筑带回诗的境界，推动建筑摆脱浅薄琐碎，向前迈进一步。由此观之，任何人都没有失去什么，因为任何一方对争论的批判性解决方法，最终都会带来新的理解和批判的革命。

阿卡迪亚（Arcadia）是伯罗奔尼撒半岛上真实存在的省份之一，古往今来，它在所有浪漫主义者头脑中都是神秘传奇之地，象征自然中的理想元素。阿卡迪亚成了天堂的同义词，连弥尔顿这样的诗人，都试图用诗句来描绘它。阿卡迪亚，或者是人类渴望的"阿卡迪亚之梦"，标志着自然界里世外桃源的理想环境，而不是"伯罗奔尼撒半岛"上

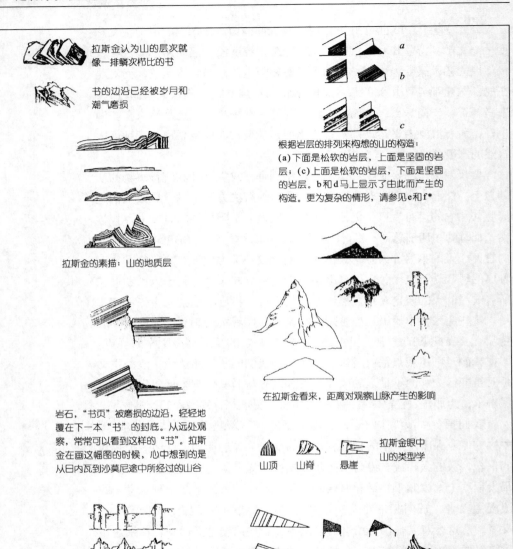

拉斯金认为山的层次就像一排鳞次栉比的书

书的边沿已经被岁月和潮气磨损

拉斯金的素描：山的地质层

岩石，"书页"被磨损的边沿，轻轻地覆在下一本"书"的封底。从远处观察，常常可以看到这样的"书"。拉斯金在画这幅图的时候，心中想到的是从日内瓦到沙莫尼途中所经过的山谷

从直觉的角度来观察山脉。（由于透视）而使观察者产生的错误印象，以及由此而对山脉产生的"神秘感"。拉斯金把山脉看作破败城堡的残垣断壁

根据岩层的排列来构想的山的构造：(a)下面是松软的岩层，上面是坚固的岩层；(c)上面是松软的岩层，下面是坚固的岩层。b和d马上显示了由此而产生的构造。更为复杂的情形，请参见e和f*

在拉斯金看来，距离对观察山脉产生的影响

山顶　山脊　悬崖　拉斯金眼中山的类型学

根据"山脊"的形成得出的类型学和图解。山脊的动态性质，可以与鸟的翅膀相媲美

图12-2　摘自约翰·拉斯金对于自然的研究（选自T.K. Papatjones，3。Mati[1-3]，雅典，1937年）

---

*图中缺d、e、f。原书如此。——编者注。

图12-3　自然的诗学和人类的诗学，在科罗拉多州弗德台地国家公园里交相辉映。A. 自然景观。B. 克利夫宫殿，安那萨西印第安人的洞穴城市

"混乱和不可思议的景观"，充斥着可以引起幽闭恐怖症的建筑，"不适合容纳天使"，具有不适当的照明系统和化学环境。

　　以前最卓越的理论家和美学家，特别是约翰·拉斯金（John Ruskin）和杰弗里·司各特（Geofrey Scott），都和自然结盟，并且积极投身于浪漫主义运动，要么作为提倡者（拉斯金），要么作为反对者（司各特）。对于建筑师来说，拉斯金的意义更为重大，因为他发现了从各个可能的角度——通过景观、云彩和山脉进行研究，或者通过观察

花瓣、鸟儿或自然的"未知事物"（如鹰的巢穴）等等细节——来观察自然的方法。拉斯金所画的写生画，是原理的示意图，设计师应该人手一册。司各特是拉斯金的反对者，他指责拉斯金把注意力从现在转向了来自古代和遥远地方的东西，即他所描述的"浪漫主义的谬误"。关于自然对建筑和艺术的影响，人们提出了种种观点，并且这些观点不断演化，司各特的批评只是这个演化辩证法中的一个事件。这个辩论主要的两极，一方是自然，另一方是人造之物。

虽然在今天，浪漫主义被更多地赋予了否定的意味，特别是对于那些忠于现实的人来说，更是如此，但在20世纪几乎所有重要建筑师的成长过程当中，浪漫主义都是不可或缺的一部分。从自然的、阿卡迪亚的以及说教的意义上讲，他们都是某种浪漫主义者。他们中最优秀的人，对于他们所处的时代都有着非常清晰和具体的理解。但从古文物研究癖的角度上说，没有一位20世纪的先驱建筑师是浪漫主义者，虽然在涉及阿卡迪亚和天堂的概念时，他们都是浪漫的。

以深思熟虑的态度对待自然：从诗学的沙利文风格到阿尔托的包容主义

路易斯·沙利文、弗兰克·劳埃德·赖特、勒·柯布西耶、伊利尔·沙里宁、贡纳·阿斯普隆德和阿尔瓦·阿尔托这些例子让我们确信，在今天，成为一个非古文物研究意义上的浪漫主义者，并不代表一种谬误或者一种缺点。相反，它使建筑更强大，用情感和感受力丰富了建筑。我们把这种对自然的欣赏，称为"深思熟虑的浪漫主义"。我们把带有古文物研究的形式表现主义的态度，归入"构思拙劣的"浪漫主义。一个人"深思熟虑"的浪漫主义冲动的第一个标志，是他／她为自己的居住地寻找一个特殊的自然环境，并以此为目标。如果有机会，所有富有创造力的人，都会把生活在自然之中，当作一种获得丰富灵感的方法。建筑师和诗人率先垂范。那些因为这样或那样的原因不能居住在特殊自然环境当中的人们，则动身去寻找自然的秘密和岛屿的独特性。沃尔特·惠特曼（Walt Whitman）和约翰·斯坦贝克（John Steinbeck）就是这样的例子。

大多数富有创造力的艺术家们，都选择特殊的自然环境作为他们的居住地，这一点并不让人感到意外。从某种意义上讲，毕加索把自然等同于他的艺术和人生目标。当他在法国南部买下了他的庄园时，他打电话给他在巴黎的销售商，通知他自己已经购买了塞尚。销售商问："哪一幅？"毕加索回答："最初的一幅。"他买下的地产，恰恰是塞尚曾经反复描画其景观的地方。

乔治·布拉克（George Braque）、瓦西里·康定斯基、保罗·克里（Paul Klee）和其他许多画家，以及路易斯·巴拉甘、劳伦斯·哈普林（Lawrence Halprin）、季米特里斯·毕基尼斯和米格尔·安琪儿·洛卡（Miguel Angel Roca）等建筑师都向自然求教，并且在他们的作品和著作中展示了自然带给他们的启示。临摹自然和自然形式，是他们最喜欢的学习方式；让居住环境尽量长久地贴近自然，这同样具有重要的意义。有时，与自然的特别接触，成为艺术家生命中的转折点。康定斯基就是这样的例子。他总是觉得他个人的能力，与大自然所做的任何事情相比，都不值一提。后来，在俄罗斯乡村的旅行过程，以及长期学习和观察乡村的线条和平面，还有它们的密度和清晰度，使他重新获得了自信和力量。

然而，我认为没有人可以用比建筑师更有活力的方法去看待自然，因为他们看待自然的角度是如此之多，非其他领域的艺术家可以企及。他们关注各种自然元素构成的方式和法则，他们同样关注自然现象的变化和动态效果的"根源"。建筑师与自然之间的相互关系，在可感知和不可感知的层面都出现了。他们以不可感知的方式回应它，

- 通过比喻的启发；
- 通过精神沟通；
- 通过禁欲、个人崇拜甚至是个人"牺牲"。

他们以可感知的方式回应它，
- 把地形的轮廓融入建筑的平面和剖面当中；
- 通过"抬高"地形轮廓线，使其与地基的主要外观形成对比，或者针对中立的、平淡无奇的自然条件制造紧张；
- 在平面或者同时在平面和剖面人为地制造与地形的对立；
- 绝对服从自然，完整地保留地形轮廓，同时建造"护堤"，或者把建筑"遮蔽"起来；
- 运用景观和开窗法的策略，或者是把室外的元素引入室内，使室内室外浑然一体；
- 依靠材料；
- 利用模仿的反作用，如：对自然的直译，或者是对自然品质和自然法则进行的实质／存在主义的诠释；
- 通过"包容主义"的反作用，将上述所有方法整合成一个由互利关

弗兰克·劳埃德·赖特设计的罗比住宅。"草原风格"时期的经典之作。芝加哥，1909 年

无机的

图表1

来自路易斯·沙利文开发的装饰体系图表1

流水别墅（考夫曼），位于宾夕法尼亚州的熊跑溪上，建筑师，弗兰克·劳埃德·赖特，1936 年

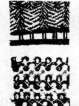

勒·柯布西耶早年绘制的草图，印证了他早年对自然的关注。山的素描（左）、树和用花朵排列而成的装饰图案（右），1902-1906 年

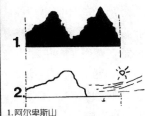

1. 阿尔卑斯山
2. 圣山和地中海

上面是阿尔卑斯山，下面是圣山和地中海；对勒·柯布西耶的建筑具有广泛影响的自然环境

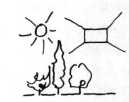

"太阳-空间-植被"，勒·柯布西耶的"神圣三角"

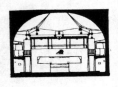

"秋叶"——位于斯德哥尔摩斯堪的亚剧院里的照明装置。建筑师，贡纳·阿斯普隆德

人工与自然的完美融合——位于丹麦埃尔西诺（ELSINOR）的住宅，建筑师，约翰·伍重

作者在西班牙格拉纳达的GENERALIFE绘制的素描

维奥莱-勒-迪克对葡萄叶的研究。摘自"Historie D'un Dessinateur"，表7

新墨西哥州的平顶山（根据作者的素描）

艾米利奥·安巴斯构想的地下居住区，显示了人与自然之间"诗学"关系的潜力

在研究自然的基础上进行练习的可能性："现实的"、"立体的"、"抽象的"等等……

图12-4　直观总结：与建筑-自然方面的探索相关的建筑师，以及他们设计的建筑

系组成的相互关联的系统，把可感知和不可感知的考虑因素都包含在内。

参照乡土和地方建筑中的例子来学习所有这些可能性，这已经成为一种惯例。但我这里要建议人们更加关注 20 世纪建筑师们的作品，而不是去关注乡土模型，因为我们认为，不管怎样，这些建筑师们工作在非常注重实效的、城市的环境当中，他们使用的技术条件和基本框架，与我们当代大多数建筑师面临的职业环境大体一致，从这些人创造的建筑中学习自然，就显得更为重要。

路易斯·沙利文一直都是世界上最伟大的建筑师之一，他是一位伟大的实用主义者和革新家，但是，他用最具动感精神和比喻色彩的方式来看待自然。他"观察"狂风暴雨和四季轮回。他让时代的情绪感染自己的灵魂。这使他自己的作品具备了"情绪"和"动感的品质"。他谈论无声无息的、光秃秃的、无精打采的树木，他谈论白昼的忧郁。他观察只有苦行者才会观察的事物。他冥思苦想：

> 这里的悲伤是多么隐晦、多么难以言喻啊！在这里，自然吟唱着什么样的哀歌，无数的声音让我们的耳朵难以承受？

而且，他把冬季里大地的萧疏，等同于这片土地上的艺术所遭受的痛苦。度过了悲伤的冬季，"春天，春天是造物主的时代！"但是，沙利文也需要冬天——悲伤的人们所处的沉闷压抑的境遇；他要考验自己的灵魂，检验自己的力量，增强自己的勇气。

在考验、参悟、使出浑身解数理解自然精神的过程中，沙利文成长为一名诗人。造物主（他自己的导师）让他感受到忧愁，以此帮助他成为一名解说者，一名诗人。作为回报，他将用他的激情感染别人：弗兰克·劳埃德·赖特是沙利文最重要的弟子，他继承了这个传统，但是，他与可感知的有形事物联系更为密切。他告诫自己的学生"放下书本，除了向自然和临摹学习，其余什么都不要做。"他进一步建议他们坚持不懈地临摹树木的形式，永远不要停顿。"能够凭着记忆把各种树木及其枝节特征勾勒得惟妙惟肖、栩栩如生的人，一定可以成为一个优秀的建筑师！"

大量资料证明，弗兰克·劳埃德·赖特崇拜自然，并将其视为自己的有机建筑的灵感之源。"自然"这个字眼频繁地出现在他的演讲当中，他的两部主要著作，《自然的房屋》（The Natural House）和《材料的属性》（In the Nature of Materials），都是围绕着自然建筑、共生及自然和谐的概念展开的。他弥补了自然的不足，并且偶尔参考它，以使他的建筑学体系化。出自他手的草原住宅，就是这种建筑精神的极好体现，这个住宅的灵感就来自草原牧场，他通过强调建筑的水平线条，以此努力呼应草原的平面。

出于对自然的热爱，路易斯·沙利文在建筑中表现了自然主义装饰的主题，否则，它们就会变得粗野；弗兰克·劳埃德·赖特则不同，他至今仍是一位无与伦比的建筑师，擅长把建筑完整地融入到自然当中，并达到相得益彰的效果。在人工与天然的融合方面，我们几乎找不到一座能够与赖特在宾夕法尼亚的熊跑溪上为考夫曼一家设计的住宅相媲美的建筑。这幢住宅也被称为流水别墅，它与周围的岩石、植被和溪水浑然一体、交相呼应，所处的地势天然地充满了罕有的不规则和动感。

在这个建筑中，赖特通过对比策略、活动悬臂、直线以及使用大量与石头等天然材料直接连接的玻璃，把建筑与自然融合在一起。他在其他一些建筑中，用其他许多方式取得了与自然的互补：在东塔里埃森，借助决定性的笛卡儿坐标组合，不拘一格地紧密结合了树木、灌木丛以及严格意义上的"住宅"边界以外的土地上自由流动的元素。在位于亚利桑那州的西塔里埃森，和谐来自协调策略；建筑的线条延续了沙漠的线条，成为不规则天空背景中沙山轮廓的水平概括。材料——沙漠里的石头、木头和帆布——成为地区色彩的催化剂，把建筑、周围空间和当地的"光线"统一起来。在他的马林县市政中心（Marin County Civic Center），他通过"服从"来处理自然：直线形的综合建筑按部就班地"爬过"了宁静的小山，把整体提升为一个人工与自然元素的和谐组合。他通过保护墙，把建筑掩映在周围的景观当中［为赫伯特·雅各布斯（Herbert Jacobs）A夫妇修建的位于威斯康星州米德顿的住宅］，或者通过其他完全位于地下的建筑，向世人展示了通过绝对的服从来与自然完全融合的可能性。

赖特试图普及他对自然的热爱，并且努力用他的激情感染每一个美国人。他想让他们过上自然与技术和谐相处的生活。他的城市规划理论（广亩城市）把自然作为基础，这使得批评家们指责他为反城市主义，对农业用地袖手旁观。赖特与自然的亲密关系是具有完全包容性的，是人与自然之间相互作用的"成熟"形态，在这个阶段，只要流行的人工合成精神可以从自然中获得力量，那么，在各种情况下，众多可行的策略就都能够共存，同时，这些策略具备在其内部和相互之间和谐共存的可能性。

在当代，日本人和斯堪的纳维亚人，他们对自然的态度更具"宗教"色彩。前者已经影响了弗兰克·劳埃德·赖特；阿尔瓦·阿尔托的建筑则是后者的最佳范例。地中海盆地已经让人们对环境的态度多元化，人类－自然的平衡，经常作为缓解严峻甚至对立关系的解决方案，有时还带有"爱与恨"的情感尺度。如果我们看看20世纪许多最卓越的建筑师对待自然的方法，以及我们这个时代提供的流动性，还有建筑师对各种自然环境和自然辩证法的了解情况是如何影响了设计策略，那么，我们对人与自然之间广阔的地域性关系，就能有一个清晰的认识。

通过对立实现互补

建筑－自然进行交流的一个特殊方式，在前面的可感知方式的列表中我们已经提到过，那就是对立的方式。对立常常被认为是挑起争端，而那些试图把建筑与地形轮廓对立的建筑师，经常被当作是自然的敌人。按照这个结论，大多数古典建筑，包括帕提农神庙和其他古代神庙的选址都是反自然的。我们想说，如画的或者"看上去自然"的景观，不一定是自然的，对于一种看似建筑构造的形式（也可以如你所愿地称为人造形式）而言，如果它能够遵守自然的法则，如果它具备内在的和结构上的逻辑，如果它是建筑"调和论"方法的产物，那么，它就可以和自然更加地合拍。

立体派（Cubism）和整个地中海的态度，一直具有与自然通过对立来互补的特征。他们把几何立方体果断地放在自然的地形当中。在布拉克和毕加索之后，勒·柯布西耶在这方面的态度，对建筑师而言具有更加重要的意义。他在美仑美奂的大自然环境中出生，受到良好的熏陶，对自然充满了热爱，他和他的同学们在乌拉地区的群山中生活，临摹那里的一草一木，甚至下定决心要建造奉献给自然的建筑丰碑。他的父亲和瑞士拉绍德封艺术学校（school of art in La Chaux-de-Fonds）里的老师都引导着他关注自然，放眼观察周围的自然。早期对树叶和花朵的临摹，为法勒别墅（Villa Fallet）的一些装饰主题提供了灵感，而这个别墅正是年轻的勒·柯布西耶最早的设计之一。但是，我们认为，他早期对瑞士的群山和自然环境所进行的探险，其意义在晚些时候，当他已经遍历其他许多国度，沉迷于充满异国情调的、令人陶醉的地中海时，才真正显现出来。

我们认为，正是瑞士自然风景的潜在魅力，给生活在其中的人们带来一种拘束感——人们在山间轮廓分明的空地上游移——使得年轻人要去其他国度寻找其他的、也许是更"自由"的空间体验。勒·柯布西耶已经通过瑞士了解了有限（空间的有限），他在地中海和希腊诸岛则发现了无限（空间的无限）。这些独特的自然环境拓宽了他对自然的认识。多年以后，圣山和迈索隆吉翁（Mount Athos and Missolongi，两座山都位于希腊东北部——译者注）的雄壮魁伟，在宁静而又宽广无垠的地中海地平线所激发的意识"流"，都在魁伟的马赛公寓大楼、阿尔及尔城市工程或者印度昌迪加尔行政中心等规划和设计中有所体现。"山"一样的建筑彼此之间的巨大开放空间，就相当于平静的大海和一望无垠的海面。

虽然许多人提倡对自然的不敏感性，对机械物体的创造，以及通过明显尖锐的对立来反自然。但是，我倾向于认为，勒·柯布西耶恰好相反，他试图创造一种自然平衡的新境界，一种不同种类的联姻：瑞士阿尔卑斯山的"有限"和地中海的"无限"，这两种极端自然景观的结合，直接来自他下意识的储备中。我认为，如果我要提到勒·柯布西耶的神，我必须把它归结为自然。自然中有他追求的那种丰富，那些绿色的、开放的空间。

"阳光、空间、绿色"成为勒·柯布西耶追求的目标。住宅和城市必须包含这三个要素。诗歌是他寻找自然的方法。勒·柯布西耶的建筑，是一个不断探索的年轻人的累累硕果，这个年轻人自从出生就要超越周围的一切，去寻找新的东西。他对自然的反应具有普遍性，而不局限于某个地区，所以，在某些人看来，或者至少在那些把人类－自然的交流理解为单纯的共生关系的人们看来，他对自然的抽象处理经常是失败的，而这种共生关系与赖特以及后来的阿尔瓦·阿尔托，还有世界上其他优秀的地方主义建筑师所获得的观念相类似。

自然包容性和地区因素

毫无疑问，斯堪的纳维亚的自然环境，它的气候和季节多样性，在建筑师与自然的亲密关系中扮演了重要的角色。伊利尔·沙里宁、贡纳·阿斯普隆德和阿尔瓦·阿尔托这三位重要的先驱，他们个人与自然的关系以及对待自然的态度，涵盖了综合性和创造力思考的方方面面，所以成为包容主义的典型代表。

对于伊利尔·沙里宁这个没有正规设计教育背景的建筑师来说，自然是他学习的一个主要资料来源。他与同事赫尔曼·盖塞柳斯（Herman Gesellius）和阿马斯·林德格伦（Armas Lindrgren）一样，他们所有材料方面的知识，这种直接的自然主义的学习，孕育出以朴素质地见称的设计，这对那些不解其中味的人说来，是不切实际的。然而，这样的描述是不公平的，因为这些建筑师的确在为当地进行真诚的创造，无论他们在这个地区看到或观察到什么。他们的创造不是一种学术抽象，而是对自然的原原本本的模仿——他们亲眼看到的自然，以及芬兰史诗《卡勒瓦拉》中描绘的自然。维特莱斯克（Hvitträsk）是伊利尔·沙里宁的工作室和会客住宅，这个建筑是昭示直接向自然和自然共生（与地形、材料和气候）学习的最佳范例。虽然维特莱斯克作为浪漫的杰作，可能会误导许多人，但是，没有人相信贡纳·阿斯普隆德和阿尔瓦·阿尔托的作品是浪漫主义的。这两位建筑师在直接观察和精神欣赏的过程中，受到了自然的影响。伴随这种影响的，还有他们接受技术的倾向，这种态度使他们对待形式模仿和浪漫主义的立场变得毫无悬念。

　　阿尔瓦·阿尔托把贡纳·阿斯普隆德看作是"建筑师中的佼佼者"。阿斯普隆德去世后，他撰写了一篇称颂的评论，发表在1940年的《建筑》（Arkkitehti）杂志上，文中他认为，阿斯普隆德与自然的亲密关系成为灵感的源泉，是通向创造的路径。阿尔托回顾了与阿斯普隆德的交往，并且在阿斯普隆德设计的斯堪的亚剧院（Scandia Theater）竣工前几天，去参观了这个剧院。他指出，阿斯普隆德曾经在评论自己如何获得在室内使用靛青配以黄色的照明装置的灵感时说："我在设计时，想到了秋天的夜晚和黄色的树叶。"借鉴了阿斯普隆德对自然的热爱和依赖，阿尔

图12-5　穆拉特萨罗：阿尔瓦·阿尔托的惊世之作，展示了他对人工及其与自然相融合的态度。这两者和谐共处，保留了它们内在的完整性。住宅—工作室：石头摞着石头；桑拿浴室与住宅咫尺之遥，隐没在森林中，周围一片悠然恬静之气

托最终宣布，自己对建筑艺术的构想是，为"未知的人类"建造的建筑。自然和建筑是不可分割的："建筑的艺术永远会有用之不竭的源泉和方法，这些都直接来自自然以及人类情绪的神秘反应。"（阿尔托，1979）

毫无疑问，阿尔托自身完全具备他所理解的贡纳·阿斯普隆德的伟大才能。这两位斯堪的纳维亚的设计师代表了两种主要的个性，这也同样不容置疑，他们的作品证明了通过自然途径进行创造的无限可能性。阿尔瓦·阿尔托远比阿斯普隆德长寿，他创作的作品也比阿斯普隆德多得多，从而形成自己的风格，成为欧洲首屈一指的建筑师，其创作大部分依赖于对自然的视觉特点及奥秘的热爱和学习。在处理自然的时候，他采用了许多策略，包括通过协调来整合地形的各部分，通过使用不同的材料来达到浑然一体的效果，通过材料之间的策略性组合来加强室内－室外的和谐[玛利亚别墅（Villa Mairea）]，甚至是通过自然升华提高的策略，因为他相信，建筑有时候应该成为它自己的景观（正如位于罗瓦涅米的拉皮亚住宅和渥太耶市理工大学的报告厅／工程大楼的锥形屋顶）。阿尔托不断地临摹和描绘自然，从童年开始，在家乡于维斯屈莱（Jyväskylä）的乡间生活、钓鱼和打猎的经历，使自然的秉性对他产生了非常强大的影响。

阿尔托已经学会了尊重自然，并且平等地对待自然。如果人们不尊重自然，就无法在斯堪的纳维亚恶劣的自然环境中生存下来。因为他熟知恶劣气候的影响，所以他也学会解决材料方面的问题（保护结合处免受自然多样性的破坏，使用合适的材料，使用适应地区气候的当地材料，等等）。他甚至使用来自自然的比喻（在他的好几座建筑里都特别明显），他从不采取对自然的直译，而直译正是他几位弟子的设计中所凸现出来的弱点之一。

使不可感知的变成自然的真实的

雷马·皮耶蒂莱（Reima Pietilä）是阿尔瓦·阿尔托最著名的弟子之一。他设计建筑的灵感，直接来自自然的比喻，并且经常求助于对自然形式的直译。他的早期这样的作品，如位于渥太耶市－赫尔辛基理工大学的第玻里学生会大楼的创作灵感，来自"原始人洞穴"这样一个自然比喻，学生就像当代的原始人，可以把这个场所当作学习知识、寻找真理的庇护所。皮耶蒂莱自身作为一名"原始猎人"，把创造视为一个生存问题，建筑师在思想的丛林中寻找的一种游戏。他的几座建筑看上去如同洞穴、波涛翻滚的湖泊、蜿蜒起伏的沙丘和旋转不停的飓风。值得尊敬的是，对这个时代最复杂的想象之一进行的精彩临摹，已经被翻译成为建筑；但是，把看上去自然的建筑转化为现实，是一项耗资巨大而又不太可能"自然"的提议。因为自然遵循的是能量最小定律，而人们必须额外花费大量能量，去建设脑海中看上去自然的、不规则的形式。任何建筑形式，无论它与自然中可以找到的形式多么相像，或是作为建筑表现主义的表述是多么地吸引人（就像皮耶蒂莱建筑的规划，仿佛运用了表现主义画家的绘画技巧），如果为了创造而必须破坏自然法则，都将是不正确和"不自然"的。

与建筑密切相关的基本自然法则如下：

万有引力定律
能量最小定律
异性相吸定律
居住定律（共生性，地区事物的互补性）
生命循环的时间定律（幼年－成长－繁殖－成熟－衰退，死亡）

当然，人类的目标一直是挑战死亡。然而我们相信，建筑采用经过考验的、符合自然法则的自然策略，而不是采用对其形式的直译，可以更容易实现"不朽"。比喻可以让我们摆脱文学的陷阱，因为它能够通过文字宣扬自己的理想，又不否定实际的建筑目标和建造的需要。所以在这里强调比喻作为一种创造方法，相对于直译更具有优越性，这样说是正确的。那些通过最广阔的比喻镜头看待自然的建筑师，以及那些通过直接的建筑和施工技术建造建筑的建筑师，就行走在通往建筑创造力的光明大道之上。约翰·伍重就是一个典型的案例。他非常敏感地回应着自然在微观层面上的实际、详尽的要求（并以此来决定他的形式和空间），同时，他从自然的比喻中获得灵感，设计出了具有社会和纪念意义的建筑，但他也使用了最先进的建筑技术，把这些建筑转化成了最辉煌、最完美的建筑综合体。伍重从表现主义的悉尼歌剧院"毕业"，随后，他设计了位于哥本哈根附近的、集高超的建筑技术于一身的鲍斯韦教堂，在这座建筑中，室内空间通过立柱和梁的构造以及工业技术这几种直接方法，实现了受天空的启发而获得的比喻。

教学策略

在设计工作室中使用的教学策略包括如下方面：

1. 对伍重、勒·柯布西耶、阿斯普隆德这样的建筑师进行学习和充分理解，会设计出看上去不像自然形式的建筑，但是这种设计是符合逻辑的，所使用的材料来自自然，并且与自然息息相关。在我们心目中，这些前辈作为模仿自然的深思熟虑的典范，是当之无愧的。模仿自然就意味着应该理解和模仿自然法则，而不是它的形式。

2. 在处理自然现象的时候，要对在特定自然形式的形成中发挥作用的主要法则进行彻底讨论，这样的讨论应该在创造过程中发挥主导作用。

3. 工作室中应该张贴有弗兰克·劳埃德·赖特和阿尔瓦·阿尔托的作品范例，这些范例已经用细致入微、非对立的方式完全融合或者补充了自然，尽管在某些情况下，它们的形式可能延伸或完成了景观结构的形象和轮廓。

4. 对地方主义的讨论，以及参考典型的乡土或者当代的地方建筑，同样应该成为探索的一部分。因为不同地区的气候限制、光照强度和材质特征存在差异，所以，这种讨论的核心应该集中在材料及其性能上。

5. 第五类应该讨论的主题，是那些完全被自然"吸收"、用护堤连接甚或掩埋在地形中的建筑。应该讨论那些关注能量的建筑师的作品，以及地下动物的栖息地。建筑师应该不断问他／她自己自然心理素质方面的问题，如：如果我在地下生活，我将会有怎样的感受？

习惯、技术以及教学工具

最具有推动作用的教学策略，是投身于直接的存贮过程，以及直接到自然中去写生。必须保证一定的时间和精力去写生，并且遵守纪律。要经常带着写生簿去参加诸如背包旅行、团队探险、登山、徒步旅行和航海这样的活动，这是最重要的。"采用"特定的景观、山峰或者岛屿海岸来作为学习自然的工作室，其成员之间的深厚友情，将成为一生美好的回忆。个人观察、记忆、讨论以及团队共同经历的事件，赋予写生独特的人文层面，每一项都成为自然在人们眼中的神性与地球上的人类环境之间的催化剂。

令人惊讶的是，一直以来，一些最优秀、最敏感的设计指导教师，尽管他们的设计倾向有很大的差异，但他们都了解和实践着这种动态性。如季米特里斯·毕基尼斯和罗伯特·沃尔特斯（Robert Walters）这样非常敏感和诗意的教师，以及截然相反的密斯·凡·德·罗，都从希腊诸岛、新墨西哥州的平顶山以及瑞士的山谷中，为他们学习设计的学生寻找有指导意义的环境。毕基尼斯努力让他的学生解开关于微观层面、建筑细节，以及简单但是如此基本的自然元素、花朵和橄榄树的秘密。沃尔特斯让他们通过观察、写生、冥想，以及转化沙漠中的岩石形态，转化新墨西哥州和亚利桑那州的平顶山，来设计建筑和城市。密斯邀请他的学生们去他位于瑞士乡间的家，给他们提供具体的场地当场实践人与自然的交流。

这些例子暗示了自然对于各种人群的普遍魅力。它是所有建筑师共同的主宰，掌管着他们的方方面面。他们必须深切地感受到，发现自然的秘密，可以让人直接与创造全体人类的最高造物主直接对话。

在任何一个通过自然进行授课的过程中，写生和临摹都是不可或缺的。过去那些非常重要的理论家们和建筑师们，如维奥莱－勒－迪克（Viollet-le-Duc）、约翰·拉斯金和勒·柯布西耶，一直忙于直接临摹自然和自然形式。约翰·拉斯金对学生具有特殊意义，因为他对自然形式的研究涵盖范围很广，包括他个人对可能引起某些形式出现的原因和现象的书面分析。他一直不停地探索着岩石的形状和它们的地形多样性，波浪和树叶的曲线，鸟的翅膀以及云的形成。拉斯金指出了一条任何人都可以遵循的路径：在观察的时候，不断地建立关于对象的理论，心中总是怀着这样的目标，要把观察的收获，转化为手工艺品或者艺术品。

拉斯金对树叶的研究，也许和建筑师的关系更为密切。他告诉我们，这个简单的自然细部，如何能够成为构造建筑或者城市的关键。如果人们去观察树叶的茎、叶脉和带有分杈的主脉，那么，对树叶的描绘就会比单纯描绘树叶的外形轮廓容易得多。临摹树叶能够帮助人们在构思建筑时，将其看作是由组织结构、内部循环和运动决定的事物，而不单是抽象的外部轮廓。他对山的研究也具有同样的相关性。通过各种描

图12-6 凯哈和海基·塞王（Kaiha and Heikki Siren）：小礼拜堂，渥太耶大学，芬兰

绘，包括自然写生，还有立体表现（在这里，各种物质是个性化的，表现了各部分对于整体的作用），或者是为负面空间画草图（山顶的天空和两侧的阴影），它能够展现积极和消极之间的相互关系，以及建筑对它周围环境的依赖。人们最终可以从整体中提取细节、赋予它们面积和功能，然后训练眼睛，刺激灵魂，以达到与可能的结构内涵相关的形式—功能—规模之间的契合。

　　勒·柯布西耶坚信，除非你愿意花费时间去观察和研究自然，否则，自然不会把秘密展示给你。勒·柯布西耶从直接的临摹中看到了一种创造的途径。他讨厌照相机，认为它是"懒人们的工具，他们使用这种机器来代替亲自观察"，他坚持"亲自去画，去勾勒线条，掌握体积，组织表面……所有这些意味着首先去看，然后去观察，最后也许去发现……然后灵感才可能出现。"对于勒·柯布西耶来说，亲自去画是一种真实的、

图12-7　只有当具有决定性的人造物，能与地形轮廓、方位、风、水流和其他所有自然限制因素和谐共存、相互作用时，我们才能得到"自然中的建筑"。"La Luz del Sol"公寓综合建筑，新墨西哥州，建筑师，海德瑞斯·巴克尔（Hildreth Barker）

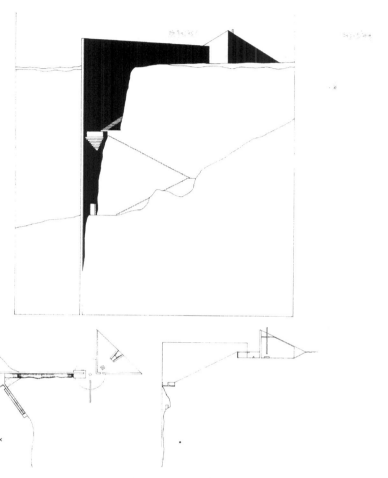

图12-8　克莱默·沃德（Kramer Woodard）设计的"用X标示的点"方案。来自教师尼古拉斯·马可维奇（Nicholas Markovich）的独立研究方案，对新墨西哥自然环境的研究，是这一方案的基础（照片由克莱默·沃德提供）

可靠的教育，是一种摆脱了教科书上的谬误和不朽神话的方法。

诚实坦率的学生，在以尽可能多的角度大量接触，并训练有素地临摹和"观察"自然以后，也能得出结论，并不是所有由观察得到的形式都能够被建造，建造这样的形式可能是极为困难和不经济的，人们应该坚持自然法则而不是违抗它们。结构和施工的不可实现性，妨碍了对大多数自然形式进行原原本本的衍化，正是这种不可能性，把纪律引入了过程中，把谨慎带到了最终的决定里。

通过直接观察自然来进行创造这样一种方法，即使是模仿式的抽象和尺度的夸张，也能起到事半功倍的效果。在这方面，教师应该尝试至少一种全面的设计练习（包括与工作室的团队外出，去某个自然的场所生活一段时间），来探索它的可能性。

小结

自然影响了通向建筑创造力的许多渠道。它是永恒存在，不可分类的，它可以给人们带来非凡的灵感，可以当作工具来使用。显然，自然存在于比喻中，存在于模仿中，存在于变形中，也存在于材料中。自从上古时代以来，人们和建筑师们就开始崇拜和研究它，有时采用精心构思的方法，有时不是。本章从"浪漫的"、"实用的"、"可感知的"、"不可感知的"这几个概念入手来探讨自然，通过广泛引用诸如路易斯·沙利文、弗兰克·劳埃德·赖特、勒·柯布西耶、伊利尔·沙里宁、贡纳·阿斯普隆德、阿尔瓦·阿尔托、雷马·皮耶蒂莱和约翰·伍重这些建筑师的例子，探讨了"处理自然"的策略。本章的重点是自然的可感知元素和模仿自然教学法。强调了对自然进行写生，培养体验各种自然环境的习惯，以及尝试以自然为核心进行设计练习等活动的必要性。

参考书目

Aalto, Alvar. "E. G. Asplund in Memoriam." In *Sketches,* ed. Göran Schildt. Cambridge, MA: MIT Press, 1979, pp. 66, 67.

Christ-Janer, Albert. *Eliel Saarinen.* Chicago: University of Chicago Press, 1948, p. 9.

Crawford, John Martin. *The Kalevala: The Epic of Finland.* New York: Columbian Publishing Company, 1881.

Duncan, David Douglas. *Goodbye Picasso.* New York: Grosset and Dunlap, 1974.

Halprin, Lawrence. *Notebooks, 1959–1971*. Cambridge, MA: MIT Press, 1972.

Hamilton, Edith. *Mythology: Timeless Tales of Gods and Heroes*. New York: Mentor, 1910, p. 91.

Kandinsky, Wassily. *Anadrome 1891–1913, Syntome Autobiographia* (Flashback 1891–1913, sort autobiography). Athens, 1988.

Klee, Paul. *Pedagogical Sketchbook*. New York: Praeger, 1969, p. 1.

Le Corbusier. *Towards a New Architecture*. New York: Praeger, 1960, pp. 32, 36, 37.

McClung, William Alexander. "The Architectonics of Paradise Lost." *VIA 8, Journal of the Graduate School of Fine Arts, University of Pennsylvania*. Rizzoli, 1988, pp. 34, 39.

Malraux, André. *The Voices of Silence*. St. Albans, Eng.: Paladin, 1974, pp. 85, 636.

Morris-Smith, Nancy K. "Letters, 1903–1906, by Charles E. Whiter, Jr., from the Studio of Frank Lloyd Wright." *Journal of Architectural Education*, 25,4 (Fall 1971), p. 104.

Pikionis, Dimitrios. *Afieroma tou syllogou architektonon ste mneme tou architektonos-Kathegetou Demetriou Pikioni, Akademaikou* (In memorium of the architect Professor Dimitrios Pikionis-Academecian, by the Greek Society of Architects). Athens, 1968.

Rugg, Harold. *Imagination*. New York: Harper & Row, 1963, p. 11.

Ruskin, John. *Modern Painters*, Vol. I to Vol. VI. Editions of various volumes by various publishers from 1907 to 1935. See also the Pocket Ruskin series. London: Allen & Unwin, 1925.

Scott, Geoffrey. *The Architecture of Humanism*. New York: Norton, 1974, pp. 43, 60–78.

Scully, Vincent. *Louis I. Kahn*. New York: Braziller, 1962.

———. *The Earth, the Temple and the Gods*. New Haven, CT: Yale University Press, 1979.

Sullivan, Louis H. *Kindergarten Chats and Other Writings*. New York: Wittenborn, 1947, pp. 155, 158, 174.

Tatarkiewicz, Wladyslaw. *History of Aesthetics*. Warsaw: Mouton, PWN-Polish Scientific Publishers. Vol. I, 1970; Vol. II, 1970; Vol. III, 1974.

Travlos, Ioannis. "Poledomike exelixis ton Athenon (City Planning Evolution of Athens)." Ph.D. dissertation, Athens, 1955.

Von Moos, Stanislaus. "Le Corbusier as Painter." In *Oppositions 19/20*, Winter–Spring 1980, pp. 4, 5, 6, 7, 24, 308. Cambridge, MA: MIT Press.

Wingler, Hans Maria. *The Bauhaus*. Cambridge, MA: MIT Press, 1969, p. 174.

第十三章 通过和其他艺术和艺术家的 协同的创造力

对于那些被人们普遍接受的概念，人们最难摆脱的就是惯常的心理障碍和成见。"摩天大厦"这个词让人想起纽约帝国大厦的形象，"办公大楼"和"古代神庙"则让人们想起玻璃盒子（纽约的西格拉姆大厦）和雅典的帕提农神庙。如果人们已经对某种理想的结构或方法产生了根深蒂固的成见，问题就会变得更加复杂。艾米利奥·安巴斯（Emilio Ambasz）是一位极富创造力的、诗意的、训练有素的创造者，他曾经指出："在客户走进办公室的时候，每位建筑师头脑中都会浮现出一座理想的建筑"。安巴斯没有质疑这种态度的有效性或者可能带来的问题；相反，他对此表示了认可："无论合身与否，客户都将得到那件上衣。如果它不是特别合身，那么在这里或那里缝上两针，别上两个别针就可以修改它。"

但是，这样的态度是高度个性化的，常常融合了多种观念，初学者采用这种态度可能是危险的，因为他们也许还没有深刻领会它对创造真正个性的、原创的作品意味着什么。固执地坚守着成见和早期的信念，最终诞生的可能会是裁缝（优秀的裁缝没有任何问题）而不是建筑师（但是，如果在你寻找一位建筑师的时候，却找到了一位"裁缝"，那就太糟糕了）。

从过去的经历、历史和模仿那些享有盛誉的榜样中形成的偏见，盘旋在创造者的头脑中，可能会成为一种拖累，这将使建筑方案、学生或专业人士面临着巨大的风险。许多富有创造力的建筑师，都试图把自己从束缚创造力的思想障碍中解放出来，他们甚至冒着完全得不到理解的风险，执意和传统的习惯决裂。彼得·埃森曼就是1980年代出现的一个典型的例子。

尝试艺术创造的其他领域，可以大大增强作品的原创性，这些领域包括绘画、雕刻、摄影、舞台布景、舞蹈、戏剧、电影制作，以及音乐（音乐可能是所有艺术中最为重要的领域）。所有的艺术家都需要这样做，不论他们是不是建筑师。在20世纪，艺术界许多著名的艺术创作大师，都自发地进行这样跨领域的交流。音乐家埃德加·华雷斯（Edger Varèse），诗人让·考克多（Jean Cocteau），建筑师弗雷德里希·基斯勒（Frederick Kiesler），当然还有勒·柯布西耶，都是这种跨领域交流最典型的例子。在1920年代，包豪斯把这种做法制度化，以此来培养他的学生。全部课程都是以学生对绝大多数，或者是尽可能多的创造性艺术领域的广泛涉猎为基础的。对于创造过程而言，克里和康定斯基、约翰尼斯·伊顿（Johannes Itten）、拉斯罗·莫霍利·纳吉（László Moholy Nagy）、奥斯卡·西尔默（Oskar Schelmer）和约瑟夫·亚伯斯（Joseph Albers）这些画家产生的影响，也许比密斯和格罗皮乌斯重要得多。对于开发学生的创造力，在塔里埃森演奏的音乐和上演的重要戏剧，与观摩弗兰克·劳埃德·赖特创作的建筑作品同样的重要。

个人涉猎其他艺术门类

其他艺术进行创作时，借助了不同的媒介。同时涉猎这些艺术门类，可以在现实世界的约束与头脑的框架之间创造一段距离，如果人们想要富有创造力或者创造出独特的、有意义的作品，就应该在这段空间里进行创作。这种对其他艺术门类的涉猎，应该采取一种"业余"的方式，这种方式使建筑师不会感到要创作具有专业水准之作品的压力。这种涉猎可以让大脑得到休息，同时可以在潜意识中历练它，并且可以在轻松的状态下集中精神，而这正是"想法"诞生的前奏。所以，像勒·柯布西耶、阿尔瓦·阿尔托这样伟大的建筑师，他们同时也是出色的画家，这一点儿也不令人惊讶，虽然绘画并不是他们事业的中心。其他许多富有创造力的建筑师也是一样，他们不会感到来自其他艺术门类的压力，但是同样具备了高超的绘画技巧和独到的鉴赏力，他们奉献出大量精美的画作，这些画作不仅带来身心的放松，而且启发他们在自己的领域进行成功的创作。这样使用闲暇的时间——也就是说，没有压力的时间——去尝试其他的艺术活动，对建筑师们具有非凡的价值。

关于跨领域交流的几个真实案例

毫无疑问，对于其他美的艺术的广泛涉猎，可以带来灵感。但是，人们也可以以一个一个具体的项目为基础，以一种更直接的方式，来借鉴其他的艺术和艺术家，这种借鉴的唯一目的，就是把建筑师从先入为主和成见中解放出来，好让他们更快地创造出更好的作品。

一种从项目开始之初就可以采用的策略，是让建筑师与其他艺术家们结伴创作，无论这些艺术家是画家、雕塑家还是诗人。这种策略经证实是最成功的。托勒·德·阿奎特图拉（Taller de Arquitetura）首先使用了这个策略，它的成员囊括了许多知名建筑师和诗人，他们的兴趣和艺术背景千差万别。胡安·高蒂萨罗（Juan Goytisolo，他是许多人眼中最重要的当代西班牙诗人）已经是这个团队不可或缺的一员，他扮演了反派，总是提出一些受过训练的建筑师们可能永远也不会提出来的问题。格兰德布鲁克设计学院是一座颇具特色的学校，实行由伊利尔·沙里宁开创的、针对学生个人感官的建筑教学大纲，其推行的课程，通过与其他艺术门类及哲学和美学思想开展同步的、严谨的跨领域交流，来开发学生的创造力。偶尔参与教学指导的，是那些通过这种跨领域的艺术和思想交流，而形成了创造性人格的大师 [丹尼尔·里伯斯金，通晓数学、建筑、绘画和音乐；丹恩·霍夫曼（Dan Hoffman），通晓建筑、诗歌、哲学]。我们这个时代的许多杰出建筑师，都曾经尝试过从其他艺术著作的视角来审视他们的问题。乔治奥·德·基里科的信念——"除了谜，我还应该爱什么？"（毕基尼斯，1968）——已经促使许多建筑师把创造力的成果，看作是对人类无法理解的谜团所提出的解决方案。

在这方面，实践中开业的建筑师们，走在了学生们的前面，他们中最优秀的人，寻求着其他艺术家的陪伴以及思维上和职业上的合作。在这方面，学校赶不上职业领域；在地域上，建筑教学已经从巴黎和纽约这样的艺术之都传播开来。而且，美国的大多数学校已经被接踵而来的潮流和趋势所占领，而不是去创造新的潮流和趋势。在运作一个建筑工作室时，如果招募的学生包括建筑师和诗人、建筑师和画家或者建筑师和音乐家，并且让这两类学生在设计的概念阶段作为智囊团的一部分，这将对创作具有非常重要的意义。

这种涉猎不应该与吸纳艺术进入建成环境相混淆，因为那是另外一个非常基本的问题，至少在美国会遇到大量这样的问题。在我们前面讨论的这种情况下，艺术家扮演的角色应该是挑战者之一，门外汉之一（只要纪律还许可就行），但是，他是使用相似的语言，有着相似的创造目标。

艺术家作为客户而与建筑师合作，往往能创作出非凡的作品。由建筑师尤金·库伯（Eugene Kupper）设计的、作曲家哈里·尼尔森（Harry Nilsson）位于加利福尼亚的住宅，就是一个优秀的作品。尼尔森本能地知道自己想要什么，他建议建筑师把房子设计成自己的孩子在一张纸上勾勒出的小屋，他一直把这个小屋用作注册他唱片公司的商标。库伯成功地对这个原型进行了特别的诠释。另一个成功的例子是位于迈阿密的斯皮尔住宅（Spear House），它是建筑师们与作家（劳林达·斯皮尔的母亲）合作的结晶。它是一个独一无二的宣言，人们可以把它称作"作家的天堂"。

有些设计方案超越了人们可以预见的庸俗——也就是说，超越了大多数人所理解的"真实"，它们来源于超现实的世界。它们把以前那些闻所未闻的东西展现在世人面前。只要人们从自己的准则和生活领域来考虑问题，其他艺术门类就显得不那么"真实"。这就是为什么与这些艺术的亲密接触，总是让人受益匪浅的缘故。例如，希腊建筑师季米特里斯·毕基尼斯过去常常到乡间散步，去临摹他最钟情的阿提卡风景和橄榄树。有一天，当他寻找放置画板的地点时，意外地发现一位音乐家正在乡野田园间拉着大提琴。他被眼前的景象深深地吸引住了，他一动不动地站在那里。这段经历让他精神振奋，那天，他没有作画，而是回家继续他自己的建筑设计，并且把这段经历融入其中。通过观察其他创作中的艺术家，以此来获得灵感，这是结交富有创造力的人们而带来的另一个伟大受益之处。

社交测试

考察建筑师创造力的方法之一，是提供一张与他／她接触最频繁的人员名单，看看谁是最好的朋友，谁偶尔会出现在聚会的请柬上。社交被认为是富有创造力的人格特征之一。然而，社交网络的形式和组成，才是影响创造目标的至关重要的因素。

富有创造力的建筑师，其社交方面的能力并不一定很强，这一点在其他许多创造性职业中也同样可以得到证实。人们经常听到关于艺术家的群体，"封闭的圈子"等等。许多建筑师倾向于与其他建筑师或者他们的亲密伙伴聚集在这样的"聚居区"里。他们的聚会和公共活动虽然经常在杂志上报道，但并不一定是能够加强不同艺术门类之间真诚的跨领域交流的社交平台。"知识分子"的、"艺术家"的或者"精英"的聚居区，通常是培养浅薄思想基础的温室，没有了批判性的挑战，远离了其他人群形成的圈子及其成员，在最糟糕的情况下，将发展成为狂热和狭隘的崇拜。

人们必须结交所有富有创造力的人，无论他们来自社会的哪个阶层。在这方面，毕基尼斯也为我们做出了榜样。他曾经把自己的学生带到当地的木工作坊、船坞和大理石雕刻师那里。学生首先与这些艺术家在他们熟悉的氛围中畅饮攀谈。然后，毕基尼斯就会邀请他们在大学课堂上介绍他们的艺术和技巧，从而推倒了象牙之塔的围墙，扫除了由于学术界闭门造车导致的学术和跨领域艺术交流中的思想障碍。每一位富有创造力的建筑师，都必须不断地主动进行这样的交流。勒·柯布西耶因为与皮里亚斯（Piraeus）当地的一位造船工程师讨论给船上色的方法，以及在布拉卡（Plaka）请教一位面包师做面包的特殊方法，差点儿耽误了1933年在雅典举行的国际现代建筑协会大会上的发言。当我和我的同班同学为完成一门艺术历史课的要求，拼命复制帕拉奥切那－埃伊纳（Palaeochora－Aegina）岛上拜占庭小教堂墙壁上的装饰壁画时，当地乡村饭馆里的一名厨师，成了我最佳的挑战者和艺术批评家。

创造力不需要任何头衔或者社会特征。它存在于每个富有创造力的人心中——也就是说，那些热爱自己所从事之工作、把一切都献给它、把它视为一项神圣使命的人，无论这项工作是烹制一顿美餐，编织毛毯或是谱写乐章。真正富有创造力的建筑师，想要超越"专业人员"（通常带有平庸和折中的负面内涵）狭隘局限性的建筑师，应该努力挣脱趋炎附势和精英优越论的锁链。他／她应该努力建立与各种富有创造力的人真诚沟通的网络，这些人应该是"生活的艺术家，以及他们自己所追求之艺术的艺术家"，无论这种艺术或者使命是什么。最终，建筑师只有通过他们，才能够真正成为社会的一员，一个更杰出的人，一个更富有创造力的建筑师。

设计教师应该了解这些，并且永远敞开自己专业领域的大门，去迎接和结交那些其他艺术领域中最优秀、最有创造力的同行，还有社区中富有创造力的人们。他／她应该邀请他们尽可能频繁地光顾自己的工作室，并让他们与学生交流。可以把设计工作室精心策划，使其成为建筑师—艺术家—工匠之间进行交流活动的实验室，花费至少一个学期的时间，让教师—建筑师和邀请来的同事，以及社会各界的朋友组成的团队，去担任学生小组的评论顾问。显然，要协调这一切非常困难，但对那些非常幸运、能够参加这项活动的学生来说，这将是非常难得的经历。

捷尔吉·凯派什（Gyorgy Kepes）已经在麻省理工学院进行了这方面的尝试。长期以来，他把许多来自不同艺术领域的艺术家召集到他的工作室，他们共同进行创作和实验性设计。凯派什编撰的一系列著作，成为指导教师们的基本参考书，他们从中寻找先例，从各类富有创造力的艺术家的视角，对创造力、认知和想象力的诸多方面展开讨论。

历史上跨领域交流的包容性

在文艺复兴时期，建筑师在大多数情况下也是画家、雕塑家、工程师和革新家。米开朗琪罗和莱昂纳多·达·芬奇就是最著名的例子。时代的发展带来了专业分工和学科隔离。然而，也许是因为艺术的本性使然，建筑不可能孤立地存在。20世纪最好的建筑师们，感到了与其他艺术门类和艺术家进行交流的必要性，有时甚至采取了最直接的合作方式。在真正创新的建筑实践中，我们可以找到许多具有特殊意义的例子，其中的一些颇具传奇色彩。勒·柯布西耶可能永远也不能形成他自己的思想，如果没有受到布拉克和毕加索影响的话，这二人在艺术形式和生活方式上，都对建筑师产生了巨大的影响。如果没有和画家艾玛迪斯·奥泽芳（Amadeus Ozenfant）的交往和友谊，柯布西耶也将对立体派一无所知。有人认为，如果密斯·凡·德·罗没有看过皮特·蒙德里安（Piet Mondrian）的画作（他的百老汇系列，布基伍基系列），也没有与包豪斯的交往，那我们就看不到他在巴塞罗那的德国馆和他的全部建筑词汇。伊利尔·沙里宁同样需要感谢他与芬兰画家和音乐家们的那些交往，无论是在芬兰还是后来在美国，他与他们在艺术精神相同的世界里，分享着彼此的经验。也许人们会说，诗人卡尔·桑德堡对他的堂兄弗兰克·劳埃德·赖特的影响也是这样，墨西哥画家赫苏斯·雷耶斯（Jesus Reyes）对路易斯·巴拉甘的影响也同样不容置疑——在探寻墨西哥建筑的地基、材料、墙、颜色和土壤时，路易斯·巴拉甘正是从赫苏斯·雷耶斯那里获得了灵感。

在1960年代晚期，柯林·罗（Colin Rowe）在与画家、认知理论家罗伯特·斯卢茨基（Robert Slutzky）的共事中受到了后者的影响，柯林·罗的理论又影响了美国国内外许多学生和建筑师。近年来，正是克雷思·欧登伯格关于环境的艺术及理念，以及他与罗伯特·文丘里的私交，首先激励人们挣脱现代主义运动的束缚，并且促使文丘里发展成为美国原创建筑的先驱者、理论家和创造者（波普，拉斯韦加斯，等等）。同样还是欧登伯格这位艺术家，在1980年代中期对弗兰克·盖里产生了相似的特殊影响，两人通过位于威尼斯的科尔泰洛博士（Dr. Coltello）项目中的通力合作，又把后现代主义向前大大地推进了一步。

盖里在与欧登伯格合作之后，再次提到了"街道"这一主题，这和文丘里在1960年代中期的做法如出一辙。克雷思·欧登伯格是这两位建筑师"共同的引路人"，因为他是第一个看到街道的"诗意"，并且以街道和都市环境为主题进行创作的人。弗兰克·盖里曾经说过，他通过自己近来的作品，试着让我们"思考我们所思考的东西"。如果没有画家对建筑师的成长和思想产生的影响，或许这一切也就都不可能发生。

艺术门类之间的跨领域交流产生的影响，贯穿于整个历史之中。然而，尽管视觉艺术，如绘画、雕刻和建筑之间的紧密联系显而易见，而且很容易让人理解，但是，"时间"艺术（即舞蹈与音乐）与建筑之间

图13-1　弗兰克·盖里设计的位于洛杉矶的洛约拉法学院的多方向安全出口，在1980年代，盖里的作品是对先人为主的组织观念、材料使用和几何学的巨大挑战，与他共事的艺术家克雷思·欧登伯格对他产生了巨大的影响

的联系更为密切。尽管很少有建筑师同时也是舞蹈家，既是建筑师又是音乐家的人也是凤毛麟角，但是，人们需要进一步关注这些艺术的概念，因为这些艺术中的准则，在建筑上也同样是至高无上的，和谐同样具有重要的意义。这一次，对历史的关注，也许会有助于消除近来的一些困惑，澄清对于建筑准则、它与过去的关系，以及它在现代社会中的正确位置的不安和误解。

　　在音乐和舞蹈这两者之中，音乐被人们看成是达到（和指导）建筑创造这一目的的更基本的要素，但在讨论音乐之前，我们应该先通过舞蹈之"门"简单地审视一下建筑。它将帮助我们弄清楚诸如古典和现代等等概念，同时，它也会帮助我们做好进入音乐王国的准备。

关于舞蹈与建筑

　　建筑师对舞蹈的关注，并不像画家和音乐家那么直接；从空间和建筑的角度对舞蹈进行的研究，几乎是一片空白。但是，人们已经对原始人类的舞蹈形式和广场舞蹈、中世纪舞蹈以及文艺复兴时期的舞蹈模式进行了研究。

　　克特·萨克斯（Curt Sachs）是世界范围内人种音乐学和舞蹈历史最权威的专家之一，在1930年代于巴黎特罗卡迪罗（Trocadero）举办的人种学展览上，他提交了一篇文章，描述与建筑规划及建筑模式和形式相近的各种舞蹈构成的抽象形式，并绘制了示意图。根据萨克斯的观点，其他各种艺术门类都是从舞蹈衍生出来的，因为舞蹈既存在于时间中，也存在于空间中。虽然他的评论在今天听起来可能已经过时了，因为我们已经不再根据时空的维度，把各种艺术门类割裂开来（今天，我们相信所有的艺术门类都有时间－空间的维度。一些门类强调时间，而另一些门类则强调空间），但是，我们仍然被他在图表中描述的各种时间—经验情形下的动态交流深深地吸引。舞步暗示了人们的特点和性情，而作者基于纯粹人种学的证据得出的最终结论，证明了两种基本舞蹈形态（旋转的和线性的）之间的交叠。萨克斯认为，"圆和直线之间的全部辩证法，也都可以在人类住所的两种基本形态——圆形的小屋和直角的方形小屋——（中央大厅）中找到。"人类学上的证据指出，全体人类可以根据他们原始舞蹈的舞蹈编排进行分类："在人们不懂得建造直角的方形小屋的国家里，就不可能存在线性的舞蹈编排。"对于任何想要体验通过舞步加以表现的态度与他们空间概念之间的关系的人来说，萨克斯研究仪礼舞蹈的文章将是一个宝藏。

　　也许到目前为止，已经过世的弗雷德里希·基斯勒（Frederick Kiesler）对建筑与舞蹈之间的关系进行的阐述，仍然是最细致深入的。从1930年代起，直到他去世，他也许都是音乐家和舞蹈家以及先锋派艺术家最欣赏的建筑师。1960年代，即在他猝死之后不久，他那鼓舞人心的著作《在无垠的住宅中》（Inside the Endless House）一书出版，书中有一章叫做"舞蹈脚本"，在其中，基斯勒探讨了时间—经验的艺术之间的关系，以及空间的各种类型——绘画需要表达的"图像空间"

图13-2　集体舞（广场舞）的基本形式也有象征意义：（1）圆：神秘的社会；（2）十字交叉；（3）正面；（4）锁链；（5）栅栏，月亮的标志；（6）桥：再生的象征；（7）通向形式；（8）圆环：月亮的标志（摘自克特·萨克斯的3° Mati，雅典，1937年）

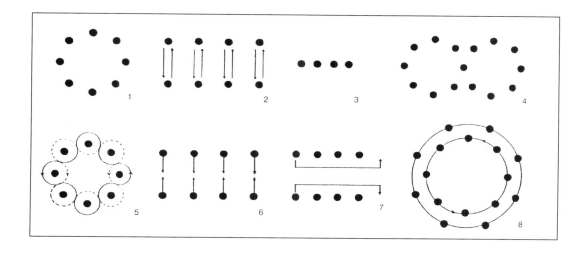

和舞蹈需要表达的"时间空间"——之间的差异。用他的话来说,这种差异在于,"在绘画中,空间完全是幻像,而在舞蹈中,它是真实的。"他认为只有通过舞蹈,我们才能够成功地体验到"凝固成固体形式"的空间的流畅性和无限性,而这种流畅性和无限性,最初是与外层宇宙的意义联系在一起的。舞蹈创造的空间"⋯⋯从概念的核心延伸至如此巨大的体量,以至于你可以'生活在其中'"。基斯勒在舞蹈中发现了一种独特的艺术形式,这种形式包含运动、时间、图像和主题表现等诸多元素,以及生活的基本元素,一种从 A 点到 B 点的比喻式的"舞蹈"。

我们可以进一步探讨萨克斯和基斯勒的论点;我们可以努力去阐释建筑的概念和态度,以便应用于 20 世纪,它们可以为古老民族和文明的直线和圆,增添另一个舞蹈形式的"不确定"组合的可能性。这种新的第三元素可以是前两种的任意组合,而舞蹈编排(或者艺术作品)的最终结果,则有赖于这三种元素的关系和艺术家的修养。关于基斯勒提出的态度,我们会使用个性、自由、民主和共同利益的概念,看看当建筑师遇到了诸如此类的空间和生活问题时,各种形式的舞蹈可以为他们提供怎样的教益。

古典的和现代的

为了了解我们今天身在何处,我们应该努力研究古典与现代的舞蹈编排,以及芭蕾舞与现代舞之间的对照,并通过这样的镜头,去构想我们自己的文明。让我们假设我们自高处观看一场舞蹈演出,我们用照相机定格了一连串舞蹈动作。如果是古典芭蕾,我们会得到一系列记录着一条或一组直线、圆、网格,也许还有曲线和几何旋转的照片,我们会看到一组类似于雪花或者其他众所周知的分子有机体的几何图案。只有独舞表演者才能够表演"螺旋",并且在更复杂的轨道上舞动。如果我们回去拍摄同一古典舞蹈编排(如天鹅湖)的另一组照片,我们会得到一组几乎相同的图案。舞蹈演员、芭蕾舞团和独舞表演者会沿着同样的路径舞动,在空中划出与舞蹈编排的设计相同的圆和直线。在古典芭蕾中有连贯性和可预言性。如果存在任何差异,也是非常微小的——是微观上的差异,而不是概念上的差异。它们可以在对舞蹈者、他们的肌肉及面部表情进行特殊处理的特写照片中观察到。这样的差异依赖于舞蹈者的个性、受到的训练以及个人天赋。

然而,古典芭蕾首先是可预言的整体,以及从属于特定整体的个体所进行的时间—空间表现;是特定舞蹈编排的乐谱。它需要特殊的规范来约束个体，使之完全服从舞蹈编排者的意愿。在民间舞蹈中也是这样——在这种情况下，个体表演者的规范，是要遵守共同的盟约：用和特定社团中历代成员相同的方式跳舞。民间舞蹈演员从家族的古董箱中拿出他们祖先的服饰，这一习俗也是上述规范的证据之一。民间舞蹈是一个与昨天无法分割的群体所举行的表现时间－空间的仪式。

现代舞是生活在群体中的自由个体表现时间—空间的体验。它根据舞蹈者个人对宽松背景下的规则（表演）、松散但清晰制定的配乐的理解，以及他对现代舞蹈编排者构想的舞蹈框架的理解，展示了自由、个性以及即兴创作。配乐可能意味着松散的限制，如舞蹈者应该在特定的时间段落到达舞台的特定区域，同时叉式升降机会穿过舞台的另一个区域；而舞蹈者具体做什么，他们如何舞动手和身体，则都依赖于他们自己、他们的感觉，以及他们观察到叉式升降机举起同伴，并将其从舞台经由后台工作门慢慢地送到现实中的大街上时的反应。配乐也可能意味着其他大幅度的舞动，以及向舞蹈者分配的任务，总是宽泛地告之对他们的希望，然而又把细节留给他们自己去诠释。现代舞蹈的编排，通常是一项共同参与的事务，编排者常常与舞蹈者或其他与表演有关的人讨论如何配乐。舞蹈编排是被参与表演的人所普遍接受的契约，而且表达了很多的意愿：所有那些为舞蹈编排的形成作出贡献的人，以及那些已经接受了特定的契约、"游戏规则"或公共仪式的人们。舞蹈编排者作为独裁者的角色已经一去不复返了，而舞蹈者可以自由地表演更适合肢体结构的动作，这一点和古典芭蕾舞演员完全按照指定的舞蹈编排，被迫跳出不自然的舞步正好相反。

后现代主义的包容性和现代舞蹈编排

这个讨论旨在强调宽泛松散的契约元素，以及个人自由，连同以自然的线条进行训练的元素，这在现代舞中代表可接受的态度。上述两个条件在涉及建筑和城市设计的态度时，也同样适用。分析古典舞或现代舞这两种舞蹈编排中的任何一种，观看具有代表性的表演，并且把从中学到的东西应用到设计练习中，这样做可以产生深远的影响。劳伦斯·哈普林在他的妻子，现代舞演员安娜·哈普林（Anna Halprin）影响下，再加上他自身亲近自然的天性，从而为我们谱写出了到目前为止最好的"配乐"，并且把现代舞的舞蹈编排技巧应用到建筑中。他设计的位于旧金山的吉亚狄里广场（Ghirardelli Square）综合体是第一个，可能也是（到目前为止）最成功地验证了这种可能性的建筑范例。1980年代中期的

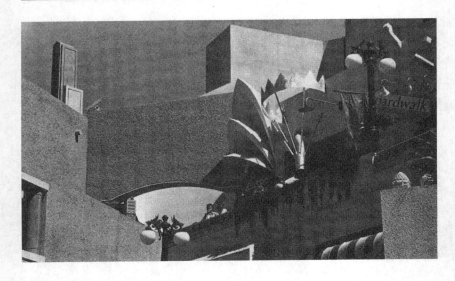

图13-3 圣迭戈的霍顿广场细部，设计师/美术设计师，乔恩·捷得；克劳蒂亚的面包店入口，建筑师-雕塑家，汤姆·格龙都纳

优秀范例则是位于圣迭戈的霍顿广场。在我看来，这个同样成功的建筑范例，和现代舞蹈的编排一样，使得人们可以把各种表达个人意志的种种观念综合起来，这些观念从20世纪最历史主义的派生物，到流行艺术、朋客和"视觉刺激"[克劳蒂亚的面包店（Claudia's bakery），汤姆·格龙都纳（Tom Grondona）]，几乎无所不包。在霍顿广场，两条柔和曲线与一条直线轻微地冲突所形成的更大连接处，策略性分配的停车场，各自都保持了原有建筑的价值，并且为协调互补的混合使用提供了经济的形象策略，这些都是用来取悦感官、满足使用者的感官需求。乔恩·捷得作为整个作品的设计师，可以被看作是这个"现代建筑舞蹈"的"舞蹈编排者"。而汤姆·格龙都纳这样的建筑师，负责处理的是整体中的个体部分，因此可以被看作是"现代建筑的舞蹈演员"。

这个项目进一步证明了，在进行建筑创造时，合理运用不同艺术门类之间的跨领域交流，具有很大的力量。捷得和格龙都纳都涉足过建筑以外的学科，并且接受过培训，创作过作品。捷得曾经担任过美术设计师，以及"城市庆典"和仪式活动的艺术顾问。他最著名的成就是1984年洛杉矶奥运会上的组织策划工作，而汤姆·格龙都纳是一个训练有素的雕塑家，他的父亲是一个承包人，在他父亲的影响和提携下，他转而成为一名建筑师。

纪律因素

建筑师和舞蹈演员都必须坚持练习，并且全身心地投入到实践中去。人们不可能在各类艺术家当中找到比舞蹈演员更好的范例，无论是古典的抑或现代的。如弗雷德里希·基斯勒所观察到的那样："……对自己的职业最鞠躬尽瘁的艺术家，不是建筑师，不是作家，而是舞蹈演员。"我们当然同意基斯勒的赞美，只有当一个人全身心地"专注"于自己的艺术中时，通过勤奋工作和不懈的操练，他才能最终领悟艺术的真谛，荣获艺术家、舞蹈演员或者建筑师的称号。那些完全投入的舞蹈编排者和舞蹈演员的传记［乔治·佩蒂帕（George Petipa）、玛莎·葛兰姆（Martha Graham）、阿冯·尼可莱斯（Alwin Nikolais）、乔治·巴兰钦（George Ballanchine）、巴甫洛娃（Pavlova）、乌兰诺娃（Ulanova）、尼真斯基（Nijinsky）、玛歌·芳婷（Margot Fontanne）、鲁道夫·纽瑞耶夫（Rudolf Nureyev）等等］，同样可以激励任何想在建筑领域占有一席之地的人，这和对特定建筑师的生平进行的研究产生的效果一样——这个话题我们将在稍后再详细讨论。

音乐与建筑

歌德曾经说过："一位著名的哲学家把建筑说成是凝固的音乐，他的论断让很多人摇头。我们认为，把建筑称为沉默的音乐，这才是对这个美仑美奂的理念最好的诠释。"建筑师和音乐的关系一直被不断地提到，这两门艺术的学者偶尔会详细深入地阐述这一点，探讨共同点、相似性、特征，甚至它们偶尔的同一性。这种情况始于古典希腊时期，毕达哥拉斯和柏拉图是最先系统阐述美学理论的先驱，他们关心宇宙的起源等等观念，他们也为融合了数学、几何、音乐和建筑的证明体系奠定了基础，并推动了它的发展。

对于文艺复兴时期的建筑理论家来说，音乐是唾手可得的参考。为了使自己的建筑观念清楚明了，他们常常提到音乐。阿尔伯蒂以音乐为例，去阐述他那"通过变化获得美"的论点。建筑师应该以"持之以恒的方式，去参与并收集互不相同，但比例协调的事物；……这与音乐中的情形相似，……当低音部响应高音部，而男高音又和这两个声部协调，这时，就能从这些不同的音调中产生一种比例上和谐和美妙的结合，给我们的感官带来欢愉。"

然而近来，人们已不再强调音乐与建筑的永恒亲密性，以至于许多人（包括建筑师）都陷入了近来的声音污染、视觉污染和价值污染的环境当中，人们对于音乐与建筑的关系只有模糊的概念，更谈不上创造性地使用这种关系，并且让前者为后者造福。

通过音乐进行跨领域交流

直到最近，人们仍然能够在关于美学的普及论文当中，或是关于音乐或建筑的入门书籍当中，找到宣称这两种艺术在诸如基调、节拍、比例和节奏等方面具有相似性的论断。在流行的建筑文献当中，有几本家喻户晓的著作［比如斯蒂恩·爱勒·拉斯穆森（Steen Eiler Rasmussen）和他的《体验建筑》（Experiencing Architecture）］，这些著作从音乐的角度探讨建筑，指出了它们在创作理念上的共同点。关于这个主题更成熟的研究，简直少之又少，而大多数建筑爱好者根

图13-4　建筑师伊尔莫·瓦利亚卡（Ilmo Valjakka）设计的位于赫尔辛基的Yhtyneet Kuvalehdet出版公司传媒大厦，在这座建筑的启发下，哈里·魏斯曼（Harri Wessman）谱写了一首乐曲

本就没有意识到这两者的关系。盛行的态度笼罩着一层神秘的面纱，一些人认为，如果你对音乐略知一二，或者可以演奏一门乐器，你就可以成为一名更优秀的建筑师。这种公众认知因为有了一些著名的建筑师做例证，从而变得根深蒂固。比如弗兰克·劳埃德·赖特和伊利尔·沙里宁，这两人都会弹钢琴，并且都把音乐活动融入到他们提倡的教学过程当中。在这方面，伊利尔·沙里宁比赖特更幸运，他与西贝柳斯和古斯塔夫·马勒（Gustav Mahler）的友谊和私交，使他受益匪浅，他甚至可以在维特莱斯克演奏他的钢琴。

一直以来，人们普遍认为，接受音乐教育的程度，反映了文化的差距，音乐素养成为"绅士"建筑师的标志。然而，令人惊讶的是，今天认真涉足音乐领域的建筑师却少得可怜。

与音乐有关联的建筑，其形象在总体上来说都是负面的，加之1980年代建筑学面临困境的大背景，受此影响，以往许多学者在20世纪前期为研究音乐和建筑之间的交融所做的巨大而又严肃的努力，至今仍鲜为人知。很少有人知道，早在1930年代，希腊建筑师乔治亚季斯（Georgiades）就对音乐的和谐与古希腊神庙里立柱布局之间的相关规则进行了研究。他把通过研究和测量得出的具有启发性的结论，浓缩在一张可视的图表中，这就是著名的"乔治亚季斯建筑规则"（The Architectural Canon of Georgiades）。它证明了当人们注视希腊神庙时，眼睛所体验到的和谐的快乐，并不是将立柱随意摆放就能达到的，这些立柱在布局上存在一种立柱空间的连续性，而这种连续性，恰恰与某种特定的音乐旋律合拍。至少通过专业研究，乔治亚季斯证实了视觉或听觉感受到的和谐，可以确保人们享受到美学上的快乐。当然，正如乔治亚季斯宣称的那样，有关这些古希腊"凝固的和谐"究竟是有意识的还是随意巧合行为的产物的争论，很久以前就结束了，当时，吉卡一类的学者们对考古学家汉布里奇（Hambidge）、加斯基（Caskey）和莫塞尔（Moessel）等人的类似发现作出了他们的论断。这些考古学家是从几何学和比例的角度来看待古代的和哥特式建筑的和谐规则的。

有特殊意义的作曲家

有些人反对在建筑、几何和比例的和谐规则的基础上，对音乐展开探索和学术研究，也许，这种否定态度也同样会带来损害。音乐家和其他富有创造力的艺术家一样，可能不太愿意谈论自己的作品，但是，学者和学生必须努力研究和分析它。西贝柳斯和贝拉·巴尔托克（Béla

Bartók）都因为他们的沉默，而带有一些传奇色彩；尽管贝拉·巴尔托克是一位善解人意、宽宏大量、充满爱心的老师，但在需要阐释他自己的作品时，他却选择了始终保持"沉默"。

我们把目光集中在巴尔托克身上，因为在众多音乐家当中，学者们发现，正是他创作的乐曲，表现了音乐与建筑之间特殊的亲密关系。在他流传至今的作品当中，人们看到了他把关于创作和包容性的永恒和暂时性的原则结合起来的精湛技巧。尔诺·兰德尔（Erno Lendvai）是潜心研究作曲家的大师之一，他发现巴尔托克的作品，把古希腊建筑法则（如黄金分割和毕达哥拉斯正五边形），以及从西欧思想中（对直线和圆的使用）提炼出来的声学和谐的原则，融合在了一起。巴尔托克在整个乐章的结构和各个微小结构中，都使用了黄金分割。而且，这些音乐上的黄金分割（不同音阶的时间—空间间隔）的旋律步调，都遵从了毕达哥拉斯的正五边形法则，"……最古老的人类发声系统，可以被看作是黄金分割原则最纯粹的音乐概念。"

然而，如果人们把巴尔托克作品里的各个乐章想象成为独立的建筑，这些建筑遵守着前面提到的那些法则，那么，他的全部作品就可以被看成是具有自己的整体理念、自己的空间间隔和节点（广场、街道和开放空间）的城市设计。从这个意义上说，即在整体的连接和各个重要部分（如开头或者结尾）之间的连接方面，作曲家接受了他同时代人们的态度，即兰德尔所谓的"欧洲思想的广阔视野"。

要理解兰德尔对声学系统以及对巴尔托克所追随的西方和谐思想所作出的特殊的解释，就必须具备音乐方面的知识。但人们发现，巴尔托克的音乐创作在两极分化的基础上，达到了某种二元论，强调这一点，则并不需要音乐知识。从这个意义上讲，他已经获得了一种复杂而又矛盾的元素，但是，这种元素存在于简单构思（和组织）之整体的整个结构当中，而这个整体的各个部分，则有赖于那些可以创造和谐和美学魅力的各种方法，这些方法早已确立，并且屡试不爽。因此，人们可以从各个角度，以各种音阶的升降序列，来阐释巴尔托克的交响乐，就像罗伯特·文丘里提倡的建筑所寻求的那样。虽然人们可以认为兰德尔对于巴尔托克作品的分析是科学的，但是，如果作曲家的学生有意识和小心翼翼地以其他研究方式，来体会这些作品的主旨、内容、情感和感觉，他们的收获将会更为丰富，因为巴尔托克的大多数作品，都源于他个人对世界的感知，他对自由、对祖国和对人性的热爱，以及对他所研究和努力了解的音乐家的热爱。

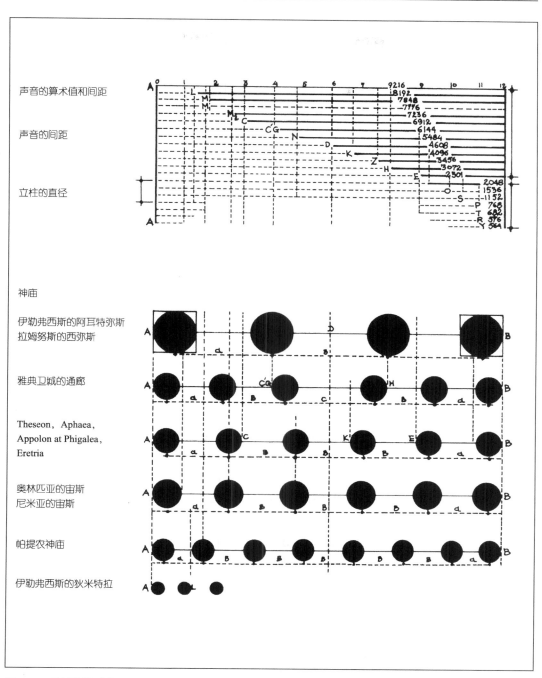

图13-5　乔治亚季斯建筑规则，把音乐节奏与建筑联系起来。神庙的基础（下图）与音乐的规则（上图）被等同视之，这些规则控制着立柱的布局、直径，以及它们之间的间距；通过这种方式，它们之间的关系以及它们与整体建筑的关系，就被类比成音乐的和谐（摘自3° Mati，1937年）

巴尔托克的作品中，最杰出的是舞蹈组曲，这部作品就是人们所熟知的《东欧交响乐》(Eastern European Symphony)。它是为庆祝小镇布达和佩斯(Buda and Pest，即匈牙利首都布达佩斯的前身，由布达和佩斯两个小镇组成——译者注)建成50周年而创作的，伟大国际大都市的诞生，要求它与周围的世界和谐共处。国家和民族的音乐主题，被融合和转化到这个连贯的、完整的作品当中，表达了作曲家渴望开放、理解、宽容和和平共处的思想。他用自己严格的创作标准对它们加以筛选。但是，能够代表作品整体、代表作曲家荣誉的，是整个作品蕴含的感情和传达的观念，而不是形式上的机械技巧、规则和结构。人们不需要成为音乐家或者建筑师，就可以体会到贝拉·巴尔托克在多个层面上表露出来的丰富情感。但是，人们必须善于集中注意力，热衷于观察，并且勤于思考，只有这样，才能享受到美学的快乐。

音乐-建筑之间的类比

下文引自莱诺·萨尔特(Lionel Salter)的散文，虽然他运用了音乐的语言，但却最好地表现了巴尔托克的感情、策略和包容主义准则。人们应该在倾听和思索作曲家的舞蹈组曲之前、之中和之后，都阅读一下这段文字。萨尔特写道：

> ……第一部分，充满了节奏变化，首先以巴松管演奏出大部分派生于内向的东方韵味的主旋律(最早的类似在神奇的满清鼎盛的赋格曲主题)，接下来是间奏，轻柔的牧歌从低沉的小提琴和单簧管中流淌出来。变化的音调和加快的节奏预示着令人激动、具有多个强音的第二部分到来了：乐曲的节奏非常不规律，但是，旋律受到小三度的控制(小三度在滑动的长号上出现，让人联想到芭蕾)。一段尖锐的滑奏把听众带回了间奏(这一次从单簧管开始)，然后是巴松管带来的一段欢快活泼的、带有两个副主题的回旋曲：这是一段辉煌的乐章，使用的乐器异彩纷呈，暗示了风笛低回的诉说。突然，乐声戛然而止，(没有间奏)乐曲的意境幻化成带有浓郁阿拉伯风情的神秘夜晚，木管乐器奏出婉转的同音旋律，与低沉的琴弦上起伏的和弦相互交替，时而高亢激昂，时而舒缓悠扬。一段简洁的小提琴间奏之后，是精炼的第五部分，这把整首乐曲带向结尾，除第四部分以外，来自前面所有部分的、充满活力的主题，都在这个进程中反复出现，随着又一次响起的间奏，整个作品欢天喜地地结束了。

读着这样的文章段落，聆听着如上面所描述的音乐作品，汲取着结构、概念、感觉和组织上的精髓，并且在这些原则的基础上，试着设计建筑或者规划城市，那将是一次回报非常丰厚，且又特别富有创造力的实践活动。

约翰·威廉姆斯（John Williams）写道："在每个时代，作曲家们都会使用最新近的乐器和演奏技巧。想想在单簧管和玻璃键琴上独占鳌头的莫扎特吧。"罗伯特·穆格（Robert Moog）在1982年介绍自己的一张数码唱片（一张恰巧叫做《建筑中的天使》的作品集）时，这样描述他的作品："……当我们听到这些新的音乐时，我们必须停下来，思考一下。"考虑到1980年代晚期作曲家们所关心的内容，当通过音乐进行创造被应用到20世纪晚期的文明、观念、材料、技术和潜力这些层面上的时候，我们不得不赞扬贝拉·巴尔托克的价值，并且认识到他在通过音乐进行创造的领域中扮演的重要角色。如果人们把他看作是通向我们20世纪音乐的"大门"，那么，这个时代里那些运用电子音乐技术的作曲家们，就可以被优雅地称为我们这个音乐殿堂里的"窗户"，朝向不同的方向，带来了不同的微风和美学上的快乐。

他们都是最敏感，同时也是严格遵守规则的人。他们是20世纪晚期的创造者中，最早一批具备了"诗情"和"情绪人文主义"，同时又没有否定计算机和电子技术的潜力和实用性的人。这些人在近乎纯粹建筑学的意义上谈论"景观"、"空间"和"材料"。布兰·伊诺（Brian Eno）尝试过合成的音响设备，认真地学习它，使用它，但是仍然放弃了它，理由是："它的用途有限……它的声音倾向于一种图表结构性而非有机组织性。"伊诺和其他人一样，从机器的束缚中寻找自由，他们寻找人性的表现方式，而不是图表结构式的种种可能性。和巴尔托克、西贝柳斯不同，伊诺非常善于和乐意表达。他公开了自己的创作历程，并且向我们展示了他从合成音响设备的"图表结构"的束缚，"过渡到锁链、棍棒和石头这样的非乐器组件"的过程。

在日本作曲家喜多郎（Kitaro）的作品《永恒的春天》（《丝绸之路II》）的结尾部分，我们可以最好地体会到布兰·伊诺所寻找的"完全可塑、可延展材料"的音质。当弗兰克·劳埃德·赖特设计考夫曼住宅的时候，晶莹剔透的溪水冲刷鹅卵石发出的水晶般的声响，明媚的阳光透过茂密的森林投射进溪水中的美景，一定久久地萦回在他的脑海当中。"从空中鸟瞰，森林是神秘莫测而又妙趣横生的地方。在这里，就连一棵树也不简单。一片树叶，甚至一个分子，也会产生无穷的魅力。这就是音乐应该达到的境界。"伊诺的这番论断，与勒·柯布西耶的建筑概念有着惊人的相似，后者认为，设计门把手和设计整个城镇的难度（和重要性）不相上下。

把音乐直接融入建筑

相对而言，最先让音乐家大开眼界，并且带领他们在他们从未涉足过的20世纪晚期的森林中寻找"树叶"的人，大众对他们一直都知之甚少，但他们是各自路上的苦行者和先驱。其中首屈一指的是风琴手兼作曲家奥利弗·梅西安（Olivier Messiaen），他是勒·柯布西耶欣赏和崇敬的音乐家。后来，扬尼斯·克塞纳基斯成为他的学生，这位学生在勒·柯布西耶的办公室工作时，全面主持了勒·柯布西耶的好几个设计，他用自己的音乐知识和个人的符号体系（形式化的音乐）推动了20世纪建筑的发展。在与勒·柯布西耶共事的日子里，他向人们证明了自己对数字、几何、比例的驾驭能力，并且帮助勒·柯布西耶在他的好几个设计中引入了高度的节奏秩序。杨尼斯·克塞纳基斯和另一位希腊建筑师斯塔莫斯·帕帕扎基斯（Stamos Papadakis）一起，共同承担了勒·柯布西耶的《模度》（这是关于比例的一系列模数）一书的大部分计算工作。因为与他自己声称的相反，勒·柯布西耶"对数学没有概念"，并且，正如乔治·坎迪利斯（George Candilis）曾经向我证实的那样，勒·柯布西耶指派克塞纳基斯和帕帕扎基斯——那时，他们都在勒·柯布西耶的办公室工作，并且利用他们在雅典建筑学校进行研究的机会，学习了数学和几何——"按照这些设计图提交一些东西"。他们都这样做了。

克塞纳基斯在一篇散文中，曾经向世人披露了勒·柯布西耶设计拉土雷特修道院的故事，这个设计主要是由克塞纳基斯负责。这篇关于建筑的散文，也许最能让人们瞥见勒·柯布西耶在创造、合作和创新方面的天赋和开放的思想。在传记中，克塞纳基斯也描述了他与柯布西耶之间因为究竟谁是飞利浦展厅（Philips Pavilion）的作者而存在的紧张关系，音乐家为设计这个特殊的建筑创作了一系列音乐作品，这座建筑也完全是音乐家根据几何学基础和他音乐作品中的一个乐谱设计的。即使克塞纳基斯没有告诉我们这些，也许任何一位对当代音乐的演变一丝不苟的学者，也都能够循着拉土雷特修道院各个部分的节奏连接，找到它的源头。特别是它的三个立面，都带有四个黄金分割的元素a、b、c、d，还有它们在"移位变化"（Metastasis，也可以称作新陈代谢——译者注），同名的乐曲是克塞纳基斯早期的音乐作品之一中的二十四个排列。勒·柯布西耶因为接受了青年音乐家的建议（实际上，柯布西耶在《模数系统2》一书1955年版本中发表了音乐家的《移位变化》的第一乐章以示崇敬）而成为第一个肯定不同艺术具体紧密合作关系的人，这里指的是音乐和建筑的合作。不久以后，克塞纳基斯放弃了建筑，全身心地投入到音乐创作中，并且成为电子音乐的倡导者。法国给了他很高的礼遇，在蒙特利尔博览会上，法国的官方展厅（National Pavilion）就是以他的名字命名，这座建筑的形式，是他的电子音乐几乎完美无暇的演绎。

另外还有好几位音乐家都是通过建筑步入了音乐的殿堂。在美国，最为人熟知的例子是保罗·西蒙（Paul Simon，他属于西蒙和加芬克尔事务所）。然而，相反的趋势，即由音乐家转变成建筑师，或者仅因音乐而对建筑产生兴趣的潮流，却没有这么明显。丹尼尔·里伯斯金是个例外，他通过音乐叩开了建筑之门，随后又学习了数学和绘画。从互利的跨领域交流这个角度来说，1960年代和1970年代是一个停滞不前的年代。而且，建筑文献还没有为建筑诗学这样一个开拓性的实验努力做好准备，在这个主题上，建筑文献是个人和特殊群体之间就其所关注的内容进行交流的困难渠道。

近来的尝试：从音乐出发，以此为基础组织设计课程

在经历了近二十年的沉寂之后，近来，拉多斯拉夫·兆古（Radoslav Zuk）在《建筑教育杂志》上发表了一篇相关的文章（此前，这个领域的

图13-6 在一段乐谱的基础上建造的拉土雷特修道院的南立面，扬尼斯·克塞纳基斯设计；建筑师，勒·柯布西耶

最后一批重要著作，是由捷尔吉·凯派什在1966年编辑后出版的总结）。这是一篇基础性的介绍文章，文章不得不把这个主题，按照已经被人们遗忘了的方式来处理，但是却写得激动人心、构思巧妙。兆古用外行的语言，指出了音乐和建筑所具有的一系列共同点。这篇文章即使没有其他贡献，但它至少吸引了学生和老师的注意，扣动了这些伴着甲壳虫、鲍勃·迪伦、爵士和摇滚音乐长大的人们的创作心弦。他没有用学生设计作为证据，来展示他所提倡的设计渠道的实际应用和潜力。

　　这个任务留给了那些倾向于实验操作，而且熟悉并通晓音乐的设计教师，这样的设计教师为数不多。来自明尼苏达大学的苏珊·厄布洛德（Susan Ubbelohde）和来自位于丹佛的科罗拉多大学的本内特·尼曼（Bennett Neiman）是1980年代的先驱，他们在完成建筑设计构想时，把音乐作为永恒的参照。

　　在教学中，厄布洛德用两种方式来运用建筑与音乐的关系。她把第一种描述为相对直接的方式，在这种方式下，她通过历时一小时的配有音乐唱片的幻灯片讲座，来讨论房间的声学效果与同一个房间的视觉体验之间的关系。这项努力以一种深刻的方式，探讨了房间声学效果的经验本质，这也许是一种能够带来灵感的方法，通过这种方法，学生不仅可以了解获得声学效果的困难性，而且可以激发他们遵守在设计工作室中应该遵守的规则。

　　厄布洛德借助一个名为"声音机器"的工作室研究计划，拓宽了自己尝试的范围。学生在选择某个历史时期之前，先通过配有音乐唱片的幻灯片讲座来了解这个项目——音乐的曲目经过精心挑选，囊括了音乐的整个进化史，从古希腊音乐一直到华雷斯的Poemme电子技术（在1958年的布鲁塞尔世界博览会上，这种技术曾在勒·柯布西耶和克塞纳基斯设计的飞利浦展厅中演出）。选择了某个历史时期以后，他们被要求去考察这个时期的音乐和建筑上的文献，其目的是为了明确这个时期的规则和标准。学生们用图表总结出他们找到的标准，在规划设计阶段，评分的标准以安娜和劳伦斯·哈普林的舞蹈编排概念等例子为基础。研究计划的最后一道程序是"在实践中练习设计"，这个阶段要求学生实施和建造他们提交的方案。"整个学校都在瞩目这个过程，学生们设计出大约500个'声音机器'，在等候评审团的最终审查。"（引自厄布洛德寄给笔者的信件和课程提纲）

　　厄布洛德发现，学生们在团队协作和实践操作方面收获和学到的东西，比在艺术天性方面收获和学到的东西多很多。然而，人们可能会推测，这样的练习和经历，将对极少数人产生重大影响，这些人可能会看到音乐在设计活动中发挥作用的无限巨大的潜力。正是在早期入门练习和介绍性讲座阶段，学生第一次听说，建筑的理念和特征，与音乐具有很大的相似性。

本内特·尼曼超越了这些目标，他把建筑对音乐的参考，与计算机的规则和能力结合起来。尼曼从他所喜爱的爵士音乐家的乐谱入手。他鼓励自己的学生去倾听音乐演奏，目的在于分析并且用图表描述乐曲的结构和节奏序列。接下来，他要求学生们表演与他们分析的爵士乐曲的结构和节奏相类似的"空间即兴创作"和"即兴空间运动"。这些即兴创作当时都用计算机记录了下来，同时，计算机程序允许尝试多种变化的发展。设计者的思想和诗学的潜质将作出最后的选择，确定哪个即兴创作可以转化为自己渴望的建筑。通过对爵士乐的参考，学生们了解了纪律的概念和习惯（因为爵士乐的整体结构是高度结构化和严谨的），同时，宽容和即兴创作的态度（这也是爵士乐的特点），为创作独具特色的作品留下了开放的自由空间。在相互接受的结构化整体中，把爵士乐作为通向建筑的起点，对于最终的"民主"建筑——在其中，人人都在演奏自己的乐器和乐曲——堪称是最理想的音乐模型。

迈向音乐—建筑包容性的模型

唐·费多克（Don Fedorko）是我的建筑系学生之一，他发展了一套最直接的音乐-建筑工作理论，并且在他自己的设计中，一直把音乐当作灵感的源泉和综合的向导。在最初几年的研究中，他从一位老师的评论中获得启发；这位老师提出，建筑像音乐一样，也有"节奏"。费多克是一位年轻的音乐家、曲作家和歌手，同时也是一个非常独立的建筑系学生，他把自己的业余时间都用来发展一种关于音乐和建筑之间关系的理论，对于实际的设计应用来说，这个理论是到目前为止最成熟、最有希望的理论。即使不从包容主义的角度来考察，他的学生设计也是对"把建筑当作音乐"的前景和责任最好的证明。费多克认为，"你可以从许多源泉获得想法"，他鼓励他的同事眼观六路，耳听八方："你可以从很小的事件中获得灵感，而不是当你强求灵感……抓住日常象征符号并竭力利用它。"

年轻的作曲家-建筑师向同事们阐释他所做的尝试和努力，并为此感到快乐。他们中的一些人，还是第一次在享受音乐的时候，真正理解了音乐。音乐作为一种教学工具，具有非凡的力量，因为，如果人们选择了已经对特定听众有了普遍情感吸引力的音乐作品，那么，这些观众就会理解、关注并且接纳对作品的神秘性进行的分析性评论。和寻找一座可以引起共鸣的建筑相比，人们可以更轻松地找到一段学生们听过，或者对学生具有广泛吸引力的音乐。

也许，我从学生那里学到的印象最深刻的一课，是一个学生如此雄伟的抱负，以至于如果他获得了客户的委托，他将

> 为客户写一首歌
> 然后
> 从歌曲的音乐中
> 为他设计的房屋
> 提炼形式和空间品质。

在界定作为包容性行为的建筑创造力和设计时，人们也许找不到比前面的表述更具包容性的定义，抒情诗鲜活的生命力将从音乐中流淌出来，最终凝固成为永恒的建筑。

"没有音乐的些许帮助，圣灵就不会降临到你的身上。"比利·金博士（Dr. Billy King）试图这样揭示福音音乐的重要意义和普世力量，也许，这句话也同样适用于建筑：音乐可以帮助圣灵再次降临。

交响乐的概念和建筑的尺度

然而，因为1990年代的建筑师需要处理比以往更为复杂的事务，所以，"圣灵"也将扮演更为复杂的角色。建筑物变得越来越庞大、越来越复杂，无论从物质的角度还是从社会的角度（这一角度更为重要）来说，其复杂程度都在呈几何级数增长。关于个性、自由和社会多样性状态的思考，为音乐—建筑之间的关系增加了新的维度。今天，我们在运用建筑与音乐的类比时，陷入了进退两难的境地。问题总是以这样的方式提出来：你不可能同时欣赏两首乐曲。其结论也就显而易见了，因为，你可以同时欣赏两座建筑。这两座建筑可能有天壤之别，但是却相得益彰。还有可能的是，这两个建筑对彼此毫无帮助，甚至其中的一个还与另外的一个"针锋相对"。但是最终，它们可能仍然会相安无事，对彼此不置可否，同时，它们还需要考虑一些音乐不可能关注的其他问题，例如更广泛的整体、风格或者传统（也许还有客户或建筑师的神秘冲动和期望）。

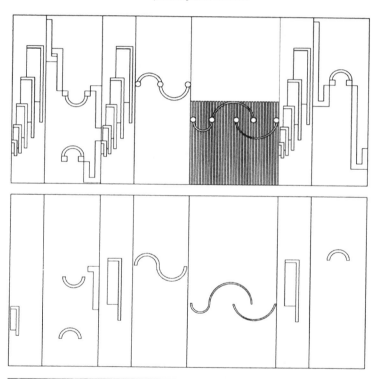

jazz arrangement, fifth chorus

图13-7　由音乐（爵士乐）和计算机激发灵感设计的建筑。引自本内特·尼曼设计工作室的特里·肯普的设计，丹佛的科罗拉多大学（本内特·尼曼供稿）

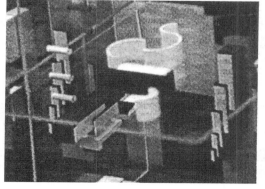

　　人们可以在匆匆一瞥中，从视觉上感受到上面提到的种种可能性。但在听觉的范畴，这些情形全都没有发生的可能；两位作曲家的作品必须单独去欣赏（和考虑），而两位（或更多位）建筑师的作品却可以同时欣赏。从这个意义上，我们可以看到音乐与建筑之间的根本差别。人们不可能谈论同时演奏的乐曲，并且得出有意义的结论。建筑可以允许人们同时感知（或者视觉体验）一件以上的作品，因此，人们也许会认为建筑更具有动态性。对于同时演奏的多首乐曲，人们可能谈都不会

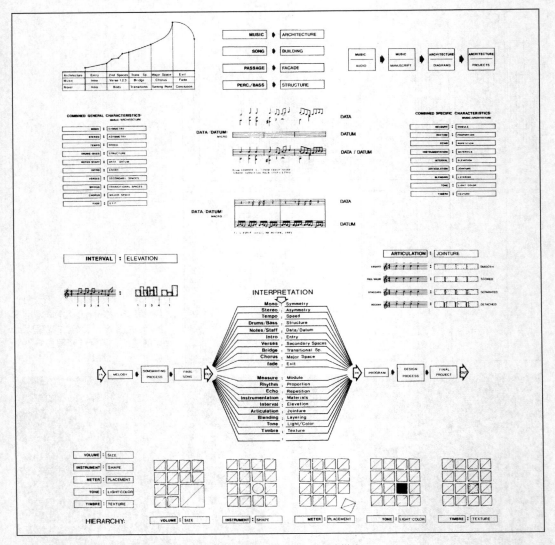

图 13-8　唐·费多克眼中的建筑与音乐之间的概念关系（图表由唐·费多克供稿）

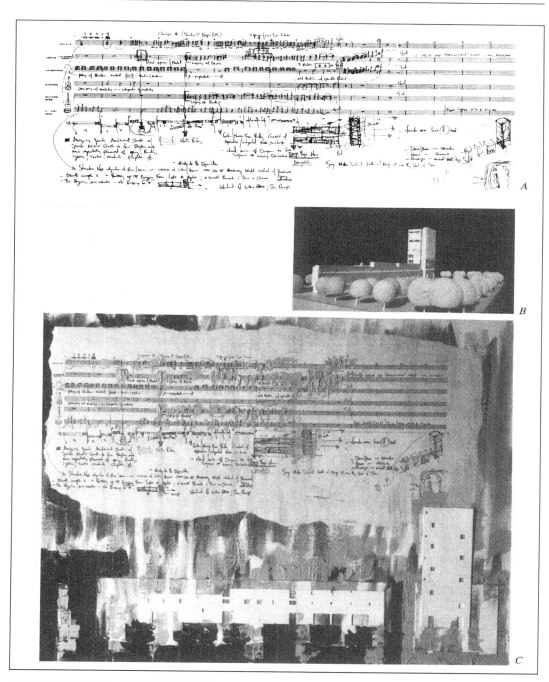

图13-9 在创造过程中，借助绘画作为表达概念的一种方式，以此来整合乐谱和建筑。A.乐谱；
B.最终的建筑模型；C.概念草图。唐·费多克的设计方案，灵感来自芝加哥乐队的唱片《芝加哥
18》中的《尼亚加拉瀑布》一曲（绘画和照片由唐·费多克供稿）

谈，更不用说讨论它们具有什么意义。对于建筑来说，这是一个特别的优点，抑或只不过是它面临的困境之一？建筑师们，特别是多元社会中彼此素不相识的建筑师们，应该把独立的建筑看作是一首首单独的乐曲呢，还是应该更加敏感地去保持整体的绝对和谐？或者他们应该把自己的设计看成是交响乐团中不同的乐器，它们独立演奏各自的乐谱，但它们水乳交融，共同演奏出一首美妙的交响乐？

这个问题让我们意识到，把建筑等同于音乐，并且在两者之间寻找相似性的所有努力，都是尺度衡量的功能之一。在城市设计中，人们可以把每一座建筑都设想为由特定乐器演奏的音乐，但是，人们也可以就建筑本身来审视建筑，并把它等同于一段悦耳的音乐，单独演奏、单独欣赏、单独品评。音乐具有一种不可言传的魅力，这种魅力在岁月里慢慢滋长，是多种因素共同作用的结果，这些因素有的显而易见，另一些则令人费解。最为重要的是，听众应当超脱耳朵的听觉、乐曲招致的和谐、连贯的节奏和优美的音质所带来的愉悦，而试着学习用其他的方式来欣赏音乐。

前面提到了这样一种困境：你不能同时欣赏两首乐曲，你却可以同时感受两件（或更多的）建筑作品。但是，如果我们从更广阔的尺度来类比音乐和建筑，并以此来讨论上述可能的困境，则要容易一些，虽然开始时会比较复杂一点。我们从交响乐出发，在这里，我们把它类比成城市设计。如果建筑师把城市设计活动视作由建筑演奏的交响乐，其中每一个设计都对应着与特定的乐器相同的功能，那么，我们就可以看到需要为建筑而吸取的教训。因为，如果建筑被认为是交响乐演奏的一部分，那么它就必须遵守整体的调式。一首交响乐本身就是和谐一致的——这种和谐一致的目的，是为人们带来快慰。所以，交响乐是不同的乐器演奏的声音组成的集合，这些乐音相辅相成，协调一致。

我坚信，人们只有用交响乐这个概念，才能从音乐—建筑的类比中有所收获。人们应该研究、思考，也许还应该时而尝试毕达哥拉斯、柏拉图、亚里士多德以及文艺复兴时期对交响乐这个概念的理解，但是，在这样做的时候，我们心中应当时时怀想着当今的价值观念，以及当今世界的复杂性。20世纪晚期的建筑"交响乐"必须包括无数的"乐器"。它的节奏必须具有多样性。它的节奏应该在更广泛的范围内进行评价，它的乐谱应该留有个性表演和即兴发挥的余地。这完全是一个规模尺度和数量的问题。这就是人们之所以在运用音乐—建筑渠道进行创造时，应该像重视历史和主题的演化那样重视基础，而不是毫无准备地一头扎进当前的时尚和毫无瓜葛的潮流当中的缘故。

各种艺术门类之间的互利影响贯穿于整个历史当中。今天，许多人听到雅典卫城包括建筑设计、施工过程和艺术表现在内的所有工作，都是由职业雕塑家斐迪阿斯（Phedias）一个人负责的时候，感到非常惊讶。斐迪阿斯住在伯里克利家里的时候，每天都和他们共同的朋友、哲学家阿那萨哥拉斯一起讨论艺术和建筑。将来，如果我们提出，20世纪建筑领域的几乎所有进步，大都应当归功于一些艺术家（蒙德里安、毕加索、奥尔登堡和德·基里科）对建筑所施加的影响，这时，我们可能同样会感到惊讶无比。建筑师并不应当为此而恼怒。他们需要艺术家，他们需要其他艺术，以便成为更加优秀的建筑师。

小结

与其他艺术家和富有创造力的人们结盟，让他们参与建筑实践，甚至与他们建立某种工作关系，这些做法都应该成为建筑师提高自身创造力的策略当中的一部分。那些举足轻重的建筑师已经这样做了，并且取得了丰厚的回报。本章指出，精心安排的社交过程，可以作为进一步加强跨领域交流的途径之一。本章特别讨论了舞蹈和音乐艺术与建筑之间特殊的亲缘关系。舞蹈可以提高建筑师对文化差异的鉴赏水平，澄清对古典和现代概念的理解。我们讨论了那些对音乐和建筑之间的跨领域交流关系作出最初贡献的人，以此来结束我们的探讨。我们罗列了在这个方面卓有贡献的理论家、建筑师和音乐家，最后的结论是，建议在设计中采用包容主义的方法，来处理建筑和音乐之间的关系。

参考书目

Alberti, Leone Battista. *Ten Books on Architecture*. London: Alex Tiranti Publishers, 1965. Book L, Chapter IX, p. 14.

Christ-Janer, Albert. *Eliel Saarinen*. Chicago: University of Chicago Press, 1948.

Eno, Brian. Statements in "Angels in the Architecture." Compact disc, E.G. Records, Ltd., 1987.

Georgiades, Athanasios Georgeas. "E Armonia en te Architektonike: mousike-poesis-Architektonike armonia" (Harmony in architecture: Music-poetry-architecture). *3° Mati*, 7–12, Athens, 1937, p. 197.

Ghyka, Matila. *Le Nombre D'or* (Vol. I); *Les Rhymes* (Vol. II). Paris: Gallimard, 1931.

Graves, Michael. *Le Corbusier: Selected Drawings*. New York: 1981.

Halprin, Anna. "Rituals of Space." *Journal of Architectural Education*, 39, 1 (September 1975).

Hanslik, Eduard. "The Beautiful in Music." In Kennick, 1964.

Kennick, W. E. *Art and Philosophy: Readings in Aesthetics*. New York: St. Martin's Press, 1964.

Kepes, Gyorgy. *Structure in Art and Science*. New York: Braziller, 1965.

Kepes, Gyorgy. *Language of Vision*. Chicago: Paul Theobald, 1969.

Kiesler, Frederick. *Inside the Endless House: Art People and Architecture: A Journal*. New York: Simon and Schuster, 1964.

Le Corbusier. *New World of Space*. Boston: Institute of Contemporary Art; and New York: Reynal and Hitchcock, 1948, p. 14.

Lendvai, Erno. "Duality and Synthesis in the Music of Bela Bartok." In Gyorgy Kepes, *Module, Proportion, Symmetry, Rhythm*. New York: Braziller, 1966, p. 181.

Libeskind, Daniel. "Deus ex Machina/Machina ex Deo: Aldo Rossi's Theater of the World." In *Oppositions #21*. Cambridge, MA: MIT Press, Summer 1981.

"Maker of Myths and Machines: An interview with Emilio Ambasz." *Crit*, Spring 1982, pp. 22–24.

Matossian, Nouritsa. *Xenakis*. London: Kahn and Averill; New York: Taplinger, 1986.

Neiman, Bennett. "Architectural Parallels: The Jazz Studio." ACSA Regional Conference, UT/Arlington, Texas, October 15, 1988.

Pikionis, Dimitrios. "Laika Pechnidia" (Folk toys). *3° Mati* 1, Athens, October 1935.

———. "Idcogrammata tis oraseos" (Ideograms of vision). *3° Mati* 2, 1935.

Rasmussen-Steen, Eiler. *Experiencing Architecture*. Cambridge, MA: MIT Press, 1974.

Rowe, Colin, and Slutzky, Robert. "Transparency: Literal and Phenomenal." In Rowe Colin, *The Mathematics of the Ideal Villa and Other Essays*. Cambridge, MA: MIT Press, 1976.

Sachs, Curt. "O ieros choros" (The holy dance). *3° Mati*, 7–12, Athens, 1937, pp. 259–263.

Salter, Lionel. Text accompanying digital recording of Béla Bartók's *Dance Suite*, Sir Georg Solti, conductor.

Schildt, Göran. *Alvar Aalto as Artist*. Mairea Foundation, Villa Mairea, 1982.

————. *Alvar Aalto: The Decisive Years*. New York: Rizzoli, 1986.

Tigerman, Stanley. "California: A Pregnant Architecture." Exhibit catalog essay, La Jolla Museum of Art, 1983, p. 27.

Turner, Paul V. *The Education of Le Corbusier*. New York: Garland, 1977, p. 137.

Tzonis, Alexander, and Lefaivre, Liane. *Classical Architecture: The Poetics of Order*. Cambridge, MA: MIT Press, 1986, pp. 118, 119, 120.

Van Bruggen, Coosje. "Waiting for Dr. Coltello." *ARTFORUM International*, September 1984, p. 88.

Varèse, Louise. *Varèse: A Looking-glass Diary*. Vol. 1, 1883–1928. New York: Norton, 1972, pp. 53, 55, 98, 110, 228.

Vasari, Giorgio. *Vasari's Lives of the Painters, Sculptors, and Architects*, ed. Edmund Fuller. New York: Dell, 1963.

Wingler, Hans Maria. *The Bauhaus*. Cambridge, MA: MIT Press, 1969.

Wittkower, Rudolf. *Architectural Principles in the Age of Humanism*. London: Alec Tiranti, 1952, pp. 115, 135.

Wright, Frank Lloyd. *An Autobiography*. New York: Duell, Sloan and Pearce, May 1958.

Xenakis, Iannis. "The Monastery of La Tourette." In *Le Corbusier: La Tourette and Other Projects, 1955–1957*. Alexander Tzonis, general editor. New York: Garland; Paris: Fondation Le Corbusier, 1984. Pp. ix–xxviii, xii.

Zuk, Radoslav. "A Music Lesson." *Journal of Architectural Education*, 36, 3 (Spring 1983), pp. 2–6.

第十四章　建筑传记：
全包容创造力的手段

　　卓有成就的加利福尼亚建筑师韦尔顿·贝克特（Welton Becket）的第一个作品，是为西雅图的客户，一个"拥有太多特权的丹麦大人物"设计的狗窝。这个客户显然非常满意，随后他委托贝克特为自己设计一幢与狗窝同一风格的新房子，"早期瑞典风格，加现代主义的、横梁裸露的顶棚"。在大萧条时期，韦尔顿·贝克特也重新装修过位于洛杉矶的一个普通的自助餐厅。他得到的报酬是，在一段时期内免费用餐。早期遇到的困难被逐一克服了，贝克特后来成为美国最成功和最富有的建筑师之一。

　　研究那些重量级建筑师的传记，是获得建筑创造力的积极途径。传记不必是枯燥乏味的学术报告。虽然其中一定会谈到真实性（因此多少带有点学术味儿），但是，传记超出任何别的"关于人的"和"个人的"东西，它以富于人情味的而不是冷漠的方式去描述人。建筑师的传记与其他人的传记不一样，是以前那些"身为建筑师的人"给我们做出的榜样。如果学生代表现在，是通向未来的起点，那么传记就代表过去。它让我们强烈地意识到，一个人在所处的历史背景（个人只是这个背景下的一个分子）下的人格底蕴。建筑师这种职业的起源，可以追溯到远古时代，这样的职业为数不多，而且他们大量的传世之作，推动了文明的发展，坚实牢固，经久不衰。研究建筑领域的传记，可以提供范例供人模仿。它可以提出关于这个职业的疑问；它可以为未来的职业策略和生活上的成功提供方法。另一方面，它可以指出人们需要逾越的障碍。

　　活着就要创造。如果一个人做到了在身体健康时一直保持创造力，那么他就是成功的人。研究传记让我们反复看到前辈建筑师们在精深的原则、全身心投入和勤奋工作等方面的相似之处。这样的研究如果对新生代的创作热情没有积极的影响，这简直不可思议。自传也对获得工程项目的最重要方面提出了建议，在学校里完全不会讨论这个话题，但它对于任何职业创作都至关重要。一个专业人士如果在办公室里接不到项目，就没有机会去创造。

　　相对而言，全包容性的建筑传记算得上是建筑文献中的新成员。在我们所处的时代里，自传研究催生出一大批可以参考的著作。在传记中，建筑师的背景及所处的社会、文化环境，作为设计创造的前提和限制操作的文化、政府和政治动态，在建筑传记中都和介绍建筑作品本身一样不可或缺。这些传记比建筑师们的设计作品更有启发性，因为作品是他们的知识、教育和人格的产物。人格是上帝赋予的品质，它负责筛选并最终完成创作。清教徒认为不应该把艺术家及其人格，与艺术家及其作品混淆在一起，事实恰恰相反，艺术家是心理和思想的媒介，必须通过这种媒介，才能开始创造历程。正因为这样，艺术家从属于与自己作品之间的明确关系，忽略艺术家的人格就是忽略了创作过程的源泉。如果人们不关心上帝及其特征，就不会对自然展开丰富的想象。

在特定方案的设计过程中，对建筑传记的研究不会产生直接、具体的影响，但是，它可以对创造性人格、创造习惯以及个人原则的形成产生深远的影响。目前，各种各样的态度和倾向，都可以在书架上内容丰富、涉及面广的建筑传记中找到。在我看来，这其中最好的一些传记，记录的是贡纳·阿斯普隆德、汉斯·夏隆、康斯坦丁·默林可夫、韦尔顿·贝克特、昂立·索瓦热（Enri Sauvage）、勒·柯布西耶、弗兰克·劳埃德·赖特、密斯·凡·德·罗和阿尔瓦·阿尔托这些建筑师。也有许多建筑师的自传和个人陈述，记录了具体项目的设计和他们创作生涯的片段。在这些作品当中，我们必须提到路易斯·沙利文、勒·柯布西耶、弗兰克·劳埃德·赖特、乔治·坎迪利斯，还有哈桑·法赛和里卡多·博菲尔。许多书的内容都可以给读者带来启发。它们都是激动人心的作品，读后让人难以忘怀；但是同时，我们也必须警惕某些自我吹嘘的自传，或者第三者为主人公歌功颂德的传记，它们的借鉴意义不大。下面我们会看到，如果传记缺少其他某些基本要素，例如没有实事求是地刻画主人公的形象，对主人公的论点没有展开深入的论证等等，那么传记的启发性内容不仅不能发挥指导作用，而且还会产生负面影响。

希尔特树立的典范：阿尔托的传记

除非批评家收集到所有的资料，包括仔细审阅建筑分析家最近所作的报告，否则，权威的建筑史和建筑评论著作可能永远都无法问世。在这方面，没有哪一位评论家或者历史学家像阿尔托的传记作者戈兰·希尔特这样幸运，他可以私下里获得这些信息。希尔特接触到了建筑师的全部档案，他的信件、著作、草图和绘画，以及与阿尔托保持联系的一位心理分析家的一些信件。这些资料允许他深入敏感区域，就塑造阿尔托的人格以及造就这位建筑师的因素和动态力量发表自己的观点，并提出假设和建议。

在这部长达三卷的传记里，希尔特没有矫揉造作的词汇；他也没有掉进陷阱，成为偶像的牺牲品；他总是在适当的时机诚恳、坦率地指出主人公的不足，纠正别人的错误印象——也许，阿尔托偶尔会用计策误导那些他认为可以轻易俘获的人，让他们成为牺牲品。在希尔特的文字和证据面前，阿尔托从来都不是一个品学兼优的学生，他从未获得过奖学金，也不是那个时代传统意义上的好匠人。他早年只不过是一个相当焦虑不安的"乡村男孩"，他整个一生都在传播反复无常、前后矛盾的信息，甚至在谈论关于自己生活的信息时，也是这样。所有这些都会让学生或者任何一个与家长和许多老师打过交道的人大吃一惊，因为这些家长和老师的普遍态度是，只有高分和一夜成"名"，才能带来最后的成功。然而事实恰恰相反，人们需要一辈子的原则和创造性奋斗，才能取得这些成绩。

我们可以从传记中了解到，并非所有伟大的建筑师都是伟大的天才，都是在一夜之间取得成功。希尔特在考察主人公的生活时，一直坚持批判的方法。他用大量的证据证明了许多人都认同的一整套理论，即强调童年及后来的行为和偏见对人类的重要影响。现在我们确信，塑造和造就阿尔瓦·阿尔托的每个环节都是正确的，具体而言，包括有爱心、有抱负、支持孩子的父母（阿尔托有一个支持他的父亲），以及处在变动社会中的家庭生活环境，这些因素都可能决定一个有创造力的青年未来的发展。另外，幼年的生活方式和学校教育，以及独一无二的自然环境，也都会有所帮助。如果正确利用国际、国内和地方环境，也能对人以后的发展产生决定性的影响。阿尔托积极参与那些影响自己国家的事务，并且参加了内战，这些经历让他在日后受用无穷。早年对体育、打猎、钓鱼、剧院和艺术的热爱，成为他后来钟情于建筑的好征兆。这种爱好可能受到家族成员的鼓励，如一位热爱体育和自然的父亲，以及一位热爱艺术的母亲，在阿尔托后来所从事的创造性活动的整个职业生涯当中，他们的支持和鼓励都是不可或缺的。

在阿尔托传记的第二卷，希尔特勾勒出阿尔托多年来在事业发展和参与全球建筑设计的工作，对他创造性人格的塑造过程。建筑师的尝试是全方位和无止境的。设计、写作、展览、出国旅行以及参加研讨会，这些活动对阿尔托是决定性的，对其他人一定也是这样。传记也指出了建筑师挑选称职同事的诀窍，或者创建文化机构的能力（如建立了Projektio电影俱乐部），以及对公众教育的鼓励，因为从中可能产生未来的客户。在这方面，阿尔托也不遗余力，并且不断寻找意气相投的人（阿斯普隆德、马克利乌斯、格罗皮乌斯、拉斯罗·莫霍利·纳吉），汲取和吸收他们的优点。

希尔特对阿尔托进行客观剖析，根据的是对其健在的许多同事、朋友，以及以各种身份出现在其生命中的著名人物进行的采访。这些材料，是阿尔托人道主义精神的一份特殊的证据。阿尔托被他的助手尊为"领袖"，他表现出人性化建筑最基本的前提之一——仁慈、怜悯以及对待他人的优雅方式。为了进行创作，你必须让你周围的人也充满创造力，挖掘他们最好的表现，让他们对即将从事的工作充满热情，让他们感到这是自己的事业，这样，他们才能全身心地投入进去。阿尔托本来就是一个人，一个有血有肉有精神的人。在这方面，维奥拉·马克利乌斯（Viola Markelius）和迈雷·古利克森（Mairea Gullichsen）提供了最有说服力的证据。后者带来的信息，揭示了阿尔托对妇女的态度，他对她们的热爱和有所裨益的依赖，简单而原始。她说："……从她们——妈妈的内衣里——阿尔托为自己的花瓶和灯找到了灵感……"

第二卷是自传的职业部分。任何当真想要在建筑领域取得创造成就的人，都不应该错过这一部分。希尔特摒弃了人们对阿尔托的错误印象，谈论他在竞争中的失败，指出他在职业生涯中的"固执己见"和"自我宣传"因素，阿尔托受过别人的影响，继承和深入讨论过别人的思想，但他一生都没有向他们致谢。希尔特还讨论了他的"超敏感和不稳定的性格"，"无政府主义的想象"，"激进的态度"，以及暧昧的政治立场。虽然希尔特并没有受到最后一项内容的困扰——阿尔托在墨索里尼法西斯主义最猖獗的时刻，曾接受米兰"合作社"的邀请，去那里举办展览——反倒以阿尔托在他自己的职业范围之内，竭尽全力地服务于人道主义事业为名，并找到足够多的证据，来证明阿尔托不关心政治。但是，希尔特把不同文化、伦理道德或商业环境中阿尔托的行为和性格，留给我们自己去诠释或质疑。阿尔托的确做过一些事情：当他穿过边境去丹麦时，改用丹麦人的口音说话；在英格兰时，他的行为举止像个势利小人；在亚利桑那时，他打扮成一个牛仔，并且悬挂吊篮，理由是，"美国人喜欢耸人听闻的效果"。阿尔托反复无常的个人行为由此可见一斑。他的同事李斯贝斯·萨克斯（Lisbeth Sachs）把他天赋的秘密归结为"在极端之间来回跳转的能力"。

难道老练的左右逢源，再加上超强的调整适应能力，不是在建筑领域取得成功和有利地位的行为模式吗？这也许是这卷书中列举的教导之一。阿尔托也努力经营他的"社会化规划"。他寻找对手，他打入"内部圈子"，他尽可能从同事、艺术家、知识分子，甚至从打交道的客户那里汲取营养，把他们都纳入他职业奋斗的合作者名单当中。他总是心胸开阔，在取悦客户的同时，从不依附于任何一种风格。他努力工作，非常拼命！

　　这部传记的作者是一位文学评论家和哲学家，而不是一名建筑师，他对阿尔托的研究，让他一跃成为当时最优秀的建筑评论家。坦率地评点了阿尔托档案中许多著名的和许多相对不太出名的设计和研究之后，他独具匠心地以一篇非常私人化的散文力作收笔，浓缩了自己深切的感触。他的结论是，阿尔托成功地"把我们这个时代最尖锐的矛盾，转化成和谐的典范"；并且确信，阿尔托的目标与古希腊艺术家的目标如出一辙，在结尾他写道："当我站在赛于奈察洛市政厅、罗瓦涅米图书馆（Rovaniemi Library）和阿尔托的其他许多建筑前面时，感受到了与站在雅典的帕提农神庙前面时一样难以言表的喜悦。"这部不朽的传记，可能会成为未来传记研究的教科书，可能也是对"建筑诗学"最好的案例研究。

传记的有效性

　　参考希尔特所著的传记，进一步确证了我们的一个论点，即建筑传记的有效性，完全取决于传记作者能够建立的诚信度和材料的真实性。作者的分析能力、编辑不相关信息的能力，以及完全真实地披露主人公作为一个富有创造力的人、一个艺术家和一名专业人士的成长环境，这些都是优秀建筑传记的基本要素。我们寻找的是真相，而不是被诠释的诗歌创新，因为我们想让传记富有启发性。读者必须在产生形式的动力与形式本身之间，看到一幅清晰的因果关系图。如果促成一项委托、进行妥协或决定形式时，来自各方面的环境信息是错误的，或者更糟糕一点儿，是伪造的，那么传记就具有欺骗性。人们渴望知道建筑的动力应该是什么样子，而不是它们过去是什么样子。

　　人们会说谎，他们经常集体"掩盖"真相。在被问及乡土建筑时，他们偶尔会欺骗我们。没有人曾经揭露在建造乡土聚居地时曾经发生的（以及正在发生的）欺骗和剽窃，以及它们"独特生动"的形象诞生的原因。从这里挤一点儿土地，在那里推进一点儿，在邻居不在的时候，把他们的空地作为进入自家工地的通道。种树，浇水，希望邻居可以在国外驻留超过二十年，这样，就可以在法律上要求这块土地的所有权

（为此所需要的年限因地而异）。偶尔，人们会为了一平方米土地大打出手，甚至杀人。当然，这就是地中海一带的希腊群岛、意大利南部、西西里和其他地区的建筑"独特"和"不规则"的原因。

如果生活和成长在一个面目迥异的环境当中，你要如何去创造相似的条件，并且让那些放纵的意象登上大雅之堂？在这方面所做的一切，都将是一个谎言，是虚假的信息误导下挥之不去的谎言，虽然这些信息可能来自无辜的浪漫评论家、四处写生的旅游者或者历史学家。

建筑师常常单独骗人，他们在自己的生活和工作中是臭名昭著的说谎者，从不提到和感激自己思想的源泉，也从不坦然承认是借用了别人的想法（或者干脆就是剽窃）。这经常让他们周围的人感到伤心、压抑和不高兴。有些享有盛誉的建筑师在版权问题上不值得尊敬，仿佛他们每天都在创造世界。如果学术产权基本法在建筑创造者群体中间推行，那么，剽窃和缺乏信誉，就会让一半人的名字从广为流传的建筑著作中消失。保罗·特纳（Paul Turner）在他鲜为人知、但非常值得研究的著作《勒·柯布西耶的教育》（The Education of Le Corbusier）中，就明确举例，指出了柯布西耶在这方面的缺点。勒·柯布西耶曾经借口说过："阅读对他从来都不重要"，后来证明这不是真的。诺里察·马托西安（Nouritza Matossian）在她为作曲家克塞纳基斯所写的传记当中，披露了作曲家向她提供的一些信息，这些信息进一步印证了这位"踏着尸体前进"（cadaver stepping）的建筑师的人品和所作所为。只有在这样的信息被曝光之后，人们才能理解勒·柯布西耶——这位我们许多人以如此多的方式推崇备至的建筑师——为什么从来没能在大学里执教，或者在真理的殿堂中有所作为。

或者，我们通过阅读历史教科书而推崇备至的建筑，只是一个谎言吗？也许事实就是这样——在很大程度上也许是吧。帕提农神庙恰好就是这样的例子。它是多股力量共同作用的产物：不但包括当时的哲学家们对雅典现状、斐迪阿斯的天赋，以及伊克提努斯和卡里克拉提斯（Kallicrates）的智慧所作的辩论，也包括伯里克利的人格——这是最重要的一点，他毫不犹豫地掠夺了储存在提洛岛（Delos）的所有财富，而这些财富的积累，是为了保护所有希腊人免受波斯人的侵犯。难道我们想成为信仰"为了目的不择手段"的建筑师吗？当然，这是我们每个人都必须单独回答的问题。就我个人而言，我更愿意继续做一名作家，而不是建筑师，如果这个选择可以回答一些问题的话。

我们认为，如果一部传记调研充分，内容翔实，以追求真理为己任，而不是用来为父亲树碑立传或者为主人公歌功颂德,那么,它就可以成为建筑赏析中的转折点。这样的传记可以让许多名不副实的建筑师和建筑遗迹淡出人们的记忆。这样的传记也可以让建筑再次回归人性的尺度。

当然,这些听上去都是"违反职业操行"和不切实际的,因为这个时代充斥着中年人的权宜之计和实践,受利益驱使的趣味和夸张的开销(维持精致豪华的办公室、几英寸厚的地毯、复杂的内部通信系统和成群的秘书)。但是,在我位于希腊的伊兹拉岛上的小屋里——这个小屋是我亲手为自己设计,四四方方的窗子正对着圣尼古拉斯小岛,我的桌子前面有麦金托什机——我只要一想到将来"以真理为基石"的建筑传记可以造福更多的人——至少是建筑领域的学生,我就充满了喜悦,我开始享受创造性生产的回报,哪怕这种回报来自最不起眼的建筑委托项目,而这个时代已经让我的许多同龄人对这样的喜悦和享受麻木不仁了。

以大师的方式:设计练习

传记研究可以和围绕项目进行的设计练习结合起来,练习要"模仿"所研究的大师按部就班地进行。在这种情况下,学生必须全身心地投入到大师的角色和设计语言当中,去设计一座建筑,仿佛他/她就是大师本人。

为了做到这一点,我们需要遴选建筑师,然后研究他别具一格的建筑,特别是他的私人住宅。建筑师的住宅通常是他的"武器",是他让世人铭记自己建筑理念的方式,而且其中的经典案例还是铿锵有力的自传宣言。建筑师本人的住宅,是把"传记—空间"等同起来的典范。

也许有人认为,试着"沿别人的轨迹"去创造,这根本就不是创造,这样做浅薄甚至虚伪,是浪费时间。许多学生,特别是那些多产的和有自己强硬个性的学生,也许会对这项任务充满怨愤。有些学生也许会尝试并为之努力奋斗;还有一些学生也许会顺应,并作出颇有大师本人风范的设计。查尔斯·穆尔曾经告诉我,当他师从路易斯·康的时候,从来都无法按照康的式样设计建筑,用穆尔的话说,"唐·林登(Don Lyndon)通过不懈的努力,设计出像康一样的建筑"。毫无疑问,这样的努力充满了危险,但是,富有创造力的人仅仅是把握机会学习,而不会被大师的创造性语言俘虏,唐·林登就是这样一位具有非凡创造力的建筑师。

创造过程要求建筑师在生活中不断完善自我,从一个又一个"偶像"那里汲取营养。密斯·凡·德·罗对于爱好这个行业的年轻学子充满吸引力,而阿尔瓦·阿尔托和贡纳·阿斯普隆德则更吸引那些成熟一点的人。

一些建筑大师，如阿斯普隆德、阿尔托、勒·柯布西耶、弗兰克·劳埃德·赖特和路易斯·康，也都曾在成长的过程中改变过自己的信念和风格。学生们也可以这样做，他们可以崇拜一个又一个偶像，检验他们的原则，按照他们的风格设计一些项目，最终头也不回地放弃他们。随着阅历的丰富，在时机成熟的时候，这些学生最终会听到他们自己的声音。

过去，人们不得不穿越大陆去寻找圣哲。如今，人们可以从不断涌现的优秀建筑传记中看到更多的圣哲。另外，对过去的设计大师们有过切身体会，并且了如指掌、如数家珍的设计教师，总是能给学生留下较为深刻的印象，相比之下，那些不能这样做的老师，其授课效果也就差强人意了。因为，人们更容易记住别人生活中的奇闻轶事，而不是记载他的理论和思想的论文。若要走近萨特这位大师，与其去读他存在主义的理论，还不如看一场他的戏剧演出。建筑大师的趣闻和笑话，和研究他们的学术论文一样重要，都可以激发学生的想象，提高他们的创作热情。我在诸如"著名建筑师的趣闻轶事"这样的朦胧课题上的切身体验和研究，让我有更大的把握去游说学生对传记进行深入的研究，同时也获得了一个向工作室注入创作灵感的新途径。

先读后做

除建筑传记外，人们也应该广泛涉猎其他书籍，以便唤醒他们对艺术专业化发展及建筑师系谱的历史渊源产生一种全包容主义的历史感。从历史的角度来阅读建筑专业的书籍，远比具体的传记更加概括，在培养建筑观和激发创作欲这两方面也更有力量。提纲挈领的著作，如考斯多夫（Kostof）的《建筑师》（The Architect）和安德鲁·圣（Andrew Saint）的《建筑师的形象》（The Image of the Architect），无论对初学者还是研究生来说，都是必读书目。这样的参考书可以向学生灌输一种历史感，并且帮助他们更好地认识自己，规划自己的未来。考斯多夫的著作有助于学生树立这种历史感，圣的书无论在现在还是未来，也都可以发挥同样的作用。在《建筑师的形象》一书中，人们有机会看到自己在将来的完整形象，看到建筑的艺术元素和商业元素，这两种因素在未来成功的创作生涯中都不可或缺。安德鲁·圣知道那些渴望有所创新的建筑师们在设计中将要面临的问题，以及账目盈亏的永恒制约带来的困难。他甚至认为，"如果没有完善的社会体系，就不会有不断向前发展的建筑业和不断超越自我的建筑师。"

建筑师要想在一生中把创造力发挥得淋漓尽致，就必须完成接踵而来的各项使命，使他有足够的时间把全部的创造力都融入到这些使命当中，而不是安于懒散平淡的生活，或者从其他领域和其他表现形式中为创造力寻找出口。圣的宣言百分之百地正确，"这就是受到挫折的建筑师如此频繁地求助于幻想和艺术的原因。"在美国，太多的设计师，尤其是年轻的、刚刚从学院里走出来的建筑师，创作了太多太多以出版为目的的画，这些画就是他们缺乏委托项目，极少全面参与创作，因而龟缩在梦境、幻想的创造世界和出版物当中的证据。

只有当想象和创造性研究成果在现实世界中得到真实的再现和建造，或者建筑师在其创作被建成之后（而不是之前），决定放弃而从事一些辅助性的工作，或保持"沉默"，从而最终成为20世纪真正的艺术家的时候，建筑师的创造力才是健康向上的。委托项目的分配是不公平的，并不是每个富有创造力的人，在有生之年都有权利表现自己的创作冲动，也许我们无法改变世界，也不能奢望在一夜之间就拥有这种公平。但是，我们可以在传记研究和其他个案研究的基础上，勾勒出一条人生轨道，通过这些研究，我们可以在群体中找到自己的位置，享受我们的使命，并且生活在一个充满快乐、想象和创造的世界里。

传记与建筑的性质

瓦萨里（Vasari）的著作《画家、雕塑家和建筑师们的生活》（Lives of the Painters, Sculptors and Architects）完成了一项至今都无人敢再问津的使命，这本书也许是目前关于意大利文艺复兴最辉煌的诗篇，比任何主题更为狭窄和更为专业的论文都要精彩得多。这部传记向读者展示了那个时代的框架，试着去理解那时的氛围、基调以及更广泛的艺术环境和气候，还有那些包容并哺育了艺术的社会和经济动力。

阅读传记既可以获得启发和教益，也可以作为休闲娱乐。从这个意义上讲，传记有助于建立一种环境背景，身处其中的建筑师可以像"艺术家"一样进行创作，而这正是建筑实现创新的最根本要素。富有创造力的人，可以用自己的生命历程，点燃其他人的创造热情。

艺术与科学

过去，人们一直为建筑是"科学"还是"艺术"争论不休；大多数人赞成建筑既是科学也是艺术，但是，其中究竟"有多少是艺术"、"有多少是科学"，是科学高于艺术，还是艺术高于科学，这些问题的答案一直都受到环境的左右，在不同的时代有着不同的结论。争论一直没有停止过，中间经常夹杂着建筑师之间严重的两极分化和敌意。以"形式"或"视觉魅力"为导向的建筑师，他们经常宣称设计建筑是为了自娱自乐，而"善于规划"、"致力于解决问题"、"以社会问题为导向"或者"具有能源意识"的建筑师，则迫于前者的压力维护自己的观点，反之亦然。大众对于艺术的理解比对科学的理解要薄弱得多，他们普遍可以在生活中切身体会到科学立竿见影的直接影响，但是却没有时间或空间去思考艺术的影响，因为这种影响是遥远的，无法感知的。而且人们对于什么是艺术众说纷纭，却普遍承认了科学的地位。

美与艺术家的态度

20世纪艺术的主要特征之一，是它对美的概念，以及艺术作品在视觉和形式上的吸引力发起了挑战，与此同时，它为艺术家在这个社会中的表现、行为和角色发布了新的许可证。在因果轮回的过程中，20世纪的文明从其自身体内创造了属于它自己的艺术。艺术家被看作是创造者和社会批评家，他们与普通观众的关系也和从前迥然不同。艺术家变成了社会上的苦行僧，不断面临别人乏味的表演，个性上"偏激的意志"让他们对坦途不屑一顾，当他们参悟了艺术成就的含义之后，他们偶尔会去寻找艺术实践以外的新生活，这些行为统统昭示了他们与前辈的天壤之别。从狭隘的角度来看，后者的目的不过是用在其领域内艺术和质量均上乘的作品，来标榜自己独步天下的成就。然而，根据苏珊·宋妲(Susan Sontag)非常有说服力的分析，现代艺术独具特色的目标，就是"让它的观众感到无法接受"。艺术家甚至不能接受观众的存在——认为他们是"有窥阴癖的旁观者"。

形式与实用性

从这种广为流传的观念中不难看出，建筑师作为20世纪的艺术家，如果他/她想要成为一名艺术家，就必须面对一种意味深长的两难选择，因为建筑本身是一种实用的艺术。既然建筑总是必须考虑客户的实际需求，那么建筑师应该关心社会和它的需要，还是应该接受当代艺术赋予他们的角色，"对客户置之不理"？

的确，有些建筑师的所作所为就像是"20世纪"的艺术家，否定了被观众接受的价值，疏忽了实际的需要，还有许多人唯一的兴趣就是，在抽象的形式层面创造"风格"和"历史主义"意义上的"美"。这样的态度主宰了1970年代和1980年代。

建筑师与客户

我们绝对相信，通向"全包容创造力"的光明大道，在很大程度上有赖于建筑在同时融合了"艺术和科学"之后的健康表现。建筑师在练习、体验、接触过尽可能多的建筑创造力渠道之后，就能够将多种组合方式融会贯通，包含许多可感知和不可感知的建筑参数，考虑每一种可以想到的评价标准，最终用草图、概念和设计把这些统统都表现出来。

对建筑师生平的研究，和其他方面的研究一道，让人们不仅了解了许多最优秀的"包容主义"建筑师为达到这个境界所付出的心血，同时也看到他们一生都恪守的戒律和经历的成功与挫折。包容性不是教科书上的教条，也不是可以一蹴而就的事物。学校没有教给我们的最有启发的一点是，所有优秀的"包容主义"建筑师都善于向自己的客户学习，建筑师与客户之间的私人关系，成为建筑精品得以问世的重要因素。尊重客户、善解人意的建筑师将会充分考虑客户的需要，而善良、开明、友好的客户最终也会欣然接受建筑师的建议，包括那些纯"艺术"方面的建议。只有相信直觉的客户，才会认可那些根据直觉设计的建筑。而传记则不断提醒那些初出茅庐的人，即使是最伟大的建筑师，有时也要向那些善于发明和革新的客户学习。甚至弗兰克·劳埃德·赖特这位传说中对客户飞扬跋扈的设计师，也学着与他们合作，并且常常从他们独创性的建议和天生的进取欲望中获益匪浅。偶尔碰到工程师客户，他会认真听取他们的意见，和他们一起解决问题，同时也实现了他崇高的艺术目标。

不幸的是，今天以形式为导向的艺术家－建筑师们，看不起1960年代和1970年代关心客户的建筑师。尽管传记不能够回答当前辩论中所遇到的一些问题，但是，它们揭示了身为创造者的建筑师非常重要的生活方式。众所周知，社会孕育了诗歌和艺术，特定的生活方式赋予某些人比别的东西更强大的创造力。生活方式、个人习性以及价值体系的形成过程，对于创造性人格的发展至关重要。如果建筑师想要成功协调影响当代建筑的所有高度复杂而又经常水火难容的特殊力量，就必须具备像岩石一样坚韧不拔的意志。沃尔特·格罗皮乌斯、密斯·凡·德·罗、阿尔瓦·阿尔托和卡洛·斯卡尔帕（Carlo Scarpa）的传记都是强有力的证据，证明了今天的"艺术家－科学家－建筑师"在被放逐、被迫害、被审查、被起诉，甚至在本行业中受到官僚的排挤时，为反抗并继续进行创造性设计所需要的力量。

建筑师不同于其他艺术家，他们必须努力在科学和艺术的交界地带生存，而同时，他们又必须能够把握和理解社会的主流和普遍价值。他们通过与现实不断的冲突以及默默反抗任何听起来罕见而又阴险的事物而要成为进步的代言人。

建筑师作为艺术家的悲剧角色

从某种意义上讲，今天的建筑师扮演的是悲剧的角色。按照惯例，艺术家认为是（或想象中是）"好"的东西，在最初必然遭到全社会的怨愤（这个社会似乎很难接受任何与众不同的新事物），这种悲哀似乎一成不变。今天，其他艺术家不会遭受如此多的毁灭性打击，他们的理念也不会如此频繁地被否定。和建筑师相比，没有什么艺术家的艺术如此受制于预算、法律和施工上的局限。教科书也许会提供处理这些问题的建议；建筑传记会提供过去那些富有同感和共鸣的先例，让初出茅庐的建筑师做好心理准备，如预期的那样创造性地处理这些状况，而不要让自己陷入逆境。

除了其他事情，传记还会告诉我们如何对待同事和合作者，同时，它也会列举先例来告诫我们如何与同伴相处。难怪诸如弗兰克·劳埃德·赖特和季米特里斯·毕基尼斯这样的建筑师要花时间写下个人的艺术"遗嘱"，来激励和引导他们的同伴。这些现代主义先驱的不朽，不仅凝聚在他们生前完成的可感知的建筑当中，也体现在他们的经历对后代的职业行为和生活方式的馈赠当中。

所有这些都暗示，如果传记尽可能多地涵盖了这些问题，它们就将更加富有教益。但是，正如我们先前讨论过的那样，这种教益的前提是要如实讲述所发生的一切，讲述各种环境下的事实，讲述真相，而不是褒扬和单纯地"神化"它们的主人公。

教师的生平犹如一本翻开的书

当然，教师本人的生平可以是、并且应该是向学生们详细介绍的案例。富有创造力的教师就像是一本翻开的书。学生们不但可以听到教师参与各个设计方案的经历，而且还包括所有促成委托项目的环境因素，以及对只有建筑师才知道的妥协所作的详尽解释。引进一个系统，让计

图14-1 以建筑师星座特写作为封面的《A+U建筑》和《城市主义》杂志（1979年7月）（作者供稿）

算机可以作为代理商公平地分配公众的委托项目，这种想法一点儿也不牵强。公共项目的委托取决于公共资金，它们应该获得最好的设计方案；它们应该是社会中最富想象力和创造力的头脑共同的结晶。想象力和创造力可以来自任何群体，但是年轻人更有朝气，有更多的时间去捕捉和精炼他们艺术想象中的概念，并为此努力工作。不幸的是，绝大多数青年设计师很少有机会获得公众委托，经常成为大型建筑公司制图室中的"无名小卒"。这在西方国家尤为普遍；但是，提倡平均分配的社会主义国家，在这方面也不曾有所表现。它们的建筑缺乏想象力和创造力，单调、枯燥的建筑，是对他们那种公平模式的唯一诠释。

　　日本是一个自由的国度，它是现时公平利用国家创造性动力的最好楷模。所有年轻的设计师如果想要（大多数都想要）参与公共委托项目，就必须表现出对这些项目的兴趣。根据申请，他们的名字被输入计算机当中，计算机的任务是确保在循环的基础上，在这些建筑师中间公平地分配公共委托。年轻的建筑师被分配到全国各个地区。每个地区都有一定数量的建筑师，具体数量由地区的面积和人口决定。建筑师不一定要住在该地区，但是一有委托项目就必须得来。建筑师会根据服务于所分配地区的时间、经历等标准，轮值到更大的地区或者接受更复杂、更有挑战性的设计。没有什么会妨碍年轻的日本建筑师接受私人委托的项目，同时，这些做法让自然环境中的设计杰作和设计创造分散开来，而这些都归功于那些最有想象力和创造力的建筑师们的想象和创造。在日本，在斯堪的纳维亚半岛国家，在一些其普通民众把艺术和建筑珍视为社会和文化财富的国家（如墨西哥），全包容主义创造的可能性仍然存在。这些可能性让其他地方的人们感到沮丧。在所有这些案例里，全包容创造任务是否成功，完全取决于创造者。这就是其他人的点滴经验之所以被如此看重的原因，同时也是通过传记研究来掌握专业的、全包容主义的创造力途径之所以如此事半功倍的原因。

小结

建筑传记可以被认为是"先例"研究的一部分，这里的先例指的是作为人的建筑师，而非他们努力的成果——建筑。当然，人是一切创造力的主要源泉。传记可以在很多层面上提供关于动力的信息，来帮助培养建筑师的创造性人格。它们无论是在艺术还是专业领域都是有所启发、有所助益的，向未来的建筑师暗示了可以用来实现创造和获得专业成就的各种可能性。由戈兰·希尔特执笔的阿尔瓦·阿尔托的传记，堪称是"有教益的"传记的范本，这是一部调查严肃、扎实，内容翔实、可靠的传记，而不是歌功颂德的媚俗之作。另外，本章提到可以把传记作为一种方法，来研究当前围绕建筑的重要问题而展开的辩论，如"艺术与科学"、"形式与客户"等等。最后，在讨论的结尾，我们提出了一条建议，设计教师的生平及全部从业经历和思想经历，可以成为一本向学生打开的书，成为他们在传记研究中遇到的第一个案例。

参考书目

Antoniades, Anthony C. "Architecture from Inside Lens." *A + U Architecture and Urbanism*, 3 (July 1979).

Blundell Jones, Peter. *Hans Scharoun*. London: Gordon Fraser, 1978.

Bofill, Ricardo. *L'Architecture d'un homme, Interviews with François Hebert-Stevens*. Paris: Arthaud, 1978.

Candilis, George. *Batir la vie*. Paris: Stock, 1977.

Crippa, Maria Antonietta. *Carlo Scarpa*. Cambridge, MA: MIT Press, 1986.

Fathy, Hassan. *Architecture for the Poor*. Chicago: The University of Chicago Press, 1973.

Gebhard, David. *Schindler*. New York: Viking, 1971.

Hunt, William Dudley, Jr., FAIA. *Total Design, Architecture of Welton Becket and Associates*. New York: McGraw-Hill, 1972, p. 10.

Jacobs, Herbert, with Katherine Jacobs. *Building with Frank Lloyd Wright*. San Francisco: Chronicle Books, 1978.

Kostof, Spiro. *The Architect: Chapters in the History of the Profession*. New York: Oxford University Press, 1977.

Moore, Charles. *Conversation with the Author, ACSA Conference*, Asilomar, California, March 1982.

Pikionis, Dimitrios. *Afieroma tou syllogou architektonon ste mneme tou architektonos- Kathegetou Demetriou Pikioni, Akademaikou* (In memorium of the architect Professor Dimitrios Pikionis–Academecian, by the Greek Society of Architects). Athens, 1968.

Saint, Andrew. *The Images of the Architect*. New Haven and London: Yale University Press, 1983.

Schildt, Göran. *Alvar Aalto: The Early Years*. New York: Rizzoli, 1984, p. 136.

————. *Alvar Aalto: The Decisive Years*. New York: Rizzoli, 1986.

Schulze, Franz. *Mies van der Rohe: A Critical Biography*. Chicago: University of Chicago Press, 1985.

Sontag, Susan. *Styles of Radical Will*. New York: Dell, 1966, p. 9.

Starr, Frederick. *Melnikov: Solo Architect in a Mass Society*. Princeton, NJ: Princeton University Press, 1978.

Sullivan, Louis H. *The Autobiography of an Idea*. New York: Norton, 1934.

Turner, Paul V. *The Education of Le Corbusier*. New York: Garland, 1977, p. 3.

Vasari, Giorgio. *Vasari's Lives of the Painters, Sculptors and Architects*, ed. Edmund Fuller. New York: Dell, 1963, pp. 43, 44, 61, 262.

Von Moos, Stanislaus. *Le Corbusier: Elements of a Synthesis*. Cambridge, MA: MIT Press, 1979.

Wrede, Stuart. *The Architecture of Erik Gunnar Asplund*. Cambridge, MA: MIT Press, 1978.

Wright, Frank Lloyd. *A Testament*. New York: Bramhall House, 1957.

Wright, Frank Lloyd. *An Autobiography*. New York: Duell, Sloan and Pearce, May 1958.

后 记

　　自然，有些人会扪心自问，是不是遵照了书中的提示，或者选择了书中讨论过的创造力渠道，就有可能成为包容主义的建筑师。答案很简单：没有人能在一夜之间成为"包容主义"的建筑师，人要逐渐走向包容主义。时间、年龄和阅历最终会帮助他们做到这一点。这本书仅仅勾勒出了创造性思考的不同层面，这些层面最终会在创造的过程中发挥作用。既然我们的时代充斥着支离破碎的建筑设计方法，并且其中大多数被它们的提倡者称为独一无二的万灵药，那么，把过去二十年里我自己在建筑设计工作室的个人收获奉献出来，并且把包容主义的选择和成为"大师"的可能性联系起来，我想是非常值得的。

　　从这个意义上讲，包容主义是指包含了概念和创造力渠道的整个领域，设计师的思想在这个领域中"畅游"，最终发现自己的表现方式。所以，包容主义在某种意义上是建筑师长年累月的探险旅行，最终，他们会知道要为这个旅行做些什么准备，以及来到这里的原因和时间。

　　我们已经介绍了许多通向建筑创造的可感知和不可感知渠道。对每一种渠道，都是在它自身的环境中审视其优势的一面。也许有许多人认为，一些渠道比另一些更重要。同样也会有许多人推崇他们所偏爱或者接纳的渠道。他们也许会宣传这些渠道，甚至为之据理力争，并且的确把所选渠道的创造潜力发挥得淋漓尽致。但是，我们坚决不能把任何一种渠道当作万灵药。例如，我们不相信比喻或者几何学可以独自解决所有的问题；相反，我们相信，任何问题都有解决的方法，而这些方法受到与问题相关联的其他一些事物的影响，建筑只不过是生活的元素之一。我们的理由如下：

　　建筑是生活的容器，但它很少能真正反映生活。在很大程度上，它是特定时空中独具特色的"凝固形式"。和生物（植物和动物）世界里的其他生命形式不同，建筑在形式、位置和形态上是固定的，它的基本组织和结构注定要保持一致，尽管会在必要时有小的改变、延伸、附加或者调整。尽管我们有时会把建筑比喻成生物有机体，目的是为了活跃我们的建筑想象力，或者为了研究某种特殊形式，或者迫使我们进行思考；但是，和其他生物有机体不同，建筑的主要外壳和结构，在建筑完成之后的若干年中都将不会改变。所以我们意识到，虽然建筑会对使用者的生活产生决定性的影响，但是，它直到寿终正寝之前，都不会有实质性的改变。建筑里的用户来来去去，功能可能会改变或调整，但是，建筑几乎是一成不变的，相对而言，它的变化也微不足道。只有在施工之前，即设计阶段，建筑的形式才可能经历巨大的改变。建筑源于某个想法或概念，但是，图纸和交流最终赋予它生命，它被改变，被调整，受到各种因素和理由的修正，直到最终被建成"凝固的现实"。

至少对于建筑师来说，建筑诗学的动力，在很大程度上来自设计阶段和设计过程。生活是有弹性的，随时都在发生着持续不断的转化，相对来说，建筑这个容器则处于稳定状态，建筑师应该认真思考他们所有决定的反响，让"包容主义"成为他们生活的道德准则，以及他们设计方法论的主导态度。

任何一种创造可能性都不足以单枪匹马地完成设计。人们必须充分考虑所有的，或是尽可能多的创造可能性，保留每种可能性中对形势至关重要的部分，并且按照环境或者方案的要求打破或者调整规则。

对设计创造进行沉思，其首要和根本的方面，应该是重新评估诸如功能主义和形式这些持续时间最长的概念。人们应该按照建筑无法预见的目标，花费很多精力去建立优先考虑的等级：

对于不断进化，不断改变的功能，答案是什么？

人们怎样才能设计出"具有弹性的"功能主义的方案？

人们如何确定设计可以在精神上鼓舞和吸引当前的使用者和整个社区？

也许普遍的目标不一定在每一个和所有的方案中都能得以实现。毕竟，生活要用自己的动力来满足人类不断提升的需要。人们迁徙，更换居住和工作地点，为自己寻找更好的环境。他们为自己的神，为休闲和艺术，为社区和购物中心寻找空间。各种建筑类型满足着人们五花八门、不断滋长、不断变化的需求。

特别是，没有哪一幢建筑可以独立解决所有的问题，但是所有的建筑、城市、都市和乡村环境一起，可以服务并包容全体人类灵活的、变化的、反复无常的、不断滋长的需要。

最终，包容主义会让经过良好培训和良好教育的创造型建筑师，得以去考虑这样一种设计过程，这个过程将充分考虑种种可能的组合，并且综合这些因素设计出建筑方案。建筑不像许多古人想象的那样，是由空气或者火创造出来的，而是出自今天的设计师之手，他们必须用自己的头脑和智慧，最终成为代言人，来塑造和丰富建筑的众多因素。

我们相信近年来的建筑，以及1970年代的批评和理论，是人们片面看问题的结果。那个时代主要的建筑师和理论家试图告诉人们，后现代主义之前的所有建筑（特别是现代主义运动中的建筑），都是笛卡儿所谓的被污染了的井，所以应该弃若敝屣。后现代主义和它的提倡者们相信，他们找到了知识的一条基本原理，笛卡儿哲学体系中的思。对于他们中的大多数人来说，历史和历史主义是他们所找到的答案。

一直以来，我对这整个问题都持怀疑的态度。从生活、学习、实践、教学、经验以及怀疑论者对笛卡儿教条的争论中，我确信完美无缺的来源是不存在的，我们不应该要求从我们个人的资源中，提供它们无法提供的东西。所以，我试着提供一些论点，来为真诚探索的建筑师们寻找他/她自己的真理指明一些途径。

我相信，要完全排除从我认为不完美（并且可能的确不完美）的来源中吸收知识的可能性，这种做法是不明智的。人们总是可以容忍一些没有消化的东西。实际上，这是相当有用的，就像人们总是在消化不良，从而知道什么食物以后要敬谢不敏之后，反而感到舒服一些一样。我的希望是，学生们应当尽早知道，对什么事物要敬而远之。

因为这些原因，我采取了"从怀疑中获益"的态度，努力像一个包容主义者那样关注建筑学科。我相信，一个久经考验、深思熟虑的包容主义者，通过工作室的指导和早年的生活，充分展现（而不要害怕会让年轻人困惑甚至迷失在）各种通向建筑创造力的渠道，他就可以在某种意义上成为决定他们选择的媒介。这种态度，使我们可以生活在循序革新模式的框架之下，并且有助于我们在我们的生命旅程中，尽早举行"包容主义者的毕业典礼"。毕竟，在我们之前的所有重要建筑师，都是"逐步进入"更丰富、不断演化的建筑"包容主义"领域的。

等我们长大一些，阅历再丰富一些，我们就会发现，自己已经淹没在更高境界的包容主义组合的王国当中。那时，就像奇迹一样，设计方案通过多个（或者相互重叠的）层面的推理形成概念，并在几秒钟内通过草图表现出来。我们的年龄越大，概念化的领域就越广泛，就能越快地勾勒出自己的想法，所画的草图也就越小。包容主义建筑师的智慧和阅历赋予他们的最大优势，是让他们有机会权衡更多的选择，并且可以在"人体计算机"中形成或者否决解决方案，这大大方便了他们，而那些没有接受过包容主义训练的人，就没有这方面的优势。

建筑师必然要花一些时间斟酌，自己在什么时候是对的，这样可以获得自信；在什么时候应该适可而止，这样才恰到好处。当然，对初学者来说，更困难的还是，要在最初阶段，为自己找到一条开始探索，并最终能够找到自我的路。

建筑的诗学来源于建筑师的头脑，他／她的创造性生活，就是一个寻找包容主义的旅程。至于剩下的一切，即使是那些为数不多，能够名垂青史的人物，也还得要依赖他们自己的热情、想象和创造。